浙江省哲学社会科学重点研究基地宁波大学浙江省海洋文化与经济研究中心重大招标项目
“浙江蓝色牧场发展路径与创新模式研究（编号：14HYJDYY05）”

国家海洋发展战略与浙江蓝色牧场建设路径研究

胡求光　著

海洋出版社

2017 年 · 北京

图书在版编目（CIP）数据

国家海洋发展战略与浙江蓝色牧场建设路径研究/胡求光著. —北京：海洋出版社，2017. 12
ISBN 978-7-5210-0024-5

Ⅰ. ①国…　Ⅱ. ①胡…　Ⅲ. ①海洋农牧场-发展战略-研究-浙江　Ⅳ. ①S953. 2

中国版本图书馆 CIP 数据核字（2018）第 004192 号

责任编辑：黄新峰
责任印制：赵麟苏

海洋出版社　出版发行

http://www. oceanpress. com. cn
北京市海淀区大慧寺路 8 号　邮编：100081
北京朝阳印刷厂有限责任公司印刷　新华书店北京发行所经销
2017 年 12 月第 1 版　2017 年 12 月第 1 次印刷
开本：889 mm×1194 mm　1/16　印张：14
字数：330 千字　定价：88. 00 元
发行部：010-62132549　邮购部：010-68038093　总编室：010-62114335

前　言

海洋是人类获取优质蛋白的“蓝色粮仓”。近40年来，我国以海水养殖为重点的海洋渔业迅猛发展，掀起了海藻、海洋虾类、海洋贝类、海洋鱼类、海珍品养殖的五次产业浪潮，养殖总产量自1990年以来一直稳居世界首位。与此同时，局部水域环境恶化、产品品质下滑、养殖病害严重的问题日趋加剧，传统模式的海水养殖业已难以适应我国经济社会健康发展和海洋生态环境现状的要求。继传统捕捞业、养殖业之后，我国海洋渔业面临新一轮的产业升级，而海洋牧场则是重要发展方向之一。

2017年的中央一号文件提出，支持集约化海水健康养殖，发展现代化海洋牧场。推进海洋牧场建设是优化海洋生态的重要举措，也是实现渔业转型升级、推动渔业供给侧改革的有效途径。我国现已建成北起辽宁丹东南至广西防城港、分布在沿海11个省区市的42家国家级海洋牧场示范区，到2025年，将建成120个总面积为2 200平方千米的国家级海洋牧场示范区。浙江作为海洋牧场建设的先行者，自马鞍列岛、中街山列岛和渔山列岛成为浙江省入围的首批20个国家级海洋牧场示范区之后，探索出了一条放流与投礁相结合、渔业与旅游相整合、生态效益与经济效益相融合的海洋渔业创新发展道路。

以海洋农牧化、生态化、循环化和智能化为特征的“蓝色牧场”是当前海洋经济迅速发展的新模式，体现了在陆域资源匮乏、海洋资源受限的发展条件下，发展现代渔业、开发蓝色海洋越来越需要实现创新突破。在经济全球化、区域一体化的发展背景下，浙江海洋经济不断寻求新的发展模式。深化研究浙江“蓝色牧场”发展理论，科学把握浙江“蓝色牧场”战略发展趋向，确立正确的战略导向，抢占发展先机，对推进海洋强国以及加快实施浙江海洋经济发展战略具有重要意义。

目　次

第一章 浙江蓝色牧场建设背景

20世纪中期以来，由于过度捕捞和近岸海域环境不断恶化，全球大多数临海国家渔业资源受到威胁，呈现显著减少的趋势，全球海洋渔业的渔获物种类组成发生了明显变化，传统的高值、大型鱼类逐渐被低值、小型鱼类所取代，海洋生物资源处于持续衰退状态。中国近海的生物资源亦显著下降，已经很难形成渔汛，资源几乎处于枯竭状态。21世纪以来，随着陆域资源的紧张和能源的日益短缺，世界各国将经济发展的触角不断向海洋延伸，海洋日益成为世界主要沿海国家拓展经济和社会发展空间的重要载体。因此，如何改善并优化海洋生物环境，建立供水生生物栖息的适宜场所，保障海洋生物资源可持续利用，已成为全球水产界学者关注的焦点问题。从当今国内外的研究成果及趋势来看，作为资源管理型渔业的主要方式之一的海洋牧场备受推崇，尤其自建立200海里专属经济区制度开始，远洋渔业大国陆续将目光聚焦到本国近岸海域，致力于整顿和发展沿岸渔业，其中最重要的措施之一就是开展海洋牧场建设。

第一节 浙江海洋经济发展的国家战略

海洋是人类存在与发展的资源宝库和最后空间。2001年，联合国正式文件中首次提出了“21世纪是海洋世纪”，在今后的发展中海洋将成为国际竞争的主要领域，包括高新技术引导下的经济竞争。发达国家的目光将从外太空转向海洋，人口趋海移动趋势将加速，海洋经济正在并将继续成为全球经济新的增长点。在新形势下，我国海洋经济的发展机遇与挑战并存。目前，从海洋资源的发展现状来看，我国海洋经济发展需求大、前景好，但发展水平低、制约因素多，亟待提升创新驱动能力。在当前条件下，尽快落实国家海洋发展规划纲要，加快推进海洋经济开发建设，探索出一条适合我国国情的海洋经济可持续发展新路显得尤为重要。

一、世界海洋经济发展大背景

人类自古以来一直生活在陆地上，随着人类文明的不断进步，人口数量的不断增加，陆域资源日益短缺，已经难以满足人类发展的需要。进入21世纪以来，人类的科技水平不断进步，人们把目光投向了辽阔的大海，海洋占地球面积的70%，资源十分丰富。当今世界发达国家经济发展大多经历了大陆经济向海洋经济的转变，世界各海洋大国纷纷出台相关法规政策、展望、蓝图、指标体系、年鉴年报、白皮书、报告等，在国家层面上从不同方面提出了海洋强国发展战略。全世界已有100多个国家制定了详尽的海洋经济发展规划，尤其是美国、加拿大、英国、澳大利亚、日本等海洋经济发展大国，均从国家战略的高度认识和协调海洋经济的发展。美国早在1972年就发布了《海岸带管理法》，1986 年发布《海洋科技发展规划》，1994 年相继发表《海洋活动经济评估》和各类海洋经济活动分析，并不断加快海洋立法。1986 年英国颁布了《海洋科技发展战略报告》，2009 年正式批准了由 11 个部分组成的《英国海洋法》。日本在 1997 年制定了《海洋开发推进计划》，以科技加速海洋开发和提高国际竞争力等，2007 年通过了《海洋基本法》。1997 年，加拿大通过了《加拿大海洋法》。1998 年，澳大利亚通过了《澳大利亚海洋政策》。

通过一系列海洋政策的实施到位，世界海洋新兴产业发展迅猛，海洋经济逐渐向高精尖方向发展，传统海洋渔业不断向以海洋牧场为主要形式的现代渔业发展。

（一）海洋新兴产业发展迅猛

20 世纪 90 年代以来，海洋经济在沿海国家的经济中占有越来越重要的位置。在世界海洋强国和大国中，海洋经济的 GDP 占比大多在 7%~15%之间。美国 80%的 GDP 受到海岸海洋经济的驱动，40%直接受海岸经济的驱动；对外贸易总额的 95%和增加值的 37%通过海洋交通运输完成；外大陆架海洋油气生产贡献了 30%的原油和 23%的天然气产量。从世界范围来看，海洋经济发展表现出了人口、经济和产业不断向沿海地区集中的趋势。目前，全球有 60%以上的人口和近 70%的大中城市位于沿海地区，这无疑是海洋经济越来越具有吸引力的重要体现。自 20 世纪 90 年代以来，随着世界海洋经济的加速发展，国家之间的海洋经济竞争不断加剧，尤其是海洋新兴产业的竞争日趋激烈。

美国的海洋经济，尤其在海洋工程技术、海洋旅游、邮轮经济、海洋生物医药、海洋风力发电等新兴、尖端的海洋经济领域，居于世界领先地位。美国是极少数能从 1 500 米以下深海完成油气钻探和开发的国家之一，其海洋休闲产业的发展相当充分和成熟。美国人口和 GDP 的 50%以上分布于沿海地区，人口和经济最为集中的 20 个城市群主要分布在沿海，仅洛杉矶港口就承担了 50%以上美国与太平洋国家的贸易，大洛杉矶地区的 GDP 约占美国经济总量的 21%。澳大利亚的沿海集中了全国 85%的人口；荷兰 20%的国土面积和 85%的耕地经由填海而来；作为“海洋贸易国家”的英国，95%的贸易物资依赖国际海运通道。日本对海洋经济的依赖程度更高，其 99.8%的海外贸易量和 40%的国内贸易量靠海洋运输完成，海洋产品为日本居民提供了 40%的动物蛋白。2016 年中国海洋生产总值占国内生产总值的 9.5%，成为支撑经济增长的重要力量。

（二）海洋科技不断突破

从世界范围来看，除了远洋运输、海洋渔业、造船等传统产业得到迅猛发展外，海洋科技不断突破，依托高科技发展的新兴海洋产业获得了前所未有的推动力，海上采矿、海上休闲旅游、海洋可再生能源、海洋工程、海洋生物医药等领域的成长进入快车道，成为沿海国家经济增长的重要抓手和引擎。港口和临港工业园、海洋工业园的建设不断加快，并进一步带动了钢铁、石化、建材、矿物和原材料、农业大宗商品、风电为代表的能源业、电子、机械制造等行业的发展。

美国每年用于海洋领域的预算高达 500 亿美元以上，先后设立了 700 多个海洋研究机构，建立了大量的临海经济园区。凭借巨额的海洋科技研发投入，美国站上了海洋经济发展的制高点。

海洋经济强国澳大利亚，以海洋油气业和海洋休闲旅游业最为突出。韩国形成了以海运、造船、水产和港口工程为支柱的海洋经济体系，快速跟上世界海洋经济发展浪潮。倡导“海洋立国”的日本尤其重视海洋经济与腹地经济产业的互联互动，形成“以大型港口为依托，以海洋经济为先导，腹地与海洋共同发展”的布局，其造船技术全球领先。加拿大的海洋油气业、海洋交通运输业和滨海休闲旅游业相当发达，并借助完善的海洋法律法规体系，推动海洋环境保护。俄罗斯有着丰富的海洋渔业资源和海洋油气资源，远洋航运业发达。俄罗斯和加拿大都高度重视极地海洋资源的勘探和开发，也一直积极研究探索开通未来极具战略和商业价值的北极航道。英国拥有世界四大渔场之一的北海渔场，其海运业自18—19世纪领先于世界各国以来，至今仍非常发达；伦敦是举世公认的国际航运服务中心，世界约50%的油轮租船业务和40%的散货船业务集中于此；其海上天然气产量位居世界前列，海上风电、潮汐发电居于世界领先地位，滨海休闲旅游业极为发达且体量庞大。

（三）中国海洋经济发展潜力巨大

中国作为世界海洋经济发展的后起之秀，抓住了第三次世界性海洋经济发展浪潮的历史性机遇，继2003年《全国海洋经济发展规划纲要》以及2008年《国家海洋事业发展规划纲要》之后，2012年9月《全国海洋经济发展“十二五”规划》经国务院正式批准实施，紧接“十二五”的发展步伐，2015年10月《中共中央关于制定国民经济和社会发展第十三个五年规划的建议》提出要拓展发展新空间，用发展新空间培育发展新动力，用发展新动力开拓发展新空间，积极拓展蓝色经济空间，坚持陆海统筹，壮大海洋经济，科学开发海洋资源，保护海洋生态环境。不但沿海各省纷纷将经济发展重心从陆地向海洋转移，相邻沿海城市的中东部地区也着眼相关海洋产业。90%以上的对外贸易通过海上运输完成，商船遍布全世界1 200多个港口；集装箱吞吐量排名世界第一，海上通道已经成为经济发展的命脉，加快发展海洋经济成为各界共识。总体来看，中国已经在海洋经济规模、门类等方面成为世界性的海洋强国，个别沿海省份的海洋经济比重已经接近海洋强国。但无论是GDP占比，还是海洋科技的贡献度等方面，与世界海洋强国仍存在较大差距，尤其是海洋邮轮、海洋信息服务、海洋休闲旅游等海洋经济第三产业，与发达国家相比还处于初级发展阶段。例如，与加拿大对比，海洋经济最为发达的广东省，海洋经济总量占其GDP的比重与加拿大不相上下，但其海洋经济的产业结构性合理性和高度化方面存在较大差距，传统的海洋渔业等第一产业比重偏高，临海工业未能形成规模和体系，第三产业比重仍然偏低。中国港口规模大，但竞争力不够高，主要原因就在于航运服务业不发达，宁波—舟山港、上海港作为中国乃至世界最大港口都未能进入国际航运中心发展指数前三。大量海洋资源被闲置，渔船总体装备落后，尤其是远海捕捞渔船的吨位、质量和数量总体落后于发达国家。海洋环境污染问题比较严重，新兴海洋经济产业、海洋现代服务业的培育步伐较慢，海洋科技创新能力不够，海洋战略新兴产业的产业化速度缓慢，除了个别领域，总体海洋技术和机械业未能步入世界顶尖技术国家行列。

总体而言，中国海洋经济的发展要相对滞后一些。但改革开放以来，海洋资源开发利用不断提升，海洋经济发展不断加快。2012年，中共十八大首提“海洋强国”战略，指出提高海洋资源开发能力，发展海洋经济，保护海洋生态环境，维护海洋权益，建设海洋强国并提出了具体部署，在“海洋强国”战略和“一带一路”倡议的引领下，中国海洋经济总体保持着平稳的增长态势，海洋经济已经成为经济发展重要的增长点。据统计，2016年全国海洋生产总值70507亿元，比上年增长6.8%，海洋生产总值占国内生产总值的9.5%。

二、浙江海洋经济发展历程与现状

位于中国东海之滨的浙江是海洋大省，海洋资源丰富，区位优势突出，开发和利用海洋，发展海洋经济和海洋事业，对促进浙江海洋经济结构战略性调整，加快转变经济发展方式，促进中国沿海地区扩大开放和海洋经济加快发展具有举足轻重的作用。因此，从国家到省级对浙江海洋经济都给予高度重视。2010年5月，浙江、山东、广东三省被作为国家海洋经济发展试点省，2011年国务院正式批复了《浙江海洋经济发展示范区规划》，浙江海洋经济发展示范区建设上升为国家战略，这是浙江第一个上升为国家战略的规划，也是中国第一个海洋经济示范区规划。大力发展海洋经济，建设浙江海洋经济发展示范区，对于推动浙江加快转变经济发展方式、促进全国区域协调发展、维护国家海洋权益具有重要意义。

（一）发展历程

综合考察世界沿海各国和我国沿海地区海洋经济发展历史可以发现，海洋产业结构的演化过程大致分为四个阶段：起步阶段、海洋产业结构交替演化阶段、海洋第二产业大发展阶段和海洋产业发展的高级化阶段①。浙江海洋经济的发展总体上也遵循了这一规律，改革开放以来海洋经济的发展是一个海洋产业结构不断高级化的历史，同时也是从传统海洋经济逐步向现代海洋经济转型的发展历程。

1. 探索与创新阶段

1987—1992年是浙江海洋经济探索与创新的阶段。改革开放至20世纪90年代初期是我国海洋经济总量不断壮大，现代海洋产业体系逐步建立的重要时期。浙江海洋经济的体制探索和发展创新加速推进，海洋渔业率先在以“单船核算”、股份合作制为特征的生产经营体制改革方面取得重大突破；海洋盐业实施了以滩组为单位的联产承包责任制和食盐专营管理体制创新；海运业打破“三统”模式，逐步形成以公有制为主体、多种所有制经济共存的新格局。此外，海洋渔业、海洋盐业和海运业三大传统海洋产业持续增长，海洋经济逐步拓展到石化、电力、船舶、海洋医药等临港工业和以海洋旅游为代表的海洋第三产业等领域，浙江现代海洋经济的产业结构体系逐步建立。

---

① 王颖，阳立军．新中国60年浙江海洋经济发展与未来展望［J］．经济地理，2009，12：1957-1962.

2. 蓝色崛起阶段

1993—2002 年是浙江省海洋经济的崛起阶段。浙江虽然早在 20 世纪 80 年代初就有了“大念山海经”的设想，但真正意义上的海洋开发战略的提出却是 1993 年的“海洋经济大省”战略目标。特别是随着《浙江省海洋开发规划纲要（1993—2010）》的实施，海洋经济得到了较大的发展①。这一时期，浙江海洋经济大省建设大致可分为两个阶段。第一阶段为 1993 年浙江第一次海洋经济工作会议上提出要开发蓝色国土，拓展新的发展空间。第二阶段是 1998 年第二次会议上提出的发展海洋产业，建设海洋经济大省。

3. 优化升级阶段

2003—2009 年浙江省的海洋经济持续优化升级，其中 2003 年具有重大的转折性意义。首先，2003 年以后是我国加入世贸组织（WTO），以人为本、科学发展、转变方式、生态文明、全球化理念逐步深入、经济实现大转型的时期，也是浙江海洋经济增长方式大转变、海洋经济实现大发展的重要时期；另外，2003 年第三次会议上进一步提出了实施陆海联动，建设海洋经济强省。坚持科学看海、科学谋海、科学用海、科学兴海、科学管海。

4. “蓝色”创新阶段

从 2010 年以来，为了解决海洋经济发展所面临的一系列新的问题，海洋经济在优化升级的基础上进入了“蓝色”创新阶段，主要是指摒弃了之前纯粹追求经济发展的理念，注重循环发展的新阶段。2010 年底，宁波市正式出台蓝色牧场建设规划，计划用 10 年时间，投资 15 亿元，在沿海建设象山港蓝色牧场试验区、渔山列岛蓝色牧场综合示范区、韭山列岛牧场化资源保护区等六个各具特色的蓝色牧场区，总面积达 100 平方千米，建立未来的水中“粮仓”，这标志着海洋经济正式走向循环发展道路；2011 年浙江海洋经济上升为国家战略，这是浙江海洋经济发展的一个良好契机。同年 12 月的《浙江省海洋事业发展“十二五”规划》旨在加快浙江海洋事业发展，提升海洋综合实力，实现海洋经济强省目标；在“十二五”发展的基础上，浙江“十三五”规划建议提出：浙江最大资源优势在海洋，最大的发展潜力也在海洋，因此要统筹推进海洋经济发展示范区和舟山群岛新区建设。

（二）发展现状

自 2011 年国务院批复《浙江海洋经济发展示范区规划》以来，浙江海洋经济发展示范区建设取得显著成效。无论是从海洋生产总值及占浙江 GDP 的比重，还是从全国海洋经济总值的占比来看，近几年浙江省的海洋经济实力都在不断提高。当然，在快速发展的同时，也面临一些挑战。

1. 发展优势

浙江海洋经济具有资源禀赋优势、区位优势以及政策体制方面的优势。在区位优势上，浙江

---

① 苏纪兰，蒋铁民．浙江“海洋经济大省”发展战略的探讨［J］．中国软科学，1999，02：31-34.

位于我国沿海中部和长江三角洲地区的南部，南部邻接海峡西岸经济区，东临太平洋，西连长江流域和我国内陆地区，处于经济发达的长江三角洲“T”字结合部，占据了我国主要国际航运通道，连接我国内外交通枢纽，同时拥有宁波—舟山港等大港口与国际物流交流中心，具有非同寻常的地理区位优势。在海洋资源上，拥有丰富的港口、渔业、旅游、滩涂、海岛等资源以及26万平方千米的海域，是浙江陆地面积的两倍多；另外，浙江海岸线共6 696千米，居全国首位；可规划建设万吨级以上泊位的深水岸线506千米，占全国总数的30.7%；滩涂面积有接近400万亩，占全国13%。面积达500平方米以上的海岛共2 878个，该数量居全国第一位。近海渔场达22.27万平方千米，可开发潮汐能装机容量占全国总量的40%，其中潮汐能占全国总量的一半以上，利用的潜力十分巨大；滨海旅游产业能源丰富，海洋文化源远流长。在政策体制上，浙江作为市场经济先行的省份并率先实施地方金融创新等一系列探索，已形成全国范围较为先进和开放的金融环境，这也为海洋经济发展提供了良好的发展环境和雄厚的实力支撑。

2. 发展劣势

浙江省海洋经济的总量还相对较小，与周边沿海省市相比较，浙江海洋经济在总量上的差距还比较明显。2015年浙江海洋生产总值居全国第5位，排在广东、山东、福建和江苏之后。海洋新兴产业发展还不够完善，产业结构亟待优化。从产业结构内部来分析，浙江海洋经济的产业结构相对还比较粗放，技术密集型的产业相对比较匮乏。海洋科技水平落后以及海洋产业结构落后、产业链较短、产品附加值较低等都制约着海洋经济进一步发展。以浙江海洋渔业为例，其中仍以传统的近海捕捞为主，和目前的现代海洋渔业即远洋捕捞以及远洋基地建设等都有着一定的差距。另外，浙江省海洋科技人才还比较缺乏。浙江省专业的海洋学院以及高等学校里设立的海洋相关专业还不够完备，导致海洋经济的发展仍缺乏智力指导和人才支撑。

3. 发展机会

浙江省面临着多项有利的发展政策，江苏省、山东省、广东省等地的海洋经济发展战略也上升为国家战略，但浙江除了海洋经济发展示范区之外，舟山新区也上升为国家发展战略，浙江同时拥有两个国家海洋发展战略。从政策角度上来看，浙江省的海洋经济发展拥有更多政策上的倾斜。另外，上海自由贸易区以及上海国际航运中心建设也有助于浙江海洋经济的发展。作为上海的邻接省份，可以充分接收上海的空间外溢效应，实现与上海海洋经济的一体化发展。最后，目前产业结构升级的大环境也有助于浙江海洋经济加快自身配套设施以及产业结构的优化升级。

4. 发展威胁

这主要集中在区域之间的竞争、环境保护的压力以及当地海洋法律规章制度的建设压力方面。由于浙江省海洋产业与周边其他省市以及黄渤海经济区海洋产业的同质性竞争，发展浙江海洋经济仍然需要寻找核心竞争力以在这种激烈的竞争中“突围”。这种竞争也会引致各沿海省份产业结构上的重复建设问题。在环境保护方面，由于海洋经济面临的生态系统相对比较脆弱，浙江海洋经济的发展也对自身海洋生态系统产生深刻的影响。如何应对海洋经济发展对海洋环境的影响是浙江省海洋经济发展道路上的一个重要发展障碍。在法律法规方面，全国范围内都缺乏这方面的协调和规划，缺乏对海洋资源的保护以及污染防治方面的策略。

第二节　浙江蓝色牧场建设的战略诉求

一、浙江海洋经济发展的国家战略机遇

（一）浙江海洋经济与“蓝色牧场”

浙江海洋经济发展举措对于浙江蓝色牧场的发展有着十分重要的作用。海洋经济有助于促进浙江“蓝色牧场”的建设，而“蓝色牧场”的建设又为浙江海洋经济提供了一个具体的方案。

“蓝色牧场”战略与浙江海洋经济战略具有内在的联系。首先，“蓝色牧场”战略是当前海洋经济迅速发展的理论创新。它体现了当前发展条件下，对待和处理海陆关系的理论日益得到重视。它也是浙江省海洋经济建设健康稳定发展以及浙江省海洋经济战略充分实施的保证。在当今经济全球化、区域一体化发展与浙江海洋经济不断寻求新的发展路径的背景下，深化研究浙江“蓝色牧场”战略理论，科学把握浙江“蓝色牧场”战略发展的趋向，确立正确的战略导向，抢占发展先机，对推进海洋强国以及加快实施浙江省的海洋经济发展战略具有重要战略意义。此外，“蓝色牧场”战略也体现了国内外关于整体发展战略的新拓展。其次，“蓝色牧场”战略是具有丰富内涵的新经济概念。它是具有资源、产业和经济区三位一体的内涵，是一种海洋资源开发、产业集聚和临海区位一体化发展的经济发展模式或产业发展方式。“蓝色牧场”战略是海洋经济研究的最新成果，对于认识海洋经济运行，指导海洋开发和沿海发展具有基础性作用。最后，“蓝色牧场”战略是对传统海洋经济发展模式的新突破和新发展。它更加重视资源的科学开发和生态保护、更加重视科教兴海和产业升级发展、更加重视海陆空间科学布局。“蓝色牧场”战略赋予了海陆统筹的新内涵，对于之前的发展模式有着重要的补充作用。

在未来浙江省海洋经济发展的同时，在原有发展模式的条件下，对其注入“蓝色牧场”战略的新发展模式对浙江省海洋经济的发展有着十分重要的作用。首先，它可以科学地把握目前海洋经济发展的规律和趋势。在新的发展模式下，从传统产业到新的经济形态，体现了科学发展观指导下经济发展理念的不断创新和突破。其次，它可以科学地制定海陆统筹合纵连横的规划体系。如何突破目前的海洋经济区发展试点的发展瓶颈，建立一个完整的、系统的海洋发展战略和规划也成为了“蓝色牧场”战略需要考虑的一个重要课题。最后，它可以科学的抢占海洋强国强省建设的制高点。“蓝色牧场”战略是当前浙江省发展海洋经济和进行试点经济改革的实践，是海洋强国强省战略的理论创新和实践创新。它抢占理论政策研究、战略指导、产业发展、统筹发展制高点，对于当前浙江省的海洋经济发展具有重要的指导性作用。

（二）“蓝色牧场”建设机遇

1. 政策支持

我国政府十分重视海洋牧场建设，一方面，由于过度捕捞和近岸海域环境不断恶化，我国近海的生物资源亦显著下降，已经很难形成渔汛，资源几乎处于枯竭状态；另一方面，我国近海的海岸线漫长，港湾和岛礁众多，具备建设海洋牧场的优越自然条件。自 2000 年以来，农业部“双转专项”将内涵拓展为包括“人工鱼礁建设”和“海洋牧场建设”；2006 年，国务院发布了《中国水生生物资源养护行动纲要》，国家投入 400 亿元资金用于人工鱼礁、增殖放流、水生生物养护等渔业工程建设；2008 年，农业部渔业局召开专题会议检查“海洋牧场专项”资金；2013 年，国务院发文《关于促进海洋渔业持续健康发展的若干意见》中明确提出“发展海洋牧场，加强人工鱼礁投放”；2015 年农业部下达了《关于创建国家级海洋牧场示范区的通知》，确定了包括浙江在内的首批 20 个国家级海洋牧场示范区名单。

2. 成熟经验借鉴

经过 30 多年的发展，我国海洋牧场取得了一定的成果，尤其是辽宁、山东、浙江、广东等一些沿海省市。据不完全统计，近 10 年全国投入海洋牧场建设资金累计超过 80 亿元，其中，中央财政投入约 7 亿元，已建成人工鱼礁超过 2 000×10^4 空立方米（以下简称“空方”），礁区面积超过 110 000 公顷，每年增殖放流水生生物苗种数量达到 200 亿尾（粒）以上。经过几年的发展，辽宁省“獐子岛”渔业探索出了一个可持续发展的海洋经济模式，即播种“海底庄稼”——非游动的海洋生物，并提出了“耕海万顷养海万年”的主张，在一定程度上解决了困扰中国渔业海水养殖与环境协调发展、持续发展的问题，为浙江实践海洋牧场建设提供了宝贵的经验借鉴。

二、浙江蓝色牧场建设的必要性

浙江作为海洋资源大省，在国家“海洋强国战略”中具有重要的地位。独特的区位条件、丰富的海洋资源、突出的特色产业以及灵活的体制机制，使其具有加快海洋经济发展的巨大潜力。在当前发展格局下，抓住机遇，发挥优势，大力发展海洋经济，建设海洋经济发展示范区，加快区域协调发展，是浙江寻求新的经济增长点，解决发展空间问题，促进经济持续稳定发展，推进经济发展方式转变的必由之路。浙江省发展海洋经济的必要性在于以下几个方面：

（一）浙江省陆域资源相对匮乏

浙江省的陆域资源相对比较匮乏，已成为浙江省目前发展中的瓶颈。浙江东西和南北的直线距离均为 450 千米左右，陆域面积 10.55 万平方千米，为中国的 1.06%，是中国面积最小的省份之一。浙江山地和丘陵占 70.4%，平原和盆地占 23.2%，河流和湖泊占 6.4%，耕地面积仅 208.17 万公顷，故有“七山一水二分田”之说。地势由西南向东北倾斜，大致可分为浙北平原、浙西丘陵、浙东丘陵、中部金衢盆地、浙南山地、东南沿海平原及滨海岛屿六个地形区。

从陆域资源来看，浙江省人口稠密而资源禀赋条件差，是一个资源能源小省。按照第六次全国人口普查数据，省常住人口 5 446.5 万人，约占全国的 4.06%，而土地面积只占全国的 1.06%；森林覆盖率虽然居全国前列，但人均森林面积只有 0.11 公顷/人，低于全国平均水平；另外，主要矿产资源更是严重缺乏。浙江省随着经济的快速发展，人口、资源、环境与经济发展之间的矛盾越来越突出，资源紧缺日益成为制约其经济持续发展的重要因素。因此，一方面要转变发展方式，优化产业结构，提高资源利用效率；另一方面要积极寻求新的可替代资源，寻找新的经济增长点。而在这个发展格局环境下，海洋经济就成为浙江省亟待继续大力发展的新增长点。

（二）浙江省海洋资源极为丰富

极为丰富的海洋资源为浙江省带来了广阔的发展空间。浙江省拥有全国领先的丰富海洋资源。首先，浙江海岸线共 6 696 千米，居全国第一位。另外，省内有面积 500 平方米以上的海岛 3 061 个，约占全国海岛总数的 40%。与此同时，近 400 万亩滩涂资源，约占全国的 13%，具有得天独厚的“渔、港、景、油、涂”资源组合优势与经济区位优势。因此，发展海洋经济，有利于充分发挥资源优势，扬长避短；有利于进一步拓展新的发展空间；同时有利于扩大开放，增强浙江省国际竞争力。如何发展好浙江的海洋经济也成为如何利用好自身的资源优势，将自然资源的要素禀赋优势转化成经济发展的支撑的重要动力。

（三）国家海洋经济发展战略的支持

国家近年来制定的海洋开发战略，为浙江海洋经济发展提供了政策保障。2011 年初，《浙江海洋经济发展示范区规划》得到国务院正式批复，规划明确了“一个中心、四个示范”的战略定位，进一步明确了“一核两翼三圈九区多岛”的空间布局和构筑“三位一体”港航物流服务体系、规划建设舟山群岛新区和发展海洋新兴产业的三大任务。国家的规划和战略，再加上一系列鼓励民营经济参与港口物流、战略物资储运、石化工业以及海岸线、滩涂、小岛、海域等集中连片开发的政策举措，无疑将推动浙江海洋经济的发展进入一个全面发展时期，这也为浙江海洋经济的发展奠定了制度基础。

综上，从浙江省在自然资源的禀赋方面来看，陆域资源稀缺，海洋资源优势明显以及国家政策上对浙江海洋经济的支持，使得浙江省发展海洋经济的必要性逐渐凸显。

三、浙江蓝色牧场建设的可行性

（一）海洋资源基础

浙江有长达 6 486.24 千米的海岸线（其中大陆岸线 2 200 千米）。常规条件下，浙江省适宜开发的海岸线资源 761 千米，其中深水岸线 506 千米，约占全国的三分之一，滩涂资源约 391 万亩，其中 87.5%具有淤涨型特点，其面积大且完整性好，整体围垦开发条件优良。其中，浙江省海洋渔业资源处于全国前列。由于浙江省海域气候属于亚热带季风气候，所以其温度适中、降雨量充沛，这为海洋生物的栖息提供了良好的气候条件，也使浙江省海域成为中国海洋渔业资源蕴藏量最丰富、渔业生产力最高的海域，素有“中国渔仓”美称。舟山渔场是全球四大渔场之一，渔场面积达22.27万平方千米，可捕捞量位居全国第一。同时，浙江还拥有丰富的滨海旅游资源。浙江沿海自然环境独特、气候宜人、形成了多种自然景观，因为也是历史上开发较早地区之一，所以前人留下的文化遗产颇多。目前，浙江海洋旅游区中有3个是省级风景名胜区，1个国家级自然保护区。

（二）海洋人才和科技

从海洋经济支撑层面的海洋科研教育管理服务业发展来看，这项发展相对比较快。浙江省随着经济的较快发展，各类海洋服务意识不断增强，投入也不断加大。海洋信息服务业、海洋环境监测预报服务、海洋保险和社会保险业、海洋科学研究与技术服务业、海洋环境保护业、海洋教育以及政府部门对海洋经济开发的支持程度也不断加强。浙江省在科教支撑方面拥有国家海洋局第二海洋研究所、杭州水处理技术研究中心、浙江省海洋科学院、浙江省海洋开发研究院、浙江省发展规划研究院、浙江海洋大学，浙江大学海洋学院（舟山校区）、宁波诺丁汉国际海洋经济技术研究院、舟山海洋科学城、温州海洋科技创业园、绍兴滨海新城海洋科技创新园等科教资源。目前全省拥有涉海类高校21所、涉海类省重点学科40余个，涉海科研院所13家、国家级海洋研发中心（重点实验室）5家、海洋科技创新平台19家。膜法海水淡化技术和产业化、海产品育苗和养殖技术、海产品超低温加工技术、分段精度造船技术等全国领先。海洋生态环境监测与预警体系逐步健全，近岸海域水质状况和沉积物质量保持基本稳定。

（三）体制机制保障

浙江海洋经济发展示范区规划，自2011年2月获国务院批复以来，秉持浙江精神，干在实处、走在前列、勇立潮头的新要求，统筹推进“五位一体”总体布局和协调推进“四个全面”战略布局，以建设海洋强省为战略目标，以海洋领域供给侧结构性改革为主线，以创新体制与先行先试促改革，充分发挥浙江民营经济优势，全面清除不利于民营经济参与海洋开发的障碍，支持民营企业参与海洋资源开发、战略性新兴产业与涉海基础设施建设。出台了《浙江省海域使用管理条例》、《浙江省无居民海岛开发利用管理办法》，修订了《浙江省渔业管理条例》，并制定发布了一系列规范性的配套文件，有力地推进了海洋资源保护与利用工作。发布实施了《浙江省海洋功能区划》、《浙江省无居民海岛保护与利用规划》和《浙江省重要海岛开发利用与保护规划》等规划，在全国率先建立了省市县三级海岸线统筹协调管理机构。探索建立了无居民海岛价值评估、使用权出让竞价等市场化机制，实现了全国首个无居民海岛使用权拍卖，海洋空间资源市场化配置不断规范。作为第一批全国海洋经济发展试点省，通过近几年来的探索实践，形成了浙江海洋经济发展示范区建设的基本经验。

第二章 蓝色牧场理论体系构建

海洋蕴藏着丰富的生物资源。其中，有20多万种海洋生物，动物有18万种，植物2万多种。动物中的鱼类有2.5万多种，是人类利用海洋生物资源的主体。海洋最大的持续可捕捞量约为2亿吨，而近十几年的世界年捕捞量为8 800万~9 600万吨。但随着近岸捕捞和养殖规模的迅速扩张，过度捕捞和养殖污染等问题逐渐显现，导致近海海洋渔业资源急剧衰退、部分海域生态环境严重恶化。自第三次联合国海洋法会议上确立200海里专属经济区之后，沿海各国对本国渔业资源的保护意识逐渐增强，人们从疯狂的“吃海”状态中开始意识到维护海洋生态平衡的重要性。为拯救濒临消亡的海水生物，建设功能和规模各异、兼顾生态和经济效益的蓝色牧场成为解决国家粮食安全和居民营养安全的一种较为理想的养殖模式。2013年时任浙江省委副书记的王辉忠在舟山、宁波调研时也强调，随着近海渔业资源的日益衰退，加强海洋渔业资源和生态环境保护已成为刻不容缓的重要任务。我们要按照建设国家海洋经济发展示范区的总体部署和要求，秉承对人民群众和子孙后代高度负责的态度，把“耕海牧渔”与“养海护渔”结合起来，立足当前、着眼长远，统筹兼顾、综合施策，依法打击“三无”渔船，坚决禁止“掠夺式”捕捞，鼓励发展远洋渔业，大力发展海水养殖，健全海上联合执法机制，加快修复渔场和渔业转型发展，努力实现海洋渔业可持续发展和渔民可持续增收。

第一节 蓝色牧场的理论溯源

一、海洋牧场溯源

（一）海洋牧场由来

传统上认为，海洋牧场理念源于20世纪70年代的美国和日本。美国1968年提出海洋牧场计划，1972年实施，1974年建成加利福尼亚巨藻海洋牧场。1971年日本水产厅海洋审议会文件中指出“海洋牧场将会成为未来渔业的基本技术体系，这一系统可以从海洋生物资源中持续生产食物”。1973年，在冲绳国际海洋博览会上，日本着重强调了海洋牧场是“在人为管理下维护和利用海洋资源”的一种全新的生产形式。在日本提出海洋牧场的同一时期甚至更早，我国学者已对海洋牧场的理念和理论作出了原创性的贡献。曾呈奎等于1965年提出要大力研究重要种类的生物学特性和它们在人工控制条件下的生长、发育、繁殖，以解决人工养殖的一系列问题，培育新的优良品种，使海洋成为种养殖藻类和贝类的“农场”，养鱼、虾的“牧场”，达到“耕海牧渔”。

1978 年，曾呈奎在中国水产学会恢复大会和科学讨论会、山东省水产学会恢复暨学术交流大会上分别作了《我国海洋专属经济区实现水产生产农牧化》和《我国海洋专属经济区实现水产生产“农牧化”问题》的报告，并将海洋农牧化（Farming and Ranching of the Sea）定义为“通过人为的干涉改造海洋环境，以创造经济生物生长发育所需要的良好环境条件，同时，也对生物本身进行必要的改造，以提高它们的质量和产量”，同时，提出将远洋捕捞和海洋农牧化视为我国提高海洋水产的主要途径，提出力争在 20 世纪内实现专属经济区的水产生产农牧化，把我国海域改造成为高产稳产的海洋农牧场。

（二）海洋农牧化

海洋农牧化包括“农业化”和“牧业化”两个方面。其中，“农业化”即“耕海”，是在沿海的滩涂、沼泽、港湾以及二三十米等深线以浅的海域，人工栽培、种植藻类和耐盐经济植物，使用笼具、网箱、围网等在有限空间内进行海洋动物人工养殖。“牧业化”则是把人培养的幼苗培养到一定规格、具有一定的抵抗病害和逃避敌害能力的阶段，然后释放到自然海域让其自由地索饵、生长、发育，最后作为自然资源的一部分进行合理捕捞。海洋牧业既不同于海洋捕捞业，也不同于海洋养殖业，而是两者的结合。海洋牧业利用自然生物资源及水域生产潜力，通过人工繁殖生产种苗降低自然环境下早期幼苗的死亡率，保证了种群资源的有效补充，最后再进行捕捞等一系列生产过程，是海洋生物资源开发利用管理的新系统。此外，20 世纪 70 年代末至 80 年代初，毛汉礼、黄文沣、王树渤、冯顺楼、徐绍斌、陆忠康等也相继提出了与海洋农牧化相似的理念，部分学者更进一步从遗传技术、水环境等角度对实现海洋农牧化提出了自己的见解。[①]

由此可见，至迟在 20 世纪 60 年代中期，我国学者已经提出在海洋中通过人工控制种植或养殖海洋生物的理念及海洋中“牧场”的概念，这与 20 世纪 70 年代日本“海洋牧场”概念的核心思想是基本一致的。受十年“文革”因素影响，这一理念的完善和具体化直到 1978—1988 年间才得以实现。

二、海洋牧场概念内涵

（一）海洋牧场概念演变

到目前为止，学术界尚未对海洋牧场作出统一的定义，反映出对海洋牧场的认识还在不断深化和完善。日本学者市村武美认为广义的“海洋牧场”包括了养殖式和增殖式两种生产方式，将各种类型的养殖也视为海洋牧场的类型。刘卓等则认为海洋牧场是指在广阔的水域中，控制鱼类的行动，从苗种投放到采捕收获进行全程管理的渔业系统，人工鱼礁、大型增殖场和栽培渔业都是海洋牧场技术的主要部分。韩国《养殖渔业育成法》将海洋牧场定义为“在一定的海域综合设置水产资源养护的设施，人工繁殖和采捕水产资源的场所”。20 世纪 90 年代以后，我国学者在海

① 引自于：杨红生．我国海洋牧场建设回顾与展望［M］．水产学报，2016，40（7）：1133-1140.

洋牧业的基础上吸收了日本等国学者的思想，更为明确地定义了海洋牧场。陈永茂等认为海洋牧场是指为增加海洋渔业资源，而采用增殖放流和移殖放流的方法将人工培育和人工驯化的生物种苗放流入海，通过海洋内的天然饵料为食物，并营造适于鱼类生存的生态环境（如投放人工鱼礁、建设涌升流构造物），利用声学和光学等生物自身的生物学特征对鱼群进行控制，通过对环境的检测和科学的管理，以达到增加海洋渔业资源和改善海洋渔业结构的一种系统工程和渔业增殖模式。张国胜等认为海洋牧场是指在一定的海域内，建设适应海洋渔业生态的人工生息场所，通过采用人工培育、增殖和放流的方法，将生物种苗人工驯化后放流入海，利用海洋自然的微生物饵料和微量投饵养育，并且运用先进的鱼群控制技术和环境检测技术对其进行科学的管理，从而达到增加海洋渔业资源，进行高效率捕捞活动的目的。

（二）海洋牧场组成要素

综合国内外学者的观点，海洋牧场主要包括以下六个要素：①以增加渔业资源量为目的，表明海洋牧场建设是追求效益的经济活动，资源量变化反映海洋牧场建设成效，强调监测评估的重要性；②明确的边界和权属，该要素是投资建设海洋牧场、进行管理并获得收益的法律基础，如果边界和权属不明，就会陷入“公地的悲剧”，投资、管理和收益都无法保证；③苗种主要来源于人工育苗或驯化，区别于完全采捕野生渔业资源的海洋捕捞业；④通过放流或移植进入自然海域，区别于在人工设施形成的有限空间内进行生产的海水养殖业；⑤饵料以天然饵料为主，区别于完全依赖人工投饵的海水养殖业；⑥对资源实施科学管理，区别于单纯增殖放流、投放人工鱼礁等较初级的资源增殖活动。由此衍生出海洋牧场的六大核心工作：绩效评估、动物行为管理、繁育驯化、生境修复、饵料增殖和系统管理。

综上所述，可以将海洋牧场定义为：基于海洋生态学原理和现代海洋工程技术，充分利用自然生产力，在特定海域科学培育和管理渔业资源而形成的人工渔场。

三、蓝色经济与蓝色牧场

（一）蓝色与蓝色经济

蓝色即海洋。蓝色可以理解为生态文明，保护、修复青山绿水，打造生态友好示范区，建设人居示范区，实现经济可持续发展的一个标志；蓝色同时又意味着环境友好、海陆协调发展，以经济中心城市为依托，不断实现蓝色经济。所谓蓝色经济是从生态设计的角度出发的，以期在生态系统中寻找改变高度浪费的生产和消费模式的灵感，像大自然一样将养分和能源串联利用以达到可持续性，它摒弃了对废物的传统认识，推出一种模拟自然的经济发展模式，提高了人类对需求所作出的反应。它是利用海洋创新科技来发展循环经济、低碳排放，发展环境友好产业。与传统经济模式和绿色经济相比，蓝色经济具有创造就业机会、创造经济价值、仿效生态系统和零排放四个特点。蓝色经济，包括为开发海洋资源和依赖海洋空间而进行的生产活动，也包括直接或间接为开发海洋资源及空间的相关服务性产业。发展海洋产业，打造以海洋产业为主的蓝色经济，是人类社会与海洋相互作用的新的经济发展模式。蓝色经济是通过将产业带、创新域和生态链进行整合互动，并且将经济实体有机衔接起来。蓝色经济是一个系统创新、可持续发展和陆海一体化的发展战略，通过制定海陆一体产业发展规划，在形成合理的产业布局、实现海洋产业持续发展的同时，使沿海和腹地经济优势互补，互为依托，实现共同发展。

随着人口增加与耕地面积不断减少的矛盾日益突出，向海洋索取优质蛋白质的需求大幅度增加，但随着近海渔业资源严重衰退，海水养殖对环境造成的污染程度不断加深，可想而知粮食安全压力将会长期存在，并且会严重威胁到人类的健康。21 世纪是海洋的世纪，如何解决这个冲突，如何可持续地发展海水养殖成为人类有待解决的主要问题。蓝色牧场为我们提供了很好的缓解这一压力的途径，它是许多沿海发达国家或地区所寻找的兼顾生态和经济的一种较为理想的养殖方式。

（二）蓝色牧场的演变

蓝色牧场在本质上也是对海洋农牧化的进一步完善和提升，与“海洋牧场”虽然在主体功能上基本相同，但其在概念的界定、技术、管理运营等方面还是存在一定的差异性。虽然海洋鱼类资源日益减少，但人们对海产品的需求量却日益增加，这就一步一步地推进了海洋农牧化理念的出现。进行海洋牧场化的第一步是要削减捕鱼量，并且要充分利用鱼类种苗生产技术，变捕鱼为养鱼，保证养鱼丰收。近年来，“蓝色牧场”建设在鱼的人工授精、孵化、仔鱼育成、人工放流等技术上都有了突破性的进展。利用鱼类洄游特性进行放养，使得近海渔场的鱼种和资源量不断增加，保证了鱼的产量。“海洋牧场化”是把渔业资源的增殖和管理分为“农化”和“牧化”两个过程。“农化”是指于 20 世纪 80 年代后期兴起的海水养殖业；“牧化”则是指海洋渔业资源的人工放流。

“蓝色牧场”这一理念是基于国家对粮食食品安全的关注，学术界在“海洋牧场”的基础上提出的，但到目前为止并没有学者对其概念进行明确的界定。本文希望通过对“海洋牧场”概念的界定，从功能、技术以及管理运营的角度进行归纳定义“蓝色牧场”。关于“蓝色牧场”的定义，国内外学者们都经历了一段时间的不断探索。日本是国际上最早开展海洋牧场建设和研究的国家，通过在海洋中营造适宜的环境，将人工繁育的种苗培养成幼苗后，放养到海洋中，然后通过对海域生态环境进行优化并辅以科学的管理，为鱼类提供良好的栖息、生长、繁殖的场所，从而达到大幅增加渔业资源、改善生物品种的质量、保护海洋生态环境的目的。但是其对海洋牧场的定义的界定也经历了较长时间的探索，虽然在 1980 年举办的日本农林水产技术会议关于海洋牧场的论证上，对其概念提出了较为具体的定义，但是日本学者还是先后对其定义做出了各种抽象的界定，中村定（1991）认为海洋牧场是在宽阔的海域中，通过人为地控制鱼群的活动，可以进行从养殖到捕捞管理的渔业系统。其主要内容包括育苗场的建设、增殖放流、资源管理、环境监测以及渔场的建设和捕捞工作，也包括由政府牵头进行的人工鱼礁和增殖场的建设。藤谷超（1991）认为海洋牧场是为了最大限度的利用海域资源而进行海洋开发活动的一种技术构成。三桥宏次（1993）认为海洋牧场是为了营造海域良好环境的种苗培育场，主要是培育放养后的幼苗个体。

我国关于建设“蓝色牧场”的构思是由曾呈奎先生最早在20世纪70年代提出的“海洋牧场化”的设想演进过来的。1991年傅恩波、陈永茂等认为“蓝色牧场”是指采用增殖放流和移殖放流的方法将人工培育和人工驯化的生物种苗放流入海，以海洋内的天然饵料为食物，并通过投放人工鱼礁、建设涌升流构造物等方式来营造最适合鱼类生存的生态环境配套技术对环境的检测和科学的管理，以达到增加海洋渔业资源和改善海洋渔业结构的一种系统工程和渔业增殖模式。有学者把这个概念定义为“蓝色牧场”的一种狭义的界定，而广义的“蓝色牧场”被认为是泛指人工垦殖海洋生产水产生物资源的增殖型渔业，其理论和实践基础主要基于海洋生产力的可塑性、自然高生产力系统及高产渔场的可模拟性、环境质量的可控性以及资源生物品种性状的可塑性等。2002年黄宗国在《海洋生物学辞典》定义海洋牧场（Ocean Ranching）为：在特定的海域里，为了建设人工渔场而进行有计划、有目的地放流和养殖海洋生物，并进行有效的渔业资源管理。2003年张国胜、陈勇等认为海洋牧场是指在一定的海域内，建设适应海洋渔业生态的人工生息场所，通过采用人工培育、增殖放流和移植放流的方法，将生物种苗经过中间育成或人工驯化后放流入海，利用海洋自然的微生物饵料和微量投饵养育，并且运用先进的鱼群控制技术和环境检测技术对其进行科学的管理，从而达到增加海洋渔业资源，进行高效率的捕捞活动为目的的一种新型海洋渔业增养殖系统。《海洋词典》认为现代海洋牧场是一种基于生态系统、利用现代科学技术支撑和运用现代管理理论与方法进行管理、最终实现生态友好、资源丰富、产品安全的新型海洋渔业生产方式。2011年李纯厚等关于海洋牧场的定义是指在某一海域内，采用一整套规模化的工程设施和系统化的管理体制，利用自然的海洋生态环境，将人工增殖的海洋生物聚集起来，进行有计划有目的的海上放养增殖经济海洋物种的大型人工渔场。2012年李波认为海洋牧场是现代渔业可持续发展和生态养殖的主要方式，可以有效提高水产品的质量和改善海域环境。尤其在提倡低碳经济和科学发展后，海洋牧场的建设和研究都面临着良好的发展机遇。

从以上国内外学者对海洋牧场概念的探索过程可知，“蓝色牧场”的定义可以界定为：在一个特定的海域内，主要通过三个步骤以达到增加和恢复渔业资源而人为建设的一个生态养殖渔场，其一通过人工鱼礁的建设和藻类增养殖来营造一个适宜海洋生物栖息的场所；其二将目标生物放在该场所培养，同时吸引野生生物资源，形成人工渔场；其三通过人工投饵、环境监测、水下监视、资源管理等技术进行渔场的运营和管理。它是一种环境友好型，可持续发展的低碳渔业生产模式，有利于水生生物资源养护和增殖，也是生物碳汇扩增的科学途径。

（三）蓝色牧场与传统海洋牧场的异同

相比于“海洋牧场”，“蓝色牧场”在主体功能上都是为达到增加和修复渔业资源，为目标生物营造适宜的生存环境等，但是前者主要是基于海洋经济的条件，它的主要目的是为了创造出更高的海洋经济效益，而后者主要是基于粮食安全的角度出发，希望能跳出以前的陆域空间，从海陆统筹的角度来拓展粮食的供给空间，并且跳出原来重点关注海洋第一产业的发展的局限思想，期望通过在蓝色海洋里构建比“海洋牧场”功能更全、技术要求更高、资源增加及恢复能力更强、产业结构优化面更全、涉海空间面更广的生态型的人工增殖渔场。习近平同志 2013 年 11 月 27 日在山东省农业科学院考察时讲话指出：“保障粮食安全是一个永恒的课题，任何时候都不能放松”。然而我国是一个人口约占世界 1/4 的发展中国家，面临着“地少水缺的资源环境约束”与“吃得好吃得安全”的粮食安全突出问题。这就要求我们必须以更加广阔的视野，跳出陆域空间，充分挖掘海洋在食物供给方面的潜力，建设“蓝色牧场”，从陆海统筹视角拓展粮食生产空间，强化国家粮食安全保障。

“蓝色牧场”同“海洋牧场”大致一样，主要也是通过放流、底播、移植等方式将经中间育成或人工驯化的生物苗种放流入海，利用天然饵料或微量投饵育成，并进行高水平的生物管理和环境控制，扩大海洋生物资源量，实现可持续捕捞。蓝色牧场相比于捕捞，其更注重对生物资源的养护和补充；蓝色牧场相比海水养殖，其可实现物质和能量多营养级利用，有效降低投入品对海域环境的影响，拓展了增养殖生物的活动空间，提高了养殖产品的品质；与单纯人工放流相比，蓝色牧场强调生境修复和资源管理，保证了增殖目标生物的成活率与回捕率，但与海洋牧场重点注重第一产业发展带来的海洋经济效益这一点相比，“蓝色牧场”还注重在发展第一产业的同时带动海洋观光旅游业、休闲渔业等相关产业的发展。

“海洋牧场”是从普通的资源开发利用，到资源效益的精深挖掘，其利用科技带来的利益是属于我国海洋经济的概念，而在此基础上采用原生态天然放养方式，栖息的海域属国家级清洁海域，才堪称“蓝色牧场”。可以说，蓝色牧场是继捕捞、养殖和单纯人工放流后，集环境保护、资源养护、人工养殖和景观生态建设于一体的新型生产模式。

综上所述，“蓝色牧场”的定义可以界定为：在特定的海域里，指依托丰富的海洋生物资源，利用现代科技和先进生产设施装备，通过人工培育、增养殖、人工放流、捕捞等方法，将蓝色海洋和近岸滩涂开发建设成为能够在持续提供可供人类食用的高产、高品质水产品的同时，带动第一产业以外的休闲渔业等相关产业的生态渔业模式。从某种程度上，建立“蓝色牧场”，是水产养殖企业、专业合作社、养殖大户坚持的生态养殖模式，是对海洋牧场的深耕，不仅丰富了市民的餐桌，还保持海域生态平衡，是一种能取得经济和社会效益双丰收的可持续的低碳的立体生态养殖模式。

第二节 蓝色牧场建设内容及主要特征

一、蓝色牧场建设内容及关键因素

（一）蓝色牧场的建设内容

为了减缓生态环境恶化、粮食安全压力，国际上各沿海国家不断地寻求功能和规模各异、能兼顾生态效益和经济效益的较为理想的海产品养殖模式。日本是国际上最早进行海洋牧场建设的国家，其也于1971年在海洋开发审议会上第一次提出海洋牧场（Marine Ranching）的构想，1977—1987年开始实施“海洋牧场”计划，并建成了世界上第一个海洋牧场——日本黑潮牧场。随后，同为拥有较丰富海域资源的韩国也于1998年开始实施“海洋牧场”计划，在庆尚南道统营市首先建设了核心区面积约20平方千米的海洋牧场（2007年6月竣工）。虽然1968年作为一个三面环海、技术资源雄厚的美国是首个提出建设海洋牧场计划的国家，但却到1972年才付诸实施，1974年在加利福尼亚海域利用自然苗床，培育巨藻，取得丰厚的效益。我国的海洋牧场建设已有30多年的历史，但还是以人工鱼礁为主要方式和手段进行构建，目前仍处于起步阶段。但不得不承认近年来，我国海洋牧场的建设和研究发展得相当迅速，尤其是在辽宁、山东、广东等渔业大省，在数量和规模上都提升的比较快，并且涌现出一批运营管理良好、效益可观的具有示范带动意义的蓝色牧场。

“蓝色牧场”的建设是集传统的海水养殖技术、海水增殖技术、海岸工程技术、渔业资源管理技术以及现代化高新技术（如卫星、遥感、生物工程等）等多种技术为一体来对海域资源进行合理开发利用的一种立体生态养殖系统。从其具体的建设内容和建设目的来看，“蓝色牧场”的建设可从为海洋目标生物营造适宜的生存环境、为扩大生物数量而人工增殖资源以及对渔床的维护和修复等三个方面进行展开。

1. 营造适宜的环境

“蓝色牧场”是通过人为地制造适宜的海洋生态系统，为目标生物的栖息和生存提供良好的生态环境。在大型蓝色海洋牧场建设中，其前期的一个基本步骤之一就是进行人工鱼礁的投放。所谓“人工鱼礁”，就是指在目的地水深100米以内的沿岸海底投放石块、混凝土块、废旧车船等物体而形成的暗礁，它有聚集鱼群的作用，可以吸引海洋生物来此繁衍生息，以达到增加渔获量和改善水域生态环境的目的。其作用原理主要是人工鱼礁可以使水流向上运动，形成上升流，通过海水带来的营养物质来吸引鱼群，与此同时它可以产生阴影，并为鱼群提供躲避风浪和天敌的避风港。将人工鱼礁人为地置于天然的海域中，不仅能够修复水域生态环境，优化渔业资源，改善鱼群的生息场所，同时还能带动相关产业的发展，调整海洋产业的结构，促进海洋经济的可持续发展。人工鱼礁因可取得的效果不同分为以下三种：一是一般投放于浅海海域，起到增殖资源作用的增殖鱼礁；二是一般设置于鱼类的洄游通道，主要是诱集鱼类形成渔场，达到提高渔获量的目的的渔获鱼礁；三是设置于滨海城市旅游区的沿岸水域，供休闲、垂钓、健身活动之用的游钓鱼礁。

2. 人工增殖资源

由于过度捕捞、生态环境恶化等原因，导致海洋渔业资源日益衰竭，而实施现代“蓝色牧场”建设有助于缓解这些问题。建设“蓝色牧场”是通过人工渔礁的建设、开展浅海立体养殖、底播增殖、藻类的移殖和增殖等方式，重建海底生物栖息场地，建立“海底森林”，可以在一定程度上限制和阻止底拖网等具有严重破坏性渔具的掠夺式生产行为，修复或改善已被破坏的海洋生态环境，从而营造一个适宜海洋渔业资源长期居住的生态环境的过程，逐渐形成良性循环的海洋生态环境。为增加海洋渔业资源，可以在进行人工鱼礁投放之后，通过人工培育、增殖放流和移植放流等方法将人工培育和人工驯化的生物种苗投放入海，在人工鱼礁营造的生息环境中利用相关配套技术对环境的检测与管理，可以达到增加海洋渔业资源和改善海洋生物结构，从而能扩大目标生物的繁殖面积的作用，最终达到增殖渔业资源的效果。如在浅海海域，投放海参、鲍、扇贝等海产品就可以起到增殖资源的作用。

3. 维护和恢复渔床

随着近岸海域生态环境不断恶化，水域生物的生存环境亟待通过各种措施来进行维护和恢复。建设“蓝色牧场”，可以像陆地营造森林和草原牧场一样，缓解海底荒漠化问题，减少污染，增加碳汇，同时可以在一定程度上加快水域生物场所的修复振兴过程。渔床的维护和恢复是建设“蓝色牧场”环境修复环节的一个重要步骤，可以通过在浅海和潮间带栽培和播种大叶（草）藻等海草类种子植物，或者在海底播种海草种子，或者护养和恢复现有的海草床，形成海草床或者海草场生态系统来实现这一环节。同时，在不适合海草生长的深一些的海底和人工鱼礁上，可以栽培海带、裙带菜、紫菜等海洋大型藻类，营造海底“森林”区。这些海洋藻类不但可以作为海洋鱼类的索饵场和庇护场，也可以采取轮作轮采加以收获，作为人类的食物和工业原料供应市场。

（二）蓝色牧场建设关键因素

1. 生物生境的建设

“蓝色牧场”的建设主要是对海洋海域环境的建设、改造和调控，同时又是对生物生境的修复和改善，如改造滩涂、种植海草和大（巨）型海藻。“蓝色牧场”的建设主要是通过人工鱼礁的建设、海藻的移植等措施，为鱼群提供良好的生长、繁殖、索饵的生活环境，同时利用海草（藻）床来净化水质与海底的污染物，从而达到改善生境的目的。改善生物生境的过程具体包括对目标生物生存、繁育环境的调控与改造工程以及对受污染环境的修复与改善工程，其中主要过程是投放人工鱼礁。人工鱼礁（artificial fishreef）是“蓝色牧场”建设系统的重要组成部分，也是“蓝色牧场”建设的最基本的步骤之一。目前，我国“蓝色牧场”的建设还主要是处于人工鱼礁的建设这一环节。生物生境的建设还可根据海区的情况，在近岸浅海区设置可固着藻类的环境改善型礁体、海参、海胆和鲍鱼等增殖型礁体或用于休闲渔业的游钓鱼礁；稍外设置鱼苗资源增殖型保护礁体；在鱼虾类的洄游通道上可以设置供捕捞生产的渔获型礁体，从而形成资源丰富而稳定的渔场。

2. 目标生物的培育和种苗的驯化

“蓝色牧场”建设的一个关键过程就是变捕鱼为养鱼，而在养鱼的过程中，就需要充分利用鱼类种苗生产技术来培育适合该特定海域生长的目标生物。在培育种苗过程中采用天然育苗与人工育苗相结合的方式，扩大种苗的数量培育，充分利用海洋生物技术以提高苗种质量，建立种苗驯养场，从采卵、孵化直至育成幼体，实现规模化繁殖、优化选择、习性驯化和计划放养，同时对种苗实施规模化养殖和培育。在放流前，种苗应该在种苗驯养场进行习性驯化，以避免不适应等不必要的问题出现。最后，目标生物的选择尤为重要，一般建议选择营养价值和经济价值都较高并且适合人工苗种培育以及放牧饲养，同时又适合在当地生物生境生长繁殖的海产品，如海参、鲍鱼、真鲷、黑鲷、中国对虾等，这样能够保证目标生物品种的优良性。

3. 生物和环境监测能力

在“蓝色牧场”建设中建设适宜的生物生境以及对目标生物的选育和驯化这两个前期步骤都顺利完成后，其接下来的目标生物的生存环境的监测对“蓝色牧场”的建设就变得十分重要，是实现海洋农牧化、建设可持续生态渔场的基础和关键。在“蓝色牧场”的建设过程中，需要引进其他优良海水生物，需要运用相关监测技术，观察和管理外来优良品种的生存能力。为让这种外来优良物种能够长久地定居在某一特定海域，就必须要对生物生长的海域环境质量有较高的要求，这就需要加大相关监测能力的建设，主要是利用相关监测技术对该海域生物资源是否丰富、生态环境是否适宜进行监测。对海洋生物资源进行有计划、有目的的检测和管理能够高效保障海洋资源可持续利用，但如何对海洋生物资源进行监测将是一项很有挑战性的工作。在对鱼类进行农牧化管理的同时，要利用相关技术做好防止鱼类逃脱鱼礁的工作。

4. 运营管理和配套技术建设

“蓝色牧场”的建设是一项耗费巨大、运营管理相当复杂的工程。除了专门的项目建设与组织的运行管理，还需要成立专门的职能部门负责“蓝色牧场”的管理，这些过程涉及多个方面的管理与协调工作，如对“蓝色牧场”的管理、与周边居民和开发利用活动的协调、合理开发利用及开发管理政策研究等，其中尤其要处理好海洋牧场与周围渔民的利益分配关系。首先，我国各省市“蓝色牧场”建设大多处于人工鱼礁建设的初级阶段，各省市政府利用“蓝色牧场”开展了一些公益活动，如增殖放流，对渔业资源的恢复有一定的促进作用；其次，在以企业为主体的海洋牧场建设中，通过入股方式将周围渔民纳入到建设主体中，有利于保护和管理海洋牧场。如在休渔期间，渔民自觉停止捕捞，这样有利于渔业资源的恢复。而在投石建礁之后，为应对强风浪，应加强对礁体的监管和维护。此外，建设“蓝色牧场”的过程涉及多个方面的技术研究和应用，包括海岸工程技术、鱼类选种培育技术、环境改善修复技术和渔业资源管理技术。其中海岸工程技术、种苗培育技术、环境监测和修复技术在建设海洋牧场的技术应用中扮演着重要的角色。

二、蓝色牧场主要特征及作用

（一）蓝色牧场主要特征

1. 强调生态系统的整体构造

“蓝色牧场”的建设过程主要是依据海洋生态学理论，结合多种目标资源的时间和空间分布特点，建立适合各种目标生物生存繁殖的复合型的资源增殖技术系统与综合管理技术体系，以提高海域的综合生产性能，获得最大的生产和经营效益，最终达到恢复或增加特定海区资源量的目的。“蓝色牧场”的建设特别强调水域生态环境建设，通过投放人工鱼礁、建设人工藻床、底播贝类、放流鱼苗等方式，兼顾海洋生态系统中生产者、消费者和分解者，营造一个立体化、多营养层次、综合性强的生态系统，实现种间生态互补和互利共生。“蓝色牧场”建设既不同于海水养殖，也有别于单纯的人工放流，也不是两者的简单组合，而是需要人为地在自然海区营造适宜对象生物栖息、生存、繁衍的生态环境，同时吸引野生生物或人工放养的海洋生物等优良生物品种在该海域长期定居，使生态系统在人为控制和影响下进行生产，促进海洋生态系统健康发展和生物资源的持续增殖。“蓝色牧场”是集生息场修复与优化、种苗生产、种苗放流、鱼类行为控制、生态与环境监控、育成和收获管理等多种技术为一体的，以实现资源可持续发展为目的的海洋渔业系统。“蓝色牧场”的出发点就是资源的可持续利用，同时具有生态养殖的优势，以期达到提升养殖质量的目的。

2. 半人工干预的养殖和管理

“蓝色牧场”与传统的捕捞渔业和养殖渔业存在一定的差异性，它是在充分利用海域空间以及各种环境资源等条件的基础上加以适当人工干预。“蓝色牧场”海域经过人工改造建设，辅以人工鱼礁作载体，借助底播增殖等手段，以增殖放流为补充，充分利用自然生物资源及水域生产潜力，再通过适当人工控制实现经济生物的人工增殖和自然增殖。“蓝色牧场”要求海域的天然水质、水温、溶氧、pH 值等各项指标都适宜目标生物生存。对象生物（既包括增殖放流的物种、沿岸鱼贝类，也包括洄游性鱼类）的生存和生长繁殖一般依赖海区天然饵料，少量投饵甚至不投饵，更多的让生物不依靠外来营养在自然环境下生长，依靠海洋牧场中的自然食物链和鱼群之间的相互作用，促使海水中人工饵料处于缺乏状态，从而提高了饵料利用效率。这样，既充分释放了水域生产潜力，又保护了海域牧场生态环境。在自然状态下，生物病害较少，避免了使用渔药，致使渔获物药物残留很少。在此基础上，再通过现代化生物行为学控制技术，借助声、光、电等手段吸引野生资源集聚，防止生物资源逃逸，从而形成了人工“圃养”状态。“蓝色牧场”的渔获情况有别于一般的养殖收获方式，是采用科学化管理，保障了可持续收获，即有节制、有计划地捕获目的生物，始终保持一定的资源量。

3. 兼顾综合效益和长远效益

“蓝色牧场”是一种兼顾经济、生态和社会三个效益的较为理想的养殖模式。首先，“蓝色牧场”涉及近岸和离岸两个海域、兼顾养殖和增殖的多营养级的立体生态养殖方式，能够提高经济生物的产量和质量，为人类提供大量优质蛋白质，对于解决和保障粮食安全、缓解陆源食品短缺等方面具有重要意义。其次，“蓝色牧场”的建设对保护水生生物资源具有重要作用。通过放流原良种水生生物，提高目的生物幼苗成活率，不仅能够恢复种质资源，提高海区资源量，而且能有效改善生态系统结构。最后，建设“蓝色牧场”有利于加快海洋第三产业发展，优化海洋产业格局。“蓝色牧场”建设可以改善海区生态环境，促进滨海旅游业的发展，尤其比较适合发展集餐饮、游钓、观光、娱乐和商业于一体的休闲渔业。此外，“蓝色牧场”的低碳投入和增加碳汇的功能对于应对全球变暖也有重要贡献。“蓝色牧场”是以持续稳定提供品质安全、数量充足的高效海洋动植物蛋白为目的，其持续高效产出是对人类陆地粮食供应的有效补充，对于当前大幅缓解乃至有效解决人类社会发展中由于资源与环境双重约束以及人口急剧膨胀等因素而导致的粮食安全问题以及消除地域贫困均具有重要的现实意义。

4. 资金投入大建设周期长

“蓝色牧场”的建设是一项庞杂的系统工程，综合了海洋土木工程技术、信息技术、生物工程等多种技术要素有机构成的先进的产业技术体系，是知识和资本密集型相融合的现代渔业类型。“蓝色牧场”的建设涉及工程建造、生物育种与驯化、环境监测和资源管理等多个过程，技术组成较丰富，关联度较强。“蓝色牧场”可持续发展特性决定了其后期建设和运营需要大量的资金支持和较长时期的探索。不论是其建设前期的人工选址、苗种培育、营造人工生境、人工放流以及人工鱼礁的投放，还是到后期的生物资源和环境质量监测，整个“蓝色牧场”建设过程中的每一步都需要大量资金投入和多种技术支撑，如海洋勘探技术、人工鱼礁技术、育种技术、渔业资源管理技术等，且每项技术的应用和优化都需要雄厚的资金支持和较长时间的探索和评估。除此之外，海洋水域生态系统的建立和完善，目的生物对新环境的适应、附着定居以及进入世代繁殖周期的生物学过程均需要相当长的时间周期。

（二）蓝色牧场的作用

蓝色牧场作为一种建立在生态系统模拟、管理基础上的综合性渔业养殖手段，其实践作用是多方面的。不仅渔业增养殖作用显著，其生态作用也很突出。

1. 渔业增养殖作用

在世界范围内，人们日益增长的海产品需求与海洋日益蜕化的生产力直接的矛盾不断恶化。随着世界海洋野生渔业资源的逐渐衰退，一些主要的渔业种群，如中国渤海的鲐鱼、东海的大黄鱼，加拿大纽芬兰的大西洋鳕鱼等急剧下降甚至崩溃，使得人们对渔业养殖的依赖越来越高，直接推动了渔业养殖能力的快速增长。但渔业养殖能力的快速膨胀带来了一系列负面问题，这使人们开始反思现有的渔业养殖生产方式与渔业管理政策。过度养殖、新引入养殖品种物种入侵及养殖投放物管理不力是渔业养殖管理所面临的主要问题，渔业捕捞能力控制、捕捞许可证及配额制度等进一步将大量渔业产业资源推向了海洋渔业养殖产业，更加剧了海洋渔业的过度养殖，损害了海洋渔业的可持续发展能力。

依据现代渔业养殖管理理论，政府部门为了克服现有的渔业养殖问题，进行了大量探索实践，采取了多种渔业养殖管理工具，如：养殖用海分类审批制度、养殖防疫用药监控制度等，但从实践效果看，传统的渔业养殖产业模式使得渔业养殖管理在控制养殖密度和养殖投放物管理方面效果有限，在经济动因作用下，渔民、养殖企业更倾向于短期行为而非和政府管控目标一致的长期利益，政府很难控制养殖业无序扩张和滥用药品行为。

蓝色牧场养殖模式从一开始就以新型养殖模式的面目出现，其在渔业可持续发展方面的潜力是其被社会各界广泛认可为未来主流养殖模式的主要原因。在生产数量上，由于人工鱼礁的投放显著放大了单位海域内实际养殖面积，使得海洋牧场大部分养殖品种亩产与传统网箱养殖相比毫不逊色；在质量上，得益于其更接近海产品自然成长的环境与过程，海洋牧场模式养殖的海产品显著优于附近海域的网箱养殖产品，同时将大密度网箱养殖所承担的爆发疫情、风暴潮破坏等风险降到最低。从海洋渔业可持续发展角度，海洋牧场并不仅仅是传统渔业资源保护手段的一种替代，其本身并不能彻底解决渔业中常见的“捕捞竞赛”等问题。但就渔业养殖业而言，经过合理规划、设计的海洋牧场可以有效避免传统养殖业的诸多缺陷，从短期看，提高养殖品质量；从长期看，增加可持续产量。

事实上，世界各地无数的海洋牧场建设经验，以及众多学者大量的理论研究都已经证明了海洋牧场可以有效地提高渔业养殖投放物（饲料、药物等）的管理水平和渔获物产量。目前，有关海洋牧场的渔业效益经验证据大多数都建立在栖息地相对固定的定居性或迁徙范围较小的底栖类海洋生物类群上，还很少有海洋牧场用来饲养迁徙范围较大的中上层海洋物种。但鉴于海洋牧场对于近海生境的修复作用，类似物种同样可以从海洋牧场建设中获益。具体而言，海洋牧场的渔业增养殖作用见表 2-1。

表 2-1　蓝色牧场的渔业增养殖效益

直接效益	短期效益	减少不可控捕获行为导致的海洋生物资源死亡
		减少生境破坏引起的间接死亡
	中期效益	种群大小优化：（1）增加渔获物的丰度、密度和生物量；（2）增加目标物种产卵个体的丰度、密度和产卵生物量
		种群结构优化：（1）增加目标物种个体的平均大小/年龄；（2）恢复/保持保护区种群的自然体长/年龄结构
		促进种群繁衍：（1）增加潜在和实际的繁殖产出；（2）保护种群的部分产卵生物量；（3）增强定居/补充群体
	长期效益	海洋牧场附近个体更大、价值更高的个体捕获率提升
		海洋牧场附近创纪录大小鱼类丰度增加
间接效益	中期效益	增加向海洋牧场周边海域的卵或幼体的溢出性输出
		海洋牧场外围海域渔业补充的增强
	长期效益	捕获量、渔业产量和收益的显著增加
		捕获量、渔业产量和收益的稳定性显著增强
		避免海洋资源外部性带来的渔业、渔民间的冲突减少
		物种丰度改善带来的捕捞机会的多样性提高
		脆弱物种的可持续捕捞能力明显提高
		维持现有捕捞强度下渔业可持续发展可能性增加
		抗风险能力增强带来的长期渔业生产稳定性增加

2. 生态系统保护作用

海洋物种资源的退化，除了人类捕捞能力和强度的快速增大外，一个不容忽视的原因即在于海洋物种赖以生存的栖息环境和庇护海域越来越少：沿海地区愈演愈烈的填海造地运动、盐田开发、港口建设等，大大压缩了近海物种的生存空间，甚至造成许多物种的灭绝；工农业污水和生活废水的排放毒化了沿海海洋水质，进一步减少了物种的数量和质量。而海洋牧场在生态系统修复方面具有重要作用：一方面海洋牧场可以有效增大海洋生物栖息空间，并通过人工海藻床的投放在一定程度上改善海水质量，对于海底生境的维持和恢复具有重要意义；另一方面海洋牧场通过扩大海洋生物栖息地，限制底网捕捞等过度捕捞活动，恢复海底生境等方式，实现了对海洋牧场范围海洋生物尤其是目标经济物种的保护，使原有的生态系统结构和功能得以保护并向对人类有益的方向优化结构（例如，目标经济物种丰度的显著提升），并保证了生态系统的健康和可持续性，从而发挥出其生态服务价值。此外，专门建立的物种保护型海洋牧场还可以保护已经面临灭种威胁的、珍稀的海洋物种及其种群，帮助其生存繁衍。具体而言，建设海洋牧场的生态效益主要体现在生态修复、汇碳减排和对海洋生物种质资源的养护上。

（1）生态修复。生态修复是指协助已经损害、破坏和恶化的生态系统恢复原来状态的过程。近年来，以科学手段制定生态修复的计划、政策和实施方案取得了长足的发展，尤其是海洋牧场作为海洋生态环境的修复工程手段日益被专家学者和决策部门所认可。

通过海洋牧场的发展历程可以看到，建设海洋牧场最初的目的是为了提高海洋渔业生产能力，其在渔业生产方面的作用也是基于与海洋生态环境更好的贴合度。鉴于海洋牧场对海洋生态环境较好的模拟效果，人们开始研究海洋牧场在生态修复方面的潜力，并得到证明。以海洋牧场在海洋有机物净化方面的作用为例：海洋牧场建设中海藻床的建设，能够大量增加海域中红藻、褐藻等大型藻类的生物密度，这些大型藻类对海水中的磷、氮等富营养元素有很好的吸收作用。因此，海洋牧场的建设能够显著增加相关海域有机物的沉淀数量，推动水域生产力的提升。由于赤潮发生的主要原因就在于海域中富营养物质和以赤潮生物为代表的浮游生物过多，因此贝壳类生物的增多还可以增加海域中富营养物质和以赤潮生物为代表的浮游生物的消耗量，从而有效减少海水富营养化概率，避免赤潮发生。我国大面积赤潮集中在渤海湾、长江口外和浙江中南部海域，十几年来各地呈频发、蔓延趋势。渤海 2003 年共发现赤潮 12 次，累计面积约 460 平方千米。2005 年共发现赤潮 9 次，累计发生面积约 5 320 平方千米。此后因人工鱼礁的干预，赤潮范围逐年回落，2013 年降至 1 880 平方千米，比 2005 年下降了 64.66%。

（2）汇碳减排。一方面，因海洋牧场建设而显著增加的红藻、褐藻等大型藻类在光合作用下，能够大量吸收二氧化碳，释放出氧气。在提高海水质量的同时，也将海水中的二氧化碳转换成储存在藻类体内的有机碳，起到了汇碳的效果。另一方面，随着海洋牧场的运行，大量的贝壳类、甲壳类海洋生物会吸附在海洋牧场内的人工鱼礁表面。这些聚集的贝壳类、甲壳类海洋生物直接滤食水中微生物（如硅藻等），其食物链仅有一级链环，因此这些生物数量的增加加速了海洋有机物的循环，并且大量增加了海洋牧场所处海域有机物。

（3）生物种质资源养护。由于海洋牧场对海底生态具有良好的模拟效果，因而也对海洋种质资源具有较好的养护作用。从国内外大量的研究实践来看，海洋牧场的建设对种质资源的养护作用主要体现在以下几个方面：

首先，聚鱼效应使海洋牧场区域内浮游生物和底栖生物等物种丰度和密度均显著提升。如前文所述，海洋牧场建成后，能够改变其周围水体的压力场，改善流场流态，除了前文所述迎流面产生上升流的作用外，其背流面的缓流区往往容易吸引鱼类在此休憩。有关研究表明，海洋牧场内一座 1 000 立方米的人工鱼礁，能够改造其周围 300 米半径内的海流，从而产生至少 270 000 平方米的海洋生物聚集区。

其次，保护效应使海洋牧场范围内的海洋生物，尤其是幼鱼等的存活率显著提升。众所周知，幼鱼在成长阶段得不到成鱼的保护，因而幼鱼的存活率较低，自然灾害、天敌入侵都能给大量幼鱼群造成毁灭性打击。而海洋牧场可以为幼鱼提供避害场所，帮助其躲避成鱼掠食和风浪冲击，因而能够显著提高幼鱼存活率。

正因为以上两种因素的叠加效应，从而使海洋牧场在海洋生物种质资源保护方面有较好效果。Deysher L. E. 等学者曾对海洋牧场的聚鱼效果进行了分析，结果显示经过人工优化的海洋牧场建设，其区域内海洋生物资源的丰度和数量均好于作为比较样本的自然海域。因此，在濒危珍稀野生海洋动物主要活动海域建设海洋牧场，不失为一种有效的种质保护手段。除此以外，实践中在传统渔场建设海洋牧场，还可以阻止底拖网等违禁渔具的使用作业，避免非法捕捞，从而对海底生物资源起到保护作用。

第三节　蓝色牧场建设原则和构成要素

一、蓝色牧场建设目的与原则

目前，蓝色牧场的建设实践一般具有两个主要目的：渔业增养殖和海洋生境修复。在北部沿海的牧场大多以海参、鲍鱼等海珍品的增养殖为主要目的，多分布在近岸浅海。而在南方沿海地区的牧场多以生境修复、种质保护为目的，多分布在相对较深水域。总体上看，提高渔业增养殖能力是海洋牧场建设的一般目的，但生态效益和社会效益的日趋显露使得生态目标和社会目标在海洋牧场建设目的中的权重日益增大。

随着蓝色牧场建设实践的不断丰富以及理论研究的逐步深入，蓝色牧场这一生产方式的优越性已经得到人们的认可：通过蓝色牧场，可以创建贴近自然的人工生态系统，实施与对海洋环境造成影响的人类海洋捕捞、养殖等海洋渔业战略相一致的管理战略来保护、恢复、明智的利用、永久性地了解和享受海洋渔业资源。蓝色牧场是实现海洋生物资源开发利用代际公平与可持续发展的有效工具，其在渔业管理、海洋生物种质资源保护、近海海域生境保护与恢复、科学研究及休闲娱乐等多方面具有重要的意义。在渔业管理方面，蓝色牧场不仅可以通过捕捞物种丰度、产卵生物量及鱼龄和个体大小的增加以及种群定居和补充能力的提高来增强渔获潜力，还可以通过保护物种基因多样性和繁殖种群，减少渔业生产的变化和不确定性，增加渔业资源可持续开发的可能性；在海洋生物种质资源保护方面，蓝色牧场可以通过模拟关键生境，维持并恢复生态系统的结构、功能和完整性，从而为濒危物种种质资源的恢复性繁衍提供良好的生态条件；此外，蓝色牧场还可以为海洋养殖产业提供兼具自然环境的高度仿真性和环境变量的相对可控性优势的科研环境，为休闲垂钓、浅水浮潜等休闲旅游提供良好的场景。

总的来看，蓝色牧场建设的主要目的包括以下三个方面。首先是生态目的，模拟关键生境类型、保全生物繁衍场所、减少传统海水养殖带来的污染、减少对大规模海洋捕捞的依赖、维护并改善海洋水生态环境；其次是社会目的，提升渔业的管理水平、创造近海渔民就业岗位、增加游憩、教育和研究区域；最后是经济目的，提高渔业产量和质量，提供可持续的渔获捕捞潜力。其中，经济目的是目前大多数蓝色牧场建设的出发点，是社会资本投资海洋牧场建设的根本目的。但是，除经济目的外，生态目的和社会目的也是蓝色牧场设计建设中应该考虑的重要因素。将生态目的、社会目的和经济目的有机结合在一起，实现保护地区社会、经济和环境的健康可持续发展应成为今后我们建设海洋牧场的最终目的。

二、蓝色牧场构成要素

（一）物理要素

为充分发挥海洋牧场的功能，一个完整的海洋牧场建设项目，应具备以下功能区域和设施设备。

1. 海洋生物的栖息场所和产卵场所

（1）人工鱼礁。人工鱼礁被投放到海底后，显著改变海底地形地貌，产生局部隆起。这些人造的局部隆起能够改变海水流向，在其迎流面产生上升流，从而带动海水内的营养物质产生由下而上的循环，提高了表层海水的营养物质丰度，为主要生活在表层海水的浮游生物提供了更多的养分。在食物链的传递作用下，人工鱼礁周围的营养物质循环吸引了大多数海洋生物围绕在人工鱼礁周围栖息、产卵。此外，人工鱼礁的多空堆放构型，能够形成庇护场所，吸引鱼类在趋礁性作用下围绕其周围聚集。

（2）海草床。海草床是指由海草植物等聚集所形成的浅海海床生物群落，其主要分布在热带和温带海域，我国沿海绝大部分浅海海域均有海草床的存在。研究表明，海草床能改善海水的透明度，减少富营养质，是包括海洋底栖生物、浮游生物等海洋生物的栖息地和重要食物源，更是鱼、虾及蟹等的生长场所和繁衍场所。在海洋牧场建设中，应在近海或者潮间带等适宜海域，通过人工栽培等方式播种海草类海洋植物，将显著改善海洋牧场建设海域的海洋生境，提高海洋牧场生产力。

（3）红树林。红树林一般生长在热带、亚热带海域的沿海潮间带区域。红树林具有较强的生态服务功能，其根系能够有效减弱水流，可以保护海洋牧场内的人工鱼礁等海底构筑物不受快速海流冲击而产生倾覆；红树林可以吸收水中有毒物质，起净化水质的作用，从而有利于改善海洋牧场区域的水质环境；红树林还为周边海域许多水生物物种提供了繁衍环境，能够有效提高海洋牧场建设水域的物种丰度；此外，红树林还具有较高的观赏价值，可以提高海洋牧场休闲娱乐价值。

（4）海藻场。在我国渤海沿岸，尤其是辽宁省周边海岸，海藻床是最主要的海洋生物栖息地。因此，该区域海洋牧场建设，应配套栽培紫菜、海带等藻类生物，建设、扩大海藻场规模，从而改善海洋牧场建设海域海底生境，提供更多初级生产力。

海洋牧场项目中海洋生物的栖息、繁衍、觅食等生活活动场所，一般以人工鱼礁配以适合建设海域实际的海草床、红树林或海藻场等典型生态系统的“1+X”的形式联合搭建。这些典型生态系统的建设，能够为海洋牧场范围内的生物提供活动场所，搭建完整立体的生态体系，促进海流在区域内的微循环，最终使海洋牧场能够使区域内经济物种通过自我繁衍达到扩大种群数量的目的。

2. 环境监测系统

海洋牧场及周边海域的海水环境情况直接关系到海洋牧场内生物种群的生存，是海洋牧场运营中最重要的关注目标。尤其是环渤海地区沿岸工业企业众多，排污量大，违法排污时有发生，且兼有海上油田和临近航道的过往船只溢油等风险威胁，因此，完善的海洋环境监测设备是海洋牧场建设的重要组成部分。利用海洋环境综合监测设备，可以及时掌握海洋牧场海域水质、海流等物理因素的动态变化，以便及时作出应对措施，减少突发灾害造成的损失。

3. 陆上配套服务设施

陆上配套服务设施是海洋牧场的重要组成部分，其主要有：人员宿舍、办公场所等生活配套服务设施，码头、油库、产品冷藏库等生产配套服务设施等，功能完善的海洋牧场，甚至还建有垂钓俱乐部、海底浮潜站等休闲渔业配套服务设施，以扩大产业覆盖面，促进海洋牧场多元化发展。

4. 其他技术设施

海洋牧场作为综合了生物学、海洋物理学等多学科的综合性工程项目，除了上述基础组成部分外，往往还具有一定的配套技术设施以更好地服务生产。例如，海洋牧场为了提高牧场内放养鱼类的回捕率，有的建设了防逃逸系统，该系统通过喷放气泡墙等措施，在海洋牧场周围建立隔离体系，以阻止牧场内鱼类外溢；有的建立了声响驯化系统，通过在鱼类觅食时播放特定音响，形成条件反射，以便回捕时可以根据需要在特定位置吸引鱼类回归集聚，便于捕捞。

（二）生态要素

作为一个人工生态系统，海洋牧场是由自然环境（包括生物和非生物因素）、社会环境（包括科技、政治、经济、法律等）和人类（包括生活和生产活动）三部分组成的网络结构。

1. 自然环境

在海洋牧场人工生态系统中，自然环境主要包括了生物因素和非生物因素。所谓生物因素，包括了海洋牧场所在海域内的生物资源，主要有：作为生产者的海藻等植物，作为初级消费者的滤食性海洋生物、食草鱼类等以及作为高级消费者的鱼类等海洋生物，这些生物资源组成了一个完整的生态链。海洋牧场人工生态系统中的非生物因素，主要是其所处海域的水文环境、海底底质、海底地貌等。这些非生物因素构成了海洋牧场人工生态系统中生物因素的生活环境，直接影响着海洋牧场礁体材料的选择和礁区的规划布局。

2. 社会环境

作为人工生态系统，海洋牧场人工生态系统的社会属性决定了社会环境必然是其不可或缺的组成部分。其中，社会环境主要包括了海洋牧场自身包含的科学技术、其所处的经济环境和面临的法律法规等政策措施。科学技术水平直接影响了海洋牧场作为人工生态系统搭建的合理性和其在生态修复、渔业生产等方面的运转效能，是海洋牧场人工生态系统建设的重要支撑；经济环境的内涵既包含了海洋牧场所处产业的上下游产业环境对其的支持程度，也包括海洋牧场作为一个产业面临的经济发展环境；法律法规直接影响了海洋牧场的建设、运营等各个环节，是海洋牧场建设的制度保障。

3. 人类

人类是海洋牧场的建设者。在海洋牧场生态系统中，人类既是其食物链的最终消费者，也是生产者。作为生产者，人类通过生产活动向海洋牧场人工生态系统提供部分养料（喂食），并为推动其自然环境的改善提供脑力和体力劳动。作为消费者，人类处于海洋牧场人工生态系统食物链的最顶端，其生活活动是海洋牧场内蛋白质等营养元素的最终归宿。此外，人类的生活活动还可能对海洋牧场人工生态系统的自然环境和社会活动产生负面影响。

（三）技术要素

1. 海洋生物栖息地建设和保护技术

建设蓝色牧场的第一步是为海洋生物提供一个良好的海洋栖息地，让海洋生物有一个舒适的家，之后才会有生长和繁殖。这就需要加大对科研的投入，充分利用相关技术对海洋环境进行调控和改造。相关环境改善修复技术包括建立和投放人工海洋山脉，人工鱼礁，人工藻礁，改造和修复滩涂，在海底种植海草，培育和养殖海藻等。海洋生物栖息地的建设和保护是海洋牧场实施的第一步，也是非常关键的一步，科学规划、合理建设的基地是海洋牧场长期发展的基石。

随着近岸海域的水质遭受到严重的富营养化的困扰，而近岸海域有比较好控制各种人为行为的条件，是建设蓝色牧场的主要海域。这就让海域环境的保护显得尤为重要，而到目前为止，我国“蓝色牧场”的建设还是处于人工鱼礁投放的初期阶段，根据海域的水流、地质环境情况以及生物的构成，建设与对象生物相适应的生息场所。如建造一定规模的人工山脉，合理的人工山脉能够改变海水流向和流速，将海底丰富肥沃的营养盐类带到有光的活水层区，提高海域的生产能力；通过设置人工鱼礁和人工藻礁来净化水质，保护目标生物免受富营养化水质的影响。人工鱼礁、人工藻礁可以保护和增大海洋生物资源量。海草和海藻不仅能为海洋生物提供栖息地和食物，还能净化海水改善污染。

2. 海洋生物资源监测和行为控制技术

为保证培育鱼苗的最佳生长，及时调整生物种类，保证资源均衡，海洋生物的检测和评估就成为重要过程。当下海洋生物的检测评估主要通过探鱼技术、试捕捞、水中录像等方式进行，对海洋资源的检测起到了重要作用，但对于大规模海洋牧场建设来说，这些技术还难以达到实时监控和评估的效果，蓝色牧场生物的监测评估需要功能更强大的监测体系。资源的监测和评估需要完备的海洋资源管理系统，为了实现管理的科学性和规范性，数字化海洋监测和评估受到越来越多人的关注。信息管理系统数字化是根据蓝色牧场的地理位置和环境，将蓝色牧场，海洋生物的属性信息记录系统，实时记录和报告海洋生物的生长状态和情况。建立数字化的监控系统是一项浩大的工程，国内外也都在积极研究和探讨，随着网络技术的发展和成熟，蓝色牧场建设进程的推进，数字化信息管理系统将为生物资源的检测和评估，以及整个蓝色牧场的管理提供巨大的帮助。

海洋生物的行为控制是海洋牧场建设中的难点，生物的行为控制是一门高深的学问，而要实现科学养殖行为控制又是提高效率降低流失率的有力措施。比如在饵料缺乏的季节，饵料的人工喂养是提高产量的必要措施，海洋牧场海域广阔，在此基础上，通过现代化生物行为学控制技术，借助声、光、电等手段使鱼群形成条件反射，提高饵料利用率，避免浪费。放流回收是实现增产的关键，超声波发生器或者有节奏的食槽都将为提高放流回收率提供重要援助。气泡幕能够有效控制鱼类的活动范围等。海洋生物的行为控制比陆地生物更难以掌控，影响因素复杂，需要专业的机构进行系统研究和实验。

3. 海洋环境调控技术

良好的海域生态环境是实现蓝色牧场可持续发展的基础，同时又在整个农牧化建设过程中起到决定性作用。海洋目标生物场所的环境控制技术在营造良好的生物生息场地中扮演重要的角色。加大对人工鱼礁材料、类型方面的研究，发展渔获型鱼礁、观光型鱼礁和生态型鱼礁，为建设不同类型海洋牧场奠定基础；同时加强海区海草培植技术研究投入，恢复海底植被，增加海洋初级生产力。此外，加强对海区温度可视化技术、微量投饵系统、水下视频监控、声音监测系统等技术的研究和应用，逐步实现海洋牧场科学化、自动化管控运营，为实现蓝色牧场科学可持续化发展奠定技术基础。

4. 运营管理技术

蓝色牧场的建设是一项巨大的工程，但其建成后的运营管理更是一项艰巨复杂的任务。这其中就包括对专门的项目建设及组织的运行管理，同时还包括对沿海地区的水域环境和相关产业的管理、对相关配套技术的管理运营、对渔业管制以及对渔民的教育管理，各项管理任务都需要相应的科技以及人才的投入，做到高效运营管理，从而达到理智捕捞、生态养鱼的科学文明状态，最终缓解人们日益严峻的陆地安全问题。蓝色牧场的建设涉及生息场修复与优化、种苗生产及放流、鱼类行为控制、生态与环境监控等多个环节的技术要素，对技术要求达到了一定的高度，我国有关技术方面的应用大多是引进外国技术进行再吸收的过程，研发创新环节一直较为薄弱，这使得技术研发变得尤为重要。然而，技术研发是海洋牧场建设的保障，海洋环境复杂，人类探知和掌控的资料和技术也远远低于陆地，想要实现人工控制海洋环境和人工养殖海洋生物，达到农牧化的目的必须具备海洋探测、气象研究、生物学研究等一系列的技术支持。技术涉域之广、难度之大都要受到足够的认识和重视。当前海洋牧场的技术研究还不够充分，其中幼苗孵化技术，放流鱼苗方法，放流数量季节，放流对野生资源的基因结构的改造，海洋生态研究，海洋资源评估等问题都是蓝色牧场建设的关键问题，对于这些技术方面的研究还有待加深。

第四节　蓝色牧场属性和影响因素

当前，很多海洋渔业政策制定者和参与者对海洋牧场的价值属性存在系统性扭曲，体现在对经济效益的功利性追求和生态效益的忽视上。这种系统性扭曲直接影响了海洋牧场的建设思路，使其仍停留在“一种高效养殖模式”上，极大限制了海洋牧场生态效益和社会效益的充分发挥。只有剖析海洋牧场的属性，明确海洋牧场的战略定位，才能够合理规划海洋牧场建设，充分发挥其作为面向未来的新型渔业生产模式，在经济、生态、社会等多方面受益。

一、蓝色牧场的属性

（一）生态属性

作为一种人工生态系统，从生态学角度来看，海洋牧场可以视为一个有机生命体，同样遵从生物由个体到种群再到群落的发展过程，在一定程度上具备了生物群落的生态属性。具体来讲，主要表现在以下方面。

（1）建设规模定额化。这是海洋牧场的第一生态属性。海洋牧场建设人工生态系统的过程中，建设行为必然使特定海域范围内人、财、物强势集聚，导致该区域内物流、能流、人流的密度、流量和频率迅速强化，肯定对原有的自然生态环境产生强制性的改变。根据生态学理论中的“阈限物质原则”，任何生态环境的生产能力和承载能力都是有限的。因此，海洋牧场要实现建设目标，必须考虑自身的最适密度问题，对投放的人工鱼礁集群和增殖放流的规模进行限制，保持其对资源的索取和废弃物的排放限制在生态环境的承载能力范围以内，绝不可超越生态环境的负载定额，盲目地追求集群规模经济效益。

（2）生物种群结构柔性化。海洋牧场建设中强调种群搭配的生态化，即养殖主导海洋产品的同时，提倡依据相关食物链科学搭配其他物种在海洋牧场内的生存密度。也就是说，不能只养殖一种产品。尤其是对企业投资的渔业增养殖型海洋牧场而言，尽管一般主导养殖品种是该海洋牧场盈利收入的支柱，但为适应市场及生态环境风险（如可能遇到的生态灾害或市场价格变动），仍然应确保海洋牧场内生物种群结构的多样化，通过对种群结构的动态调控实现种群结构的柔化，从而提高海洋牧场人工生态系统的稳定性，增强对外界经济环境（市场）风险和自然灾害风险的耐受性。

（3）能流循环化。生态学理论强调"能流物复"的循环原则，即要寻求资源转换的最佳途径和方式，实现"资源消耗—产品—再生资源"闭合型物流循环模式。这就要求海洋牧场建设中要充分考虑在资源消耗与废弃物排放减量化方面的设计，同时依靠工艺技术进步，不断促进生产中废弃物的重新资源化和再生利用，尽可能避免过多或过早成为垃圾，也降低了海洋牧场内人工放养生物的排泄物对海域生境的负面影响，提高了海域承载力。

（二）经济属性

海洋牧场的经济属性主要体现在两方面：一是海洋牧场作为一种渔业生产方式，属于渔业产业的一个组成部分，具有产业属性；二是海洋牧场建设中涉及大量资产投资，具有资产属性。

1. 产业属性

海洋牧场的产业属性也是其渔业属性。作为渔业产业的一部分，海洋牧场的建设并非孤立存在，而是处于一个完整产业链的中间部分。在产业的上游，海洋牧场建设需要人工鱼礁礁体设计、制造，海洋生物育种甚至海洋牧场有关科学技术研究等产业环节的配套；在产业的下游，海洋牧场建设需要冷链物流、海产品深加工等产业环节的跟进。海洋牧场的产业属性要求建设海洋牧场时，一方面不能忽视市场机制的作用，应以价格理论为出发点，进行资源优化配置，发挥市场在海洋牧场建设全产业链上的资源配置作用，从而真正调动全社会的能动性，推动海洋牧场建设迈入发展的快车道；另一方面应以基于现代企业理论的企业（厂商）作为海洋牧场建设的主体，围绕企业科学设计契约体系，尽可能在企业内部进行产权的界定与权力的分配，从而在产业组织理论框架下为海洋牧场建设体系定位了一个完整的承载，提高海洋牧场建设效率的影响。

2. 资产属性

海洋牧场建设过程也即大量生产要素的汇集过程，这其中既包括资金，也包括人力资本、知识资本和海域等，因此，海洋牧场也具有资产属性。如上文所述，海洋牧场的产业属性要求海洋牧场建设应置于市场经济环境下展开。而要在市场经济下有效集聚如此多的生产要素，首先应明确各生产要素的产权界定，这也是海洋牧场的资产属性的基本要求。只有合理界定海洋牧场建设需投入要素的资产价值，尤其是在海域流转定价、知识产权保护等方面建立资产权属保护机制，才能真正规范海洋牧场建设行为，保护海洋牧场建设规范发展。

（三）社会属性

海洋牧场作为一种更先进的海洋渔业生产方式，不仅代表了先进的生产力，更蕴含了先进的生产关系。海洋牧场的生态属性决定了其建设过程中必然包含了海洋生态环境与人类的关系、海洋经济物种与海域原生物种的关系等生态关系的和谐共存；而海洋牧场的经济属性决定了海洋牧场建设中包含了利益相关方的利益博弈、资源要素间的权属定价等关系。因此，应客观认识海洋牧场的社会属性，既充分挖掘海洋牧场所蕴含的先进生产力，更应配套完善与之相适应的管理体制。

二、蓝色牧场建设的影响因素

蓝色牧场是一个复杂的综合系统。蓝色牧场不仅仅是海洋生物的养殖或放流，其意义在于提升海洋生物资源量，实现海洋资源的可持续发展，保护和恢复海洋生态环境，实现综合的收益等等，良好的自然条件是蓝色牧场建设的基础，但蓝色牧场建设的根本还是人为的技术操作、管理和监督，这就需要政府政策的保障，财政投入的支持，技术研发的突破和运营管理的跟进。

（一）自然条件

“蓝色牧场”建设是在自然的海洋条件下对海域环境进行改造、调控来提高海洋孕育海洋生物的能力。依托的主体是海域水体环境，这就表明海洋海域自身的条件在很大程度上已经决定是否有利于海洋牧场的建设，以及后期改造的难度。好的自然海域条件是非常适合海洋生物的繁衍和生长的，就像肥沃的土地上容易结出硕大量大的果实一样，优越的海洋条件也有利于海洋牧场的建设。有一些自然条件是很难甚至是不可改造的，那么挑选优越的海域自然条件就成为建设“蓝色牧场”的关键因素。“蓝色牧场”的建设离不开其优厚的地缘资源、海水的酸碱性以及包括气候、水文状况的地理、化学及生态条件的支持，而这些都属于海域的自然条件的范畴，其具体还包括：海岸线岛屿岸线长度、海洋生物种类、生物资料总量、生活层次机构、近海大陆架面积、海域滩涂容量、海洋饵料水质、海域含盐度、海水平均温度，其他自然气候条件等。得天独厚的自然条件能够大大节省开发费用，降低技术难度，增加牧场产量和经济效益。

（二）地理及气候条件

根据《联合国海洋法公约》规定，中国主张管辖的海洋国土面积是299.7万平方千米，包括内水、领海及专属经济区和大陆架。众所周知，在中国管辖的海域中，海岸线长达18 000千米，管辖的面积达到300万平方千米，其中10米以内的滩涂面积有11 700万亩，10~15米的滩涂面积为6 390万亩，潮间带占3 000万亩，这些丰厚的海域地缘优势为我国海洋城市或地区建设蓝色牧场提供了良好的自然条件。在我国目前海洋事业发展较为发达的山东、辽宁等省份中，山东青岛其近海海域位于黄海的西北部，海岸线曲折，近海深于20米的海底较为平缓开阔，加上青岛气候主要呈现出空气湿润、雨水充沛、温度适中、四季分明的海洋性气候特征，夏季无酷暑，秋季降水少，冬季无严寒的现象，其常年温度平均维持在12.3℃左右，这些温和的气候条件为山东青岛蓝色牧场建设提供了有利条件；其次是辽宁省大连市位于中国东北辽东半岛的最南端，西北濒临渤海，东南面向黄海，海岸线长达10千米，拥有丰富的近海海域面积以及滩涂面积，加上其位于北温带季风气候区，其海域环境被国家环境监测中心认定为非常适宜海水养殖和生产。

（三）生物及化学条件

蓝色牧场的建设对目标生物生境的建设要求极高，由于因人类临港工业增加所带来的近岸海水富营养化，造成海洋生物减产，海水产品质量受到严重的创伤，加上陆源资源的枯竭等等这些不利因素都直接阻碍着蓝色牧场顺利建设，因此，建设蓝色牧场，首先要求要培育一个适宜对象生物生存和繁殖的海域环境，近海海域对象生物主要包括海洋浮游动物、海洋微生物、海洋植物、动物等，每种目标生物都对相应温度、光照、湿度等生物条件有一定的要求，以及对海水的水文状况、溶解氧量以及酸碱度等化学因素也有要求，这些因素在一定程度上影响海底生物的繁殖和新陈代谢的顺利进行。这些适宜于对象生物生存的生物及化学因素显然会受到外界生态环境的影响，而蓝色牧场的建设是有计划的人为地在某一特定海域进行海水养殖和生产的人工生态渔场，此时就需要相应的配套技术对海域内牧场的生态环境进行人为地控制管理，人为地培育适合对象生物生存和繁衍的海域环境。

（四）科技条件

蓝色牧场的建设需要雄厚的科技支撑。建设蓝色牧场的目的是通过人工手段，改良海洋生物的栖息环境，并通过技术手段控制海洋生物行为，以促进海洋生物生存、生长以期大幅提高产量，同时做到保持海洋生态环境和水产品的可持续开发。建设设施齐全、功能完备的蓝色牧场是一个浩大的系统工程，除了需要必要的种苗培育基地和人工海底构造物以外，还需要完善的环境监测系统、鱼类行为监测系统等技术的支持。蓝色牧场的建设涉及多个学科，包括海洋环境的研究，鱼类行为控制，鱼苗的培育和放流，环境监控等一系列领域，是技术要求非常高的工程，需要强大的技术保障体系。科技进步是海洋牧场建设成败的关键，是渔业结构合理调整的重要桥梁，是海洋牧场科学发展的动力和源泉。

（五）经济条件

“蓝色牧场”建设需要充足的资金支持，并且投资周期长，但其带来的远期效益是不仅有利于国家，对企业以及个人也能直接或间接带来可观的效益，如增加企业的产品竞争力、增加个人的收入等。但是“蓝色牧场”的建设单独靠财政支持，由政府出资建设是难以为继的。可持续的“蓝色牧场”建设必须在海洋关联产业基础上，充分发展海洋产业链上下游的产业，并依靠政府牵头，各方企业和个人的投资支持，努力形成以财政资金为主导，以企业和渔民为主体的多元化融资机制。

1. 产业基础

蓝色牧场是想要达到发展第一产业之外还要带动其他第二、第三产业的协同发展。与“蓝色牧场”相关联的上下游产业较多，包括以苗种培育为主的增养殖业以及由人工鱼礁和渔业机械组成的渔场工程业。海洋牧场横向直接关联的产业有海水养殖和海洋捕捞业，海洋牧场投入、产出的关键产业类别。“蓝色牧场”的下游产业包括水产品深加工、水产品包装、冷链物流等产业。同时，依托“蓝色牧场”可以开发游钓业、休闲渔业等滨海旅游业，带动相关服务业和制造业发展，如餐饮、娱乐、渔具行业、游钓船制造业等。“蓝色牧场”拥有相当雄厚的产业基础，政府对各产业的投入比重不断增加，这对蓝色牧场建设完成后期所带来的经济、社会和生态效益是不可估量的。

2. 融资渠道

“蓝色牧场”的建设是一项周期长、耗资大的庞大工程，此时首先离不开政府财政的支持，但政府支持只能起到引导作用，更需要来自市场、企业及个人多方投资的支撑。“蓝色牧场”不仅为海洋生态、渔业机构等宏观方面带来效益，同时也会切实为渔民增收，为企业创收，为个人提供更多的就业机会，为整个社会的经济都带来积极的效益。蓝色牧场的建设在融资过程中，目前是以政府为主导，但是随着人们对“海洋农牧化”的认识、对食品安全的了解，蓝色牧场的建设融资情况开始有所转变，许多与渔业加工、生产、流通息息相关的企业和渔民也都陆续为蓝色牧场的建设投入资金支持，这展示出一种全民动员、多方参与好的融资局面。当然，这离不开政府、相关企业单位以及个人对蓝色牧场建设的积极宣传与正确认识。披露蓝色牧场建设进程和建设中的困难，招商引资，扩大投融资渠道是蓝色牧场建设资金支持的关键。

（六）政策条件

蓝色牧场的建设，重点项目是载体，然而一项项目能得以有效地实施并且高效地完成离不开政府出台的各项政策的支持以及政府财政资金帮助和法律法规的管制。在蓝色牧场建设过程中，加大各级政府对蓝色牧场建设的资金投入力度，尽快制定出台促进蓝色牧场发展的优惠政策，在有效用海、技术更新、品牌创建、市场拓展、项目建设等方面给予政策和资金的扶持是很有必要的。

1. 政策支持

随着社会的发展，人类不断开发现有的资源，以至于陆地资源趋于枯竭，为获得更安全的粮食，这就使得人们开始将其饥渴的目光转向占地球表面积 71%的浩瀚海洋，因为海洋丰富的资源和巨大的经济价值是不可估量的。21 世纪是海洋的世纪，海洋在国家发展中的战略地位不断提高。海洋经济的蓝色发展受到政府和各界的支持，政府也出台了一些相关政策以及法律法规来支持海洋相关产业的发展。如 2006 年出台的《中国水生生物资源养护行动纲要》强调加强海洋生态建设，依法保护和利用海洋生态资源。此外，《中华人民共和国渔业法》、《渤海生物资源养护规定》和《渔业许可管理规定》等法律法规的有效执行以及有关渔业资源养护的渔业规章制度的完善和健全，为进一步合理开发和利用海域资源创造了有利条件。与此同时，“十二五”规划中也明确提出坚持海陆联动发展战略，制定并实施海洋可持续发展规划。蓝色牧场建设是海陆联动发展以及海洋可持续发展战略的重要契机，是恢复海洋生物环境，恢复和保护渔业资源的重要举措。我国蓝色牧场建设起步较晚，仅有二十几年的历史，相关的直接的政策支持还处于欠缺状态。只有得到国家层面的大力支持，蓝色牧场建设才能真正走上正轨。

2. 财政支持

蓝色牧场建设耗资大耗时长，但必须承认其带来的社会、经济和生态效益却是巨大的。海洋牧场的建立有利于恢复和增加近海渔业资源，修复和改善海域生态环境，促进渔业产业结构转型升级，也能缓解部分就业压力、增加渔民收入和保证渔业增效，可谓是功在当下利在千秋。但是海洋牧场耗资巨大，海洋产业自身也存在风险再加上技术上的不成熟，企业很难有能力和意愿出资建设。只有雄厚的财政支持才能对海洋牧场建设的资金起到支撑作用，并对企业起到示范和引导作用，这样才可能拓宽蓝色牧场建设的融资渠道，实现以市场投资为主的资金支持的局面。所以，各级政府应提高思想意识，加强组织领导，将蓝色牧场建设纳入财政长期发展规划，加大财政扶持力度的同时，积极鼓励各方投资，对蓝色牧场建设的各项技术研究、财力支持等项目予以政策倾斜。

三、鱼礁及牧场对环境的影响

（一）对环境水质的影响

人工鱼礁一般都是利用旧渔船改造，投放在海中以后，旧渔船的机舱、油污和船体油漆中可溶性有毒物质会对水体环境造成负面影响。为了尽量减少工程对环境的潜在污染影响，应在改作人工鱼礁前将废旧船的柴油机等设备拆卸掉，清洗机舱内的含油污水，并对污水进行处理。废旧渔船由于使用时间较长，船体的油漆经多年风化、海水浸泡，油漆已大部分脱落，残漆中所含的可溶性有机有毒物质已极少，投放在海中，对水环境的潜在污染影响极低。

（二）对航道的影响

人工鱼礁的选址必须避开主航道，以免影响船舶的正常航行。至于在非主航道区投礁，则要了解那些经常在此航行的船舶的吨位和吃水深度，设计的鱼礁要在最低潮面时鱼礁的顶端与船底之间留有足够的距离。在这些区域投礁，这个距离不得小于 5 米。除了礁区选址要避开航道（或推荐航线）以外，需要特别注意：①人工鱼礁区的准确位置记录在案，发布航海公告，并在最新的海图上标明；②在礁体上设置航标灯或标志物；③鱼礁投放后要定期作工程跟踪，潜水观察礁体是否移位，如发生移位，则要重新记录在案，并发布公告。

（三）礁体对海流的影响

在平坦的海底放置人工鱼礁，就会产生多种流态，其流态随着礁体的几何形状和礁体的大小以及礁体排列的不同而产生各种变化。在鱼礁后部形成涡流的影响范围大，其作用也是多方面的，在鱼礁的背面会产生负压区，海底泥砂和大量漂浮物（如海藻等）都会在此区停滞，从而引来鱼群。同时，由于这股涡流延伸很长，形成涡街，对海底干扰较大，海底被搅动又会使底栖生物发生变化。涡流集鱼效果与音响有关，因为涡流会产生低频震荡，而低频震荡会刺激鱼类的定位行动，从而产生集鱼效果。鱼礁体内的流速则更为缓慢（管状鱼礁除外），有些喜欢缓流的鱼，如鲱、鲕等，还有一些幼鱼都会在礁体内逗留。

（四）对渔场的影响

人工鱼礁对不同的鱼类有不同的作用，鱼类中有趋礁性（或称恋礁性）鱼类，也称岩礁性鱼类，它们平时就爱栖息在岩礁之间，有了鱼礁它们就会以此为“家”。岩礁性种类有石斑鱼、鲷科鱼类、鲍鱼和龙虾等。它们不会远离礁群，除非有特殊海况出现，如内波的出现，在本海区这种高密度低温海水，当它来临时，各种鱼类都会回避，但内波过后鱼群又会回来。由于鱼礁会形成一定范围流态的新格局，吸引一些中上层鱼类在鱼礁上方活动，如沙丁鱼、鲐鱼等。鱼礁投放后会形成小型渔场。

（五）对渔业资源的影响

投放人工鱼礁的主要目的之一是增殖资源。要增殖资源就是要建造鱼卵附着鱼礁和幼鱼保护鱼礁。众所周知大多数鱼类没有保护幼仔的本能。由于没有亲鱼的保护，所以鱼卵、稚、幼鱼都成为自身或其他鱼类的饵料生物，死亡率甚高。据研究，一条鱼产出成百万个卵，只有几千个能孵化出幼鱼，这几千条幼鱼中只有 10 多条能熬过青春期，最后能达到成鱼，又能繁殖下一代的最多只有 2~3 条。可见用人工的方式来保护幼鱼非常重要。幼鱼保护鱼礁为混凝土构件，外墙开多个小孔以便幼鱼出入，礁体内有隔墙也开小孔，有利于幼鱼的躲藏，既躲敌害也躲风浪，幼鱼的游泳能力很弱，一场大风过后往往能看到大批幼鱼被冲上沙滩而死亡。鱼礁可让幼鱼免于风浪打击而遭难。此外鱼礁间有丰富的浮游生物，可供幼鱼摄食，促使它们快速成长。人工鱼礁能保护更多幼鱼成长为成鱼，从而使资源恢复增长。

第三章 中国蓝色牧场发展特征及潜力评估

第一节 中国沿海省份蓝色牧场的发展特征

一、资源基础

（一）山东省

海岸线从大口河口到绣针河口，距离达 3 121.95 千米，占全国的 16.86%，位居全国第三位。漫长的海岸线同时带来了大面积的海洋水域。山东省共有浅海海滩面积 13.17 万公顷，占全国的 8.10%，居于第 3 位；滩涂面积 17.34 万公顷，占全国 21.75%，居第 1 位；港湾面积 5.31 公顷，占全国的 29.51%，居第 1 位；可用来养殖面积达 35.82 万公顷，占全国的 13.77%，居第 2 位。山东省海岸形状类型多样，可分为基岩港湾、砂质和淤泥质三种类型。多种类型的海岸带为山东省进行海洋牧场建设提供了有利的条件。

同时，山东拥有面积超过 500 平方千米的海岛接近 300 个，岛屿多成群分布，并且与海岸线距离较近，便于与陆上进行联系，以方便工程的实施。据监测，近海海域与岛屿周围，微生物以及无机物存量丰富，能够为海洋鱼类提供丰富的饵料，同时周围存在的天然渔场，如莱州湾、石岛等渔场，为海洋牧场的建设和发展提供了有力的支撑。

1. 海洋资源丰富

山东近海海域 17 万平方千米，海岸线长达 3 345 千米，占全国大陆海岸线的 1/6，沿海滩涂面积约 3 000 平方千米，近海海域中有天然港湾 20 余处，散布着 299 个岛屿。气候属暖温带，阳光照射充足，拥有适合鱼类和水生生物生长繁殖的肥沃水质，近海海洋生物种类繁多；岬湾相间，水深坡陡，2/3 以上的海岸属于山地基岩港湾式，建港条件优越；海岸地貌类型多样，人文与自然景观较多。地下水总净储量约 74 亿立方米，含盐量高达 6.46 亿吨；拥有占全国 1/3 的 2 740 平方千米适宜晒盐土地；101 种矿产中已探明储量的有 50 多种，居全国前三位的 9 种，海洋矿产资源丰富。全海沿岸石油地质预测储量 30 多亿吨，探明储量 2 亿多吨，天然气探明地质储量 110 亿立方米。海上风能、地热资源开发潜力大，潮汐能、波浪能等海洋新能源储量丰裕。丰硕的海洋资源为海洋经济的发展奠定了坚实的物质基础。

2. 雄厚的科技支持

与其他沿海各省市相比较，山东省具有十分明显的科研技术优势。到目前为止，山东拥有占全国四分之一数量的海洋科研院所和研究机构；海洋科技人才占全国的五分之二；同时山东还具有多个国家良种场和养殖示范基地，自20世纪90年代以来，海洋科技研发和实现转换率达50%以上，为山东实现海洋产业的跨越式发展作出了巨大贡献。

（二）浙江省

浙江省拥有26万平方千米海域，是它陆地面积的两倍多；浙江省海岸线长度为6 696千米，居全国第一位；能够建万吨级以上泊位的深水岸线长度有506千米，约占全国的30.7%。浙江省拥有滩涂面积400万亩左右，开发利用条件良好。浙江省海洋能蕴藏丰富，拥有丰富的波浪能、潮汐能、温差能和洋流能，能够开发的潮汐能可装机容量约占全国的40%，可供开发的海洋能居全国首位，潮流能占全国一半以上，利用潜力非常大。

1. 海洋生物资源

浙江省拥有位于全国前列的海洋渔业资源。浙江省海域位于亚热带季风气候带，温度适中、雨量和热量充沛，为海洋生物栖息提供了良好气候条件，使浙江省海域在全国海洋渔业资源蕴藏量最丰富、渔业生产力最高，素有中国渔仓美称。舟山渔场是全球四大渔场之一，渔场面积达5.3万平方千米，可捕捞量居全国第一。浙江省渔场面积为22.27万平方千米，渔业资源品种多、生长迅速、质量优、繁殖快。

在海洋捕捞的主要对象中，较高产量的有：带鱼、马面鲀、大黄鱼、鲐鱼、毛虾、乌贼、小黄鱼等种类；有较高经济价值的为鲥鱼、石斑鱼、真鲷、毛尝鱼、对虾，潮间带生物中溢蛙、贻贝、牡蛎、青蛤等种类。

2. 油气资源

浙江省具有丰富的油气资源。浙江陆域的油气资源几乎为零，但浙江省近海的海洋石油天然气资源却非常丰富，经济价值巨大。东海陆架盆地主要形成于晚白奎世至上新世，是以新生化为主的大型沉积盆地，最大沉积厚度有15 000米，盆地内部的地质构造特点是：东西分带，由东向西盆地形成时间由新到老；南北分块，自南向北沉积变化由海到陆。因而不同的海域和不同的时代形成了不同类型的沉积盆地，有着各不相同的油气资源前景。

3. 滨海旅游资源

浙江省滨海旅游资源很丰富，海洋特色文化较其他沿海地区特别鲜明。浙江省沿海自然环境独特，气候宜人，形成了多种自然景观，同时浙江省又是历史上开发较早的地区之一，前人留下的历史文化遗产颇多。浙江沿海的旅游资源不仅数量大，类型多，而且区域分布又明显地集中在杭州、绍兴、宁波、温州等大中城市或福建一带，组成了杭、绍、甬人文自然综合旅游资源带、浙南沿海旅游资源带和舟山海岛旅游资源区。因而，浙江省滨海旅游资源兼有自然和人文类型。目前，浙江省海洋旅游区中有3个是省级风景名胜区，1个是国家级自然保护区。

（三）广东省

广东海岸线漫长，海域辽阔，海洋资源丰富。拥有长达3 368.1千米的海岸线和1 431个海岛，其中759个海域面积超过500平方米，150个海域面积在200~500平方米之间。同时拥有41.93万平方千米的海域面积，其中内水面积4.89万平方千米，领海面积1.64万平方千米，200海里专属经济区面积35.40万平方千米。

1. 海洋生物资源

海洋生物是海洋动植物和微生物的总称，其中浮游动物和浮游植物各有416种和406种，而底栖生物和漂游生物各有828类和1 297类。广东省每年的海产品产量约为400万吨，这包括近海和远洋捕捞的产量，以及工厂化养殖和网箱养殖的产量。海域面积可以用来海水养殖的达到77.57万公顷，实际已被利用面积达到20.82万公顷，是我国主要的海洋水产大省。

广东潮间带的海洋生物资源丰富，生物物种繁多，已有统计的物种达1539种。其中以软体动物最多，生物量占54.35%，栖息密度占73.7%。广东浅海区生物种类也非常丰富。浮游植物平均为15.11×10^6毫克/立方米，也位于全国首位。其中，得到初步鉴定的物种有314种。浮游动物平均为113.7毫克/立方米，据初步分析，大约有17个种群、236个物种以上。浅海底栖生物平均生物量为46.8毫克/立方米。海域的浮游动植物、微生物以及底栖生物数量巨大，种类丰富，为鱼虾提供了丰富的饵料。

2. 气候环境

广东处于亚热带和热带地区，这一地区的光照时间长、水温适宜、水量丰富，具有良好的栖息环境。其中，全年阳光照射量为1 730~2 630小时，太阳总辐射量为5 000兆焦/平方米左右，年平均气温在2摄氏度以上，年降雨量在1 500毫米以上，珠江及其他河流的入海年径流量为3 000亿立方米左右，输沙量约9 000万吨，大量的无机盐等营养物质随之进入海洋。根据政府相关部门的调查结果显示，珠江口海域的平均氨氮含量为11.91微摩尔/升，活性磷酸盐年平均含量为1.0微摩尔/升，活性硅酸盐年平均含量为100微摩尔/升，韩江口海域的年平均氨氮含量为4.54微摩尔/升。

3. 海洋矿产资源

广东省所辖海域大陆架石油天然气含量丰富，主要集中在珠江口盆地，可预见性石油资源储量达50亿吨以上，并且大多具有勘采价值。海滨砂矿富集，分为粤东错石矿带、粤中锡石矿带、粤西独居石矿和磷忆矿带、雷州半岛钦铁矿和错石矿带。其他如煤、铁矿石、有色金属、建筑材料、非金属矿和地下热水资源含量丰富。许多地区具有制盐必要的气候和海水盐度以及滩地地质，主要集中于粤东的饶平、南澳、海丰、陆丰、汕尾、惠来和惠东、粤西电白、阳江和雷州半岛西部等地，开发潜力巨大。另外，广东沿海的光热和水资源、海洋潮汐能、潮流能等未来能源也极具开发价值。

（四）辽宁省

辽宁省海域广阔，辽东半岛的西侧为渤海，东侧临黄海。海域面积15万平方千米，其中近海水域面积6.4万平方千米。沿海滩涂面积2 070平方千米。陆地海岸线全长2 292.4千米，占全国海岸线总长的12%，居全国第五位。绵长的海岸线，具有多种多样的海岸类型。大洋河口至碧流河口之间的海岸多为岬角、海湾相间、泥沙岸互交；碧流河口至登沙河口多为泥质和沙质海岸；登沙河口至盖平角基本上为基岩海岸，其间的金州区城山头至旅顺口区的黄龙尾段为典型的岩岸，岸边水深几米至几十米，也是全国少有的基岩岸段，盖州角至大清河口为泥质岸段，全地区以基岩海岸比重最大，其次为沙质海岸，而淤泥质海岸所占的比重较小。多种多样的海岸为沿海港口建设，发展海水养殖以及海水晒盐、旅游业提供了有利条件。

1. 海洋生物资源

辽宁省海洋生物资源极为丰富，据初步统计浮游生物超过100多种，底栖生物达210多种，游泳生物，包括头足类和哺乳动物达150多种，大型海藻类达60多种。

2. 沿海港址资源

辽东半岛海洋经济区优良港湾众多，大型港湾十几处，现已辟为海港的有大连湾、庄河湾、羊头洼湾、鲅鱼圈湾，可开辟海港的有黑岛、棉花岛、营城子、通水沟、八岔沟等10多处。黄海岸的金州区老鹰嘴以东为粉砂淤泥质海岸长达300多千米，一直延续到鸭绿江口，渤海岸的太平湾。仙人岛也有分布，为发展海滩养殖提供条件。

3. 海盐资源

辽宁盐区主要分布在辽东半岛老铁山至山海关一带，以普兰店、复州湾、盖平、营口等地盐场最重要。本地区每年雨季到来之前的4月、5月、6月和雨季过后的9月、10月、11月是蒸发旺盛、最适宜晒制海盐的季节。辽东半岛海洋经济区海盐品质好，含氯化钠95%以上，其盐田面积和原盐生产能力占辽宁盐区的70%以上。

（五）天津市

天津市海域面积约3 000平方千米，海岸线较短，全长153.2千米。天津市海洋资源丰富，开发潜力较大，优势资源主要有港口资源、石油天然气、旅游、海水等。天津市港口资源丰富，在约153千米的海岸线中，港口岸段占了16%，并且拥有全国最大的人工港——天津港。天津港已建设成为商业港与工业港、渔业港相结合的具有转运输、储存、临海工业等多功能的综合性现代化的国际贸易港口。天津市海岸带还拥有丰富的石油、天然气资源。并且天津市滨海旅游资源潜力较大，有辽阔的海域开展水上体育活动；有沧海桑田的遗迹古海岸贝壳堤等天赋的旅游资源；有大沽炮台群等人文旅游资源，这些旅游资源为旅游业开发提供了较好的资源条件。

（六）河北省

河北省沿海及海域自然条件优越，油气构造丰富，地貌类型多样，气候适宜，基础生产力较高，有利于海洋资源的开发利用。河北省海洋生物种类丰富，是我国黄、渤海地区大型洄游经济鱼虾类和各种地方性经济鱼虾蟹类产卵、繁育、索饵、生长的良好场所。有各种海洋生物600余种，其中有较高经济价值的种类30余种。河北省滨海旅游资源丰富，较为著名的有山海关风景区、北戴河风景区、黄金海岸风景区等。由于河北省滨海地势平坦，质地黏重，保水性好，则宜盐后备资源丰富。

（七）江苏省

江苏省海洋自然环境多样，自然资源丰富。江苏沿海常年不冻，波浪较小，台风和海雾影响较小，陆域广阔，有利于建港。江苏省生物资源丰富，其中浮游植物有190种，浮游动物198种，鱼类150种，贝类87种等。江苏沿海地区旅游资源丰富，连云港市以壮丽的山海景观和灿烂的古代文明为最大特色，盐城市以湿地生态和新四军文化红色旅游资源为最大特色，南通市以江风海韵和“中国近代第一城”为最大特色。

（八）福建省

福建省海域总面积13.6万平方千米，并且拥有丰富的港口资源、渔业资源、滨海旅游资源、盐业资源和矿砂资源等。福建省海域生物资源丰富，分布有闽东、闽外、闽中和闽南—台湾浅滩四大渔场。近海海洋生物约3 312种，其中鱼类约752种、蟹类214种、虾类93种、贝类451种等。福建省滨海风光秀丽，气候宜人，拥有丰富多彩的自然景观和人文旅游资源。海岸带自然景观以名山奇石、海岛风光、滨海沙滩、生态景观、地热资源等为主；人文景观以古文化、古建筑、民俗风情等为主。福建省沿海风能、潮汐能、潮流能、波浪能等可再生资源丰富，潮汐能蕴藏量居全国首位。

（九）广西壮族自治区

广西壮族自治区海洋资源丰富，开发潜力大。海岸线迂回曲折，港湾水道众多，现有岸线资源可建成上百个万吨级深水泊位。鱼类资源500多种，虾蟹类220多种，浅海有主要经济鱼类50多种、经济虾蟹类10多种。沿海地区和海上风能、潮汐能丰富，海洋能源的总储量达92万千瓦。广西壮族自治区沿海气候宜人，适宜发展跨国滨海旅游，还具有红树林、滨海湿地、珊瑚礁等自然景观。

（十）海南省

海南省拥有广阔的海域和众多的岛礁，并且海洋生物资源非常丰富。南海鱼类种类比其他三大海域总和还多，各种鱼类有1 034种。海南省周围海域油气资源丰富，海洋石油、天然气资源储量非常巨大，已发现39个新生代油气沉积盆地，总储量64.88万立方千米。据估算，海南管辖海域油气资源蕴藏量约为200多亿吨。海南省还是热带海岛度假旅游胜地，具有多种优势条件发展国际化、经济附加值高的滨海旅游业。在自然资源方面独具特色，有红树林、珊瑚礁等特殊的生态资源，并且还有海岸景观和河流入海形成的奇特景观。

综上所述，海南省的自然资源基础相对于我国其他几个沿海省份，具有独特的优势。海南省区位优势显著，地理位置优越。在国家海洋战略的背景下，实现产业升级和产业链延长，拓展海洋经济，积极发展新兴海洋产业和活动，立足新兴战略性产业，开发海洋休闲渔业，其先天地理区位优势显著。海南省经济发达，综合竞争力极强。延长海洋产业链，发展海洋休闲渔业，需要较好的经济基础和广阔的市场及陆域经济发展为前提。海南省海洋资源丰富，类型齐全。因此，具有发展“蓝色牧场”优越的自然条件和扎实的经济基础。

二、建设现状

我国海洋牧场建设的构想最早由曾呈奎院士于20世纪70年代提出，即在我国近岸海域实施“海洋农牧化”。1979年，广西水产厅在北部湾投放了我国第一个混凝土制的人工鱼礁，拉开了海洋牧场建设的序幕。从1981年至1988年，我国其他沿海8个省市分别投放了大量的人工鱼礁，体积共计20多万立方米，并且取得了良好的经济效益和生态效益。进入21世纪以来，沿海各省市充分利用海洋资源，积极进行人工鱼礁和藻场建设，大力发展海洋牧场。近几年，国家发改委、农业部、国家海洋局每年都安排资金在全国沿海地区开展海洋牧场示范区建设。

海洋牧场建设以辽宁、山东、广东等几个沿海渔业大省为主，这些省份的海洋牧场研究起步相对较早，在数量和规模上的发展都比较快。另外，同一省份的不同地区发展速度也不相同，正在充分利用各地资源优势，加快海洋牧场建设。辽宁省是我国最早建设海洋牧场的沿海省份，大连的獐子岛已成为现阶段我国最大的海洋牧场，为其他地区海洋牧场的建设起到了示范带动作用。山东省自2005年起开始实施《山东省渔业资源修复规划》，在浙江沿海大范围开展海洋牧场和人工鱼礁建设，取得了良好成效。连云港海州湾、厦门五缘湾、珠海万山群岛、海南三亚等地也已启动建设不同规模的海洋牧场。浙江舟山市的白沙、马鞍列岛两个农业部海洋牧场示范项目已进入建设实施阶段。

第二节　中国蓝色牧场发展潜力的省际差异评估

为了更加准确地分析各沿海地区“蓝色牧场”发展潜力的情况，本节在借鉴和吸收已有研究成果的基础上，通过对蓝色牧场发展支撑因素的理论分析，构建“蓝色牧场”发展潜力评价指标体系，运用加权主成分TOPSIS法对2007年和2011年沿海10省（区、市）蓝色牧场发展潜力进行横向和纵向比较。其结果一方面有助于明确现今中国沿海省份“蓝色牧场”发展潜力的变化趋势及内在支撑因素，确定其当前或未来的竞争优势；另一方面有助于根据沿海省份“蓝色牧场”综合发展潜力与地区海洋渔业经济实力实际发展情况，为制定“蓝色牧场”发展规划提供依据。

一、评价指标选择

陆上绿色农场的建设离不开土地、产业基础、环境及科技等基本要素，海上蓝色牧场的建设亦是如此，广袤的土地资源（海域及近岸滩涂面积等）、一定的经营规模（海洋产业经济实力）、优质的海域生态环境和先进的海洋渔业科技是建设蓝色牧场的重要基础条件。建设“蓝色牧场”分建场和放牧两个步骤，首要的就是通过投放人工渔礁等方式为海底生物营造一个适宜其繁衍栖息的生存空间。本文在选取“蓝色牧场”发展潜力评价指标时充分考虑到蓝色牧场建设的约束条件及实际发展情况，立足于前期建场投入，借鉴已有研究成果，并根据数据的可得性和指标的实际可操作性，选择天津、河北、辽宁、江苏、浙江、福建、山东、广东、广西、海南10个沿海省（区、市）进行对比，从自然资源禀赋、产业经济基础、环境修复投入、科技投入四个方面构建“蓝色牧场”发展潜力评价指标体系，具体指标体系见表3-1。

表3-1 “蓝色牧场”发展潜力指标体系

	一级指标	二级指标
蓝色牧场发展潜力评价指标	自然资源禀赋	海岸线（x_1，千米）、滩涂面积（x_2，平方千米）、近岸及海岸湿地面积（x_3，千公顷）、海水养殖面积（x_4，公顷）、确权海域面积（x_5，公顷）、休闲渔业产值（x_6，万元）、滨海国内旅游人数（x_7，万人次）
	产业经济基础	渔业从业人员（x_8，人）、海洋机动渔船吨位（x_9，总吨）、集约化养殖面积（x_{10}，公顷）、国家级水产原良种场数量（x_{11}，个）、渔港个数（x_{12}，个）、港口货物吞吐量（x_{13}，万吨）、渔业经济总产值（x_{14}，万元）
	环境修复投入	废水治理当年竣工项目（x_{15}，个）、固体废物治理当年竣工项目（x_{16}，个）、海洋类型自然保护区数量（x_{17}，个）、海洋类型自然保护区面积（x_{18}，平方千米）、国家级种质资源保护区数量（x_{19}，个）
	科技投入	水产技术推广人员数量（x_{20}，人）、水产技术推广机构数量（x_{21}，个）、水产技术推广机构经费（x_{22}，万元）、海洋科研机构科技课题数量（x_{23}，项）、海洋科研机构科技专利数量（x_{24}，件）、海洋科研机构发表科技论文数量（x_{25}，篇）

（一）自然资源禀赋

漫长的海岸线，广阔的海域、近岸滩涂和湿地以及星罗棋布的岛屿，为蓝色牧场提供了最基本的作业场所，从而为蓝色牧场提供了天然的土地保障。蓝色牧场大多是在原有海水养殖区域发展起来的，海水增殖养殖能为其提供渔业生物资源；确权海域面积充分体现了蓝色牧场发展所能依赖的水域范围及海洋资源丰裕度。因此，本文构建自然资源禀赋指标时将海水养殖面积和确权海域面积考虑在内。同时，以海岸、海岛及各种自然和人文景观作为依托发展起来的包括观光游览、度假娱乐等在内的滨海旅游业的发展，对蓝色牧场建设贡献巨大。因此，自然资源禀赋也包括休闲渔业产值与滨海国内旅游人数这两项指标。

（二）产业经济基础

渔业产业基础为“蓝色牧场”发展提供了有力的人力、物力支持和技术支撑，能进一步带动

"蓝色牧场"可持续发展。这里从投入和产出两个角度来考量。"蓝色牧场"发展可依托的人力资源主要以渔业从业人员来衡量。而物力资源主要体现为渔业实力和渔业基础设施水平。其中，渔业实力以海洋机动渔船吨位和集约化养殖面积来衡量；渔业基础设施则以国家级水产原良种场数量、渔港个数、港口货物吞吐量来表示。渔业经济总产值可以间接反映蓝色牧场产出能力，因此本文以其表示"蓝色牧场"的经济产出。

（三）环境修复投入

海域生态环境为"蓝色牧场"提供了生态资本，直接决定了渔业资源利用的可持续程度。而传统渔业生产方式对生态资本的非可持续利用造成渔业资源环境被破坏，因此，海域环境保护是"蓝色牧场"得以持续良性发展的生态保障。海域环境保护包括水域环境治理与优化。其中，治理层面主要从陆源污染源入手，指标包括废水和固体废物治理当年竣工项目；优化层面主要通过建立与海洋相关的保护区来实现。此外，建设"蓝色牧场"的最终目的就是实现渔业资源的增殖养护及生态可持续，因此，本文把国家级种质资源保护区也考虑在内。

（四）科技投入

科技是第一生产力，海洋科技创新与先进技术应用能够为"蓝色牧场"建设提供内在动力和强力支撑，雄厚的科研实力、优秀的科研团队和不断增强的创新能力能够为"蓝色牧场"建设创造良好的条件。先进科学技术的有效运用，不仅能够有效促进渔业持续发展，为"蓝色牧场"发展提供强有力的产业基础支撑，而且能够促进渔业产业结构向资源节约型和生态友好型变迁，从而取得优化产业结构、减轻污染、改善环境质量的效果。本文选取水产技术推广人员数量、水产技术推广机构数量及经费、海洋科研机构科技课题数量、海洋科研机构科技专利数量及发表科技论文数量来表示科技投入水平。

二、评价模型构建

本文运用加权主成分 TOPSIS 法对沿海省份"蓝色牧场"发展潜力进行综合评价，方法简介如下。

（一）主成分分析法

主成分分析法（principle component analysis）是利用线性代数有关理论，在损失较少数据信息的基础上，把存在一定线性相关性的多个指标转化为少数几个有代表意义且相互独立的综合指标，从而实现数据降维的方法。每个主成分都是原始变量的线性组合，且各主成分之间互不相关，使得主成分比原始变量具有某些更优越的性能。其突出优点在于对各原始指标权数的确定不带有个人主观意识，比较客观和科学，从而提高了评价结果的可靠性。其理论模型如下：

设随机变量 $X^T=\{X_1, X_2, \cdots, X_p\}$ 有协方差矩阵，其特征值 $\lambda_1 \geqslant \lambda_2 \geqslant \cdots \geqslant \lambda_n$，对应的主成分表达式为：

$$\begin{cases} Y_1 = a_{11}x_1 + a_{12}x_2 + \cdots + a_{1p}x_p \\ Y_2 = a_{21}x_1 + a_{22}x_2 + \cdots + a_{2p}x_p \\ \cdots\cdots \\ Y_n = a_{n1}x_1 + a_{n2}x_2 + \cdots + a_{np}x_p \end{cases} \quad (3-1)$$

（1）式中，Y_1，Y_2，$\cdots Y_n$ 是分别与 λ_1，λ_2，$\cdots\lambda_n$ 对应的主成分得分，是一组相互独立的新变量；a_{i1}，a_{i2}，$\cdots a_{ip}$（$i=1, 2, \cdots, n$）是相对应第 i 个主成分在各个指标上的载荷值；x_1，x_2，$\cdots x_p$ 是原始变量经过标准化后的指标值。

（二）TOPSIS（逼近理想解排序）法

TOPSIS（technique for order preference by similarity to ideal solution，逼近理想解排序）法是一种多属性决策方法，其基本原理是先构造决策问题中各指标的最优解和最劣解，再计算各比较对象靠近最优解和远离最劣解的程度，所得最优方案应该是比较对象与最优解（即正理想解）距离最小、与最劣解（即负理想解）距离最大者。TOPSIS 法可对多个具有可度量属性的被评价对象进行优劣排序，具体步骤如下：

首先，将各省份的主成分得分 Y_i（$i=1, 2, \cdots, n$）作为 TOPSIS 法中的初始矩阵 Y，对数据进行规范化处理，得到规范决策矩阵 $Z=\{z_{ji}\}$：

$$z_{ji} = y_{ji} - \min_m\{y_{ji}\} \quad (3-2)$$

（2）式中，$j(j=1, 2, \cdots, m)$ 为所选取的样本省份，i（$i=1, 2, \cdots, n$）为所选择的主成分，z_{ji}、y_{ji} 分别为 j 省份第 i 个主成分的决策向量值和初始向量值，$\min_m\{y_{ji}\}$ 为所有省份中第 i 个主成分初始向量的最小值。

其次，对每个主成分的决策向量值赋予其相对应的权重 $w=(w_1, w_2, \cdots, w_n)^T$，即得到加权规范决策矩阵 $U=\{u_{ji}\}$：

$$u_{ji}=z_{ji}\times w_i \quad (3-3)$$

（3）式中，u_{ji} 和 z_{ji} 分别为 j 省份第 i 个主成分的加权规范值和决策向量值，w_i 为第 i 个主成分对应的权重。

第三，确定正理想解（最优解）和负理想解（最劣解）：

$$u^+ = \max_m\{u_{ji}\} \quad (3-4)$$

$$u^- = \min_m\{u_{ji}\} \quad (3-5)$$

（4）式、（5）式中，u^+、u^- 分别表示正理想解和负理想解，$\max_m\{u_{ji}\}$、$\min_m\{u_{ji}\}$ 分别表示所有省份第 i 个主成分加权规范值的最大值和最小值。

第四，计算相对接近度 S_j，即发展潜力评价值：

$$S_j^+ = \sqrt{\sum_{i=1}^{n}(u_{ji} - u_i^+)^2} \quad (3-6)$$

$$S_j^- = \sqrt{\sum_{i=1}^{n} (u_{ji} - u_i^-)^2} \tag{3-7}$$

$$S_j = S_j^- / (S_j^+ + S_j^-) \tag{3-8}$$

在（6）~（8）式中，S_j 为 j 省份的发展潜力评价值，S_j^+ 和 S_j^- 分别为各省份的加权规范值到正理想解和负理想解的欧氏距离。根据相对接近度 S_j 得出选取省份的排序，取值区间为［0，1］。该值越接近1，表示该省份发展潜力越接近最优水平；反之，该值越接近0，则表示该省份发展潜力越差。

最后，将各发展潜力评价值加总，即可得到综合发展潜力评价值。

（三）加权主成分 TOPSIS 法

加权主成分 TOPSIS 法是主成分价值函数模型的一种，它是在应用主成分分析法求得主成分决策矩阵的基础上，运用 TOPSIS 法进一步将低维系统降为一维系统，在得出评价值的基础上对评价结果进行排序。

三、发展潜力测算

本文运用加权主成分 TOPSIS 法对 2011 年沿海 10 省（区、市）“蓝色牧场”发展潜力进行测算，具体步骤如下：

（一）主成分分析法确定主成分表达式

1. 确定主成分权重

本文利用 SPSS13.0 软件中的 Factor 过程确定各主成分的权重。如表 3-2 所示，按照特征值不小于 1 和累计方差贡献率大于 80%的原则，自然资源禀赋、产业经济基础、环境修复投入和科技投入 4 个一级指标均提取两个主成分，在发展潜力评价中它们分别包含了所对应原始指标 80.66%、72.94%、87.80%和 86.22%的信息，能对原始数据给予充分的解释和概括。以每个主成分对应的特征值除以所对应的一级指标中两个主成分的特征值之和作为各主成分的权重，由此得出自然资源禀赋、产业经济基础、环境修复投入和科技投入各自所包含的两个主成分的权重分别为 78.86%、21.14%，80.04%、19.96%，58.11%、41.89%，76.74%、23.26%。

表 3-2　总方差分解及权重确定

指标	主成分	特征值	方差贡献率（%）	累计方差贡献率（%）	权重（%）
自然资源禀赋	F_1	4.453	63.612	63.612	78.856
	F_2	1.194	17.052	80.664	21.144
产业经济基础	F_1	4.087	58.382	58.382	80.043
	F_2	1.019	14.561	72.943	19.957
环境修复投入	F_1	2.551	51.024	51.024	58.109
	F_2	1.839	36.778	87.802	41.891
科技投入	F_1	3.970	66.172	66.172	76.745
	F_2	1.203	20.051	86.222	23.255

2. 确定主成分表达式

表3-3是将原始变量标准化后计算得到的表示主成分与原始变量关系的系数即载荷值。据此可以分别得出自然资源禀赋、产业经济基础、环境修复投入和科技投入4个一级指标原始变量标准化后对主成分的表达式。

表3-3 主成分得分系数矩阵

指标	自然资源禀赋		指标	产业经济基础		指标	环境修复投入		指标	科技投入	
	F_1	F_2		F_1	F_2		F_1	F_2		F_1	F_2
x_1	0.361	0.718	x_8	0.828	-0.268	x_{15}	0.862	-0.217	x_{20}	0.913	-0.189
x_2	0.848	0.091	x_9	0.652	0.625	x_{16}	0.793	-0.523	x_{21}	0.900	-0.244
x_3	0.902	0.243	x_{10}	0.718	-0.327	x_{17}	0.444	0.876	x_{22}	0.870	-0.227
x_4	0.789	-0.367	x_{11}	0.632	-0.461	x_{18}	0.525	0.826	x_{23}	0.924	0.185
x_5	0.625	-0.680	x_{12}	0.869	0.199	x_{19}	0.841	-0.262	x_{24}	0.128	0.946
x_6	0.947	0.086	x_{13}	0.608	0.433				x_{25}	0.836	0.356
x_7	0.938	0.083	x_{14}	0.969	-0.099						

自然资源禀赋、产业经济基础、环境修复投入和科技投入的主成分表达式分别为：

$$\begin{cases} Y_1 = 0.361x_1 + 0.848x_2 + 0.902x_3 + 0.789x_4 + 0.625x_5 + 0.947x_6 + 0.938x_7 \\ Y_2 = 0.718x_1 + 0.091x_2 + 0.243x_3 - 0.367x_4 - 0.680x_5 + 0.086x_6 + 0.083x_7 \end{cases} \tag{3-9}$$

$$\begin{cases} Y_1 = 0.828x_8 + 0.652x_9 + 0.718x_{10} + 0.632x_{11} + 0.869x_{12} + 0.608x_{13} + 0.969x_{14} \\ Y_2 = -0.268x_8 + 0.625x_9 - 0.327x_{10} - 0.461x_{11} + 0.199x_{12} + 0.433x_{13} - 0.099x_{14} \end{cases} \tag{3-10}$$

$$\begin{cases} Y_1 = 0.862x_{15} + 0.793x_{16} + 0.444x_{17} + 0.525x_{18} + 0.841x_{19} \\ Y_2 = -0.217x_{15} - 0.523x_{16} + 0.876x_{17} + 0.826x_{18} - 0.262x_{19} \end{cases} \tag{3-11}$$

$$\begin{cases} Y_1 = 0.913x_{20} + 0.900x_{21} + 0.870x_{22} + 0.924x_{23} + 0.128x_{24} + 0.836x_{25} \\ Y_2 = -0.189x_{20} - 0.244x_{21} - 0.227x_{22} + 0.185x_{23} + 0.946x_{24} + 0.356x_{25} \end{cases} \tag{3-12}$$

（二）加权主成分TOPSIS法排序

1. 计算加权规范决策矩阵

将2011年10个省（区、市）蓝色牧场发展潜力指标的标准化数据分别代入（9）~（12）式，得到主成分初始矩阵Y。由（2）式、（3）式得到加权规范决策矩阵$U=\{u_{ji}\}$，结果见表3-4。

表 3-4 2011 年沿海 10 省（区、市）蓝色牧场发展潜力的加权规范决策矩阵

	自然资源禀赋		产业经济基础		环境修复投入		科技投入	
	F_1	F_2	F_1	F_2	F_1	F_2	F_1	F_2
天津	0.030	0.304	0.000	0.259	0.000	1.122	1.273	0.361
河北	2.127	0.197	1.796	0.389	1.393	0.830	1.804	0.152
辽宁	8.353	0.000	4.333	0.446	0.453	1.424	1.315	0.887
江苏	8.327	0.300	5.153	0.000	4.007	0.000	7.903	0.052
浙江	5.258	0.875	7.503	0.681	1.973	0.672	3.999	0.055
福建	2.387	0.583	5.639	0.401	1.105	1.153	3.749	0.108
山东	9.225	0.611	10.654	0.053	3.160	0.645	8.224	0.441
广东	5.284	0.650	6.744	0.480	4.055	2.882	7.645	0.535
广西	1.639	0.428	2.219	0.212	1.060	0.808	2.639	0.000
海南	0.000	0.437	1.347	0.320	0.494	1.648	0.000	0.173

2. 确定正理想解和负理想解

由（4）式、（5）式计算自然资源禀赋 F_1、F_2 的正理想解分别为 9.225 4、0.874 6；产业经济基础 F_1、F_2 的正理想解分别为 10.654 3、0.681 5；环境修复投入 F_1、F_2 的正理想解分别为 4.055 3、2.882 4；科技投入 F_1、F_2 的正理想解分别为 8.224 2、0.887 0；而其负理想解均为 0。

3. 计算相对接近度 S_j

由（6）式和（7）式计算 10 省（区、市）的加权规范值到正理想解和负理想解的欧氏距离 S_j^+ 和 S_j^-，再由（8）式计算 10 省（区、市）与正理想解的相对接近度 S_j（即发展潜力评价值），结果见表 3-5。

重复上述加权主成分 TOPSIS 法计算步骤，可以得到 2007 年沿海 10 省（区、市）“蓝色牧场”发展潜力评价值及排名（见表 3-5）。其中，2007 年渔业基础设施以渔业固定资产投资表示，废水治理当年竣工项目以废水排放达标率代替；而由于统计口径差异，2007 年国家级水产原良种场数量、国家级种质资源保护区数量数据缺失。这里限于篇幅原因，具体计算过程从略。

表 3-5 沿海 10 省（区、市）蓝色牧场发展潜力比较

			天津	河北	辽宁	江苏	浙江	福建	山东	广东	广西	海南
$S_{自然资源禀赋}$	2007 年	数值	0.016	0.217	0.639	0.913	0.491	0.314	0.970	0.474	0.151	0.002
		排序	9	7	3	2	4	6	1	5	8	10
	2011 年	数值	0.032	0.230	0.871	0.887	0.573	0.264	0.972	0.574	0.182	0.045
		排序	10	7	3	2	5	6	1	4	8	9
$S_{产业经济基础}$	2007 年	数值	0.057	0.082	0.602	0.551	0.889	0.553	1.000	0.874	0.143	0.202
		排序	10	9	4	6	2	5	1	3	8	7
	2011 年	数值	0.024	0.172	0.408	0.482	0.705	0.529	0.944	0.633	0.209	0.129
		排序	10	8	6	5	2	4	1	3	7	9

续表

			天津	河北	辽宁	江苏	浙江	福建	山东	广东	广西	海南
$S_{环境修复投入}$	2007年	数值	0.123	0.123	0.318	0.239	0.289	0.322	0.376	0.822	0.141	0.269
		排序	9	10	4	7	5	3	2	1	8	6
	2011年	数值	0.202	0.325	0.278	0.582	0.407	0.318	0.572	1.000	0.268	0.313
		排序	10	5	8	2	4	6	3	1	9	7
$S_{科技投入}$	2007年	数值	0.172	0.209	0.169	0.853	0.388	0.343	1.000	0.733	0.255	0.028
		排序	8	7	9	2	4	5	1	3	6	10
	2011年	数值	0.160	0.219	0.187	0.898	0.481	0.452	0.949	0.919	0.318	0.021
		排序	9	7	8	3	4	5	1	2	6	10
$S_{综合}$	2007年	数值	0.368	0.631	1.728	2.557	2.057	1.531	3.346	2.903	0.690	0.501
		排序	10	8	5	3	4	6	1	2	7	9
	2011年	数值	0.418	0.946	1.743	2.848	2.167	1.564	3.438	3.126	0.977	0.508
		排序	10	8	5	3	4	6	1	2	7	9

（三）结果分析

1. 蓝色牧场综合发展潜力评价值呈上升的趋势

各省（区、市）排名保持不变，对沿海10省（区、市）蓝色牧场发展潜力时空差异的分析表明，其“蓝色牧场”综合发展潜力评价值均上升。2011年《“十二五”规划纲要》提出，推进海洋经济发展，坚持陆海统筹，提高海洋开发、控制、综合管理能力；随后国务院又先后批准山东、浙江、广东三省分别成立了国家级海洋经济发展示范区，沿海各省（区、市）纷纷将大力建设蓝色牧场作为抢占海洋经济发展的制高点，积极出台地方“蓝色牧场”发展规划，推动了“蓝色牧场”的集聚发展，促进“蓝色牧场”综合发展潜力释放并有所提升，且各地区在“蓝色牧场”实际发展过程中，省（区、市）之间排名次序并未发生根本性变化。

但是，由于各省（区、市）发展“蓝色牧场”的基础及政策倾斜程度等方面的不同，其“蓝色牧场”综合发展潜力评价值的上升幅度却有较大差异。河北、广西由于“蓝色牧场”发展底子薄、基础较差，自然资源禀赋、产业发展基础、环境修复和科技投入方面的改进立竿见影，因此，其各发展潜力评价值均有不同程度的上升，从而其“蓝色牧场”综合发展潜力升幅较大，2011年较2007年分别上升了33.33%、29.38%。辽宁、海南的“蓝色牧场”综合发展潜力评价值分别以0.86%、1.37%的升幅居于末尾。辽宁发展“蓝色牧场”的自然资源禀赋较好，但产业发展资金投入及环境修复投入下降幅度较大，从而拉低了其蓝色牧场综合发展潜力的上升程度。海南的“蓝色牧场”综合发展潜力无法发挥，主要源于外部投入不足：一方面，由于所处的特殊区位，海南能起到的“蓝色牧场”发展带动力有限，政府在其“蓝色牧场”打造过程中给予的基建设施、科技创新等方面的资金投入和政策倾斜不足；另一方面，海南发展海洋经济的侧重点不同，其占绝对优势的海洋支柱产业为海洋矿业。山东“蓝色牧场”综合发展潜力排名第一，但其升幅并不高，仅为2.67%。山东“蓝色牧场”起步早，发展基础优越，现阶段获得继续上升的空间，难度较大，需要突破资源及技术方面的限制性因素，财政、科技投入力度及政策倾斜程度稍有减弱，其发展就可能有所下降，而环境修复投入的增加带动了其“蓝色牧场”综合发展潜力上升。

2. 蓝色牧场综合发展潜力上升仍具有较大空间

山东、广东、浙江、辽宁的蓝色牧场综合发展潜力均有所上升，但其内在支撑因素各不相同，仍具有较大的发展空间。

山东丰富优良的海域资源禀赋、坚实的产业基础和雄厚的科技实力为“蓝色牧场”发展提供了强有力的支撑，但这三个方面的发展潜力均呈现稳中略降的趋势；环境修复投入是制约山东“蓝色牧场”综合发展潜力的“短板”，但随着社会进步、经济发展、环保意识不断提高，当地政府加大对环境修复的投资力度并给予政策扶持，使得海域环境得以优化并成为拉动山东“蓝色牧场”综合发展潜力提升的关键因素。在未来山东“蓝色牧场”发展中，不仅要维护好现有的资源禀赋、保持产业经济基础及科技投入力度，更重要的是，加大对水域环境的治理与优化。

广东、浙江、辽宁“蓝色牧场”发展的内在支撑因素分别为环境修复投入、产业经济基础和自然资源禀赋。2011年，广东拥有的海洋类型自然保护区数量高达49个，为全国最多，涉及自然保护区面积419 874平方千米，远超过排名第二的海南（20个，24 997平方千米）。环境修复具有长久性和持续性，能够成为“蓝色牧场”的重要增长点。但是，广东发展“蓝色牧场”所依托的自然资源禀赋较薄弱，难以夯实“蓝色牧场”发展的产业经济基础并提供重要支撑，这成为广东“蓝色牧场”发展的制约因素。浙江海洋经济实力强，2011年，浙江海洋经济总值占地区生产总值的14.04%。早在秦汉时代，古钱塘杭州就已具备了港口的雏形；渔业增殖放流起步又早，宁波自20世纪80年代开展沿海增殖放流，并划定渔业资源增殖保护区等。坚实的海洋产业经济基础为浙江“蓝色牧场”发展提供了动力。然而，浙江“蓝色牧场”产业经济基础发展潜力评价值在下降，下降幅度高达20.68%，在紧随其后的福建“蓝色牧场”产业经济基础发展潜力评价值保持稳定的情况下，难以保证浙江“蓝色牧场”产业经济基础的优势不会丧失。辽宁是东北地区唯一的沿海省份，海水养殖面积位居全国第一，宜港海岸线绵延1 000千米，尤其是有较长的基岩港湾岸段，成为拉动辽宁“蓝色牧场”发展的“头驾马车”；但是，辽宁渔业产业经济基础投资建设不足，海洋环境修复和渔业科技投入更是大幅度下降，虽有特殊的区位优势和丰富的港口资源，“蓝色牧场”的产业经济基础却无法有效整合科技资源支撑，临港经济难以形成独具特色的临港产业集聚带。

3. 不同省份蓝色牧场综合发展潜力差异较大

本文依据2011年“蓝色牧场”综合发展潜力评价值将沿海10省（区、市）划分为发展潜力强区（评价值2~4）、发展潜力中等区（评价值1.6~2）、发展潜力弱区（评价值1.2~1.6）与发展潜力差区（评价值0~1.2）四个类型，同时将沿海10省（区、市）划分为环渤海经济区（天津、河北、辽宁、山东）、长江三角洲经济区（江苏、浙江）和泛珠江三角洲经济区（福建、广东、广西、海南）（见表3-6）。通过表3-5得知，沿海10省（区、市）“蓝色牧场”综合发展潜力差异较大。排名第一的山东，其2011年“蓝色牧场”综合发展潜力评价值为3.438，为同年份排名最后的天津的8倍多。山东和天津均处于环渤海经济区，但该区域内部“蓝色牧场”发展呈现两极分化式，山东、辽宁分别属于发展潜力强区和中等区，而河北、天津则列入发展潜力差区；泛珠江三角洲经济区的情况与上者类似，只有广东属于发展潜力强区，而福建、广西、海南均属于发展潜力弱区或差区。

区域内部“蓝色牧场”发展不平衡的原因主要在于，“蓝色牧场”发展的基础条件和政策与体制不同。一方面，山东、广东海洋水域、海洋生物等资源禀赋丰富，海洋渔业发展平稳并具有全国最雄厚的海洋科技实力；另一方面，随着2011年《山东半岛蓝色经济区发展规划》、《广东海洋经济综合试验区发展规划》得到国务院批复，以“资源支撑、生态文明”等定位的山东半岛蓝色经济区发展战略和以“综合发展、辐射带动”定位的广东海洋经济综合试验区发展战略均上升为国家发展战略。当然，天津“蓝色牧场”综合发展潜力评价值与其海洋经济发展潜力略有出入和偏颇，主要是因为本文从宏观“蓝色牧场”发展现状切入，分析省域范围内能够为“蓝色牧场”发展提供的资源禀赋、产业基础、环保投入和科技投入，相对于其他省（区）而言，天津市域面积过小，“蓝色牧场”发展所获得的资源投入相对较少，但并不能由此忽视天津在特定区域发展“蓝色牧场”的潜力。

表3-6　沿海10省（区、市）蓝色牧场发展潜力类型

区域	发展潜力强区（评价值2~4）	发展潜力中等区（评价值1.6~2）	发展潜力弱区（评价值1.2~1.6）	发展潜力差区（评价值0~1.2）
环渤海经济区	山东	辽宁	—	天津、河北
长江三角洲经济区	江苏、浙江	—	—	—
泛珠江三角洲经济区	广东	—	福建	广西、海南

4. 蓝色牧场综合发展潜力与地区海洋渔业经济实力并非完全一致

本文根据2011年“蓝色牧场”综合发展潜力评价值与海洋渔业经济实力（以渔业经济总产值衡量）数据的高低情况，将沿海10省（区、市）划分为四个象限：领先地区即象限Ⅰ（海洋渔业经济实力和“蓝色牧场”综合发展潜力均较高）、潜力未发挥地区即象限Ⅱ（海洋渔业经济实力较高而“蓝色牧场”综合发展潜力较低）、落后地区即象限Ⅲ（海洋渔业经济实力和“蓝色牧场”综合发展潜力均较低）、超潜力发挥地区即象限Ⅳ（海洋渔业经济实力较低而“蓝色牧场”综合发展潜力较高）。

由散点图即图3-1可知，第Ⅰ、第Ⅲ象限包含的省（区、市）居多，均为4个，其中，山东、江苏、广东、浙江4省均属于领先地区，这些省份海洋渔业经济实力很强，在海洋渔业经济基础、科技投入、环境保护等方面都处于较高的发展水平上，带动并维持这些省份海洋渔业持续快速发展，其“蓝色牧场”综合发展潜力持续不断释放，从而实现渔业经济实力推动与“蓝色牧场”综合发展潜力转化相结合的良性互动发展。天津、河北、广西、海南4省（区、市）则属于落后地区，即其“蓝色牧场”综合发展潜力与海洋渔业经济实力在较低的水平上呈现一定的一致性，对这些落后省份要做出是否继续全力打造“蓝色牧场”的选择。若这些省份现实的海域经济条件不具有发展“蓝色牧场”的优势，就应侧重打造海洋经济中的其他支柱产业；若这些省份只是渔业经济实力差、基础薄，其“蓝色牧场”综合发展潜力难以释放，那么，不仅要加快进程，大力度地培育示范“蓝色牧场”，同时要积极引导“蓝色牧场”释放发展潜力，以实现对领先地区的追赶。辽宁虽属于第Ⅱ象限，但其“蓝色牧场”综合发展潜力和海洋渔业经济实力基本趋同于平均值，实现了“蓝色牧场”综合发展潜力与海洋渔业经济实力同步增长。福建属于潜力未发挥地区。2011年，福建渔业经济总产值为1 767亿元，在沿海10省（区、市）中列第3位；而其“蓝色牧场”综合发展潜力（评价值1.413）排名第6。因此，应在较强的海洋渔业经济实力推动下，加大福建“蓝色牧场”综合发展潜力培育与开发的力度，否则，该省海洋渔业不能实现长期可持续发展。

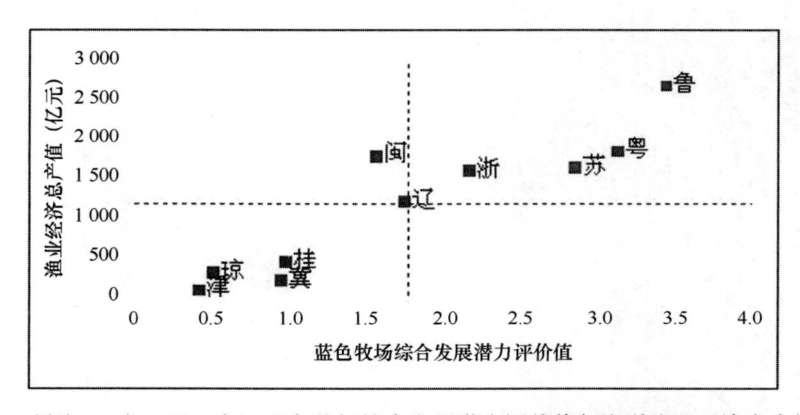

图3-1　沿海10省（区、市）蓝色牧场综合发展潜力评价值与海洋渔业经济实力散点图

四、结论与启示

本节运用加权主成分TOPSIS法对沿海10省（区、市）“蓝色牧场”发展潜力及其时空差异进行了分析，初步得出以下结论：首先，“蓝色牧场”综合发展潜力呈现上升的趋势。其次，“蓝色牧场”综合发展潜力上升仍具有较大空间，但不同省份其内在支撑因素有所差异。第三，不同区域之间“蓝色牧场”综合发展潜力差异较大，且同一区域内部发展并不平衡。最后，沿海省份“蓝色牧场”综合发展潜力释放与海洋渔业经济实力提高并非完全同步。对不同综合发展潜力的“蓝色牧场”采取相对应的措施，促使“蓝色牧场”综合发展潜力最大限度转化为渔业经济发展动力，实现海洋渔业可持续发展。

“蓝色牧场”发展潜力的研究价值并非只是测度发展潜力的大小，更重要的是探讨如何将隐性潜藏的发展潜力转化为显性可见的经济实力。这不仅包括巩固“蓝色牧场”现有的发展基础，而且需要不断提高、引导释放其发展潜力。根据沿海不同省份“蓝色牧场”综合发展潜力的强弱及变化趋势，采取相应的开发措施：第一，提高“蓝色牧场”资源开发能力，科学开发、高效利用自然资源；促进“蓝色牧场”的高投入与高产出，以缩小沿海省份在“蓝色牧场”产业基础上的差异；同时，加大海洋资源环境保护和整治的力度，使其能够为“蓝色牧场”长期提供优质的资源和海域环境；提高海洋科技创新投入，力求科技成果转化，以技术创新推进“蓝色牧场”的示范促转化、转化促发展。第二，对于“蓝色牧场”综合发展潜力强区和中等区，采用协同推进方式，在巩固现有内在支撑因素并提高其水平的基础上，加大对其他因素的开发投入，尤其是制约当前发展潜力的短板因素；对于“蓝色牧场”综合发展潜力弱区和差区，要有重点地选取核心发展区域，给予资金、资源及政策倾斜，使其作为地区“蓝色牧场”增长极率先发展，辐射并带动其他地区“蓝色牧场”发展，以促进“蓝色牧场”整体建设。

第四章 浙江蓝色牧场建设现状及影响因素

海洋渔业是沿海地区经济的主要来源和增长点，沿海城市曾依靠海洋优势大力发展海洋产业，极大地带动了经济发展和社会建设。但在向海洋的不断索取中，沿海区域经济和海洋经济基本上沿袭了以规模扩张为主的外延式增长模式，使得近海海洋环境污染严重、海洋生态受到前所未有的威胁，导致现有的攫取已经超过了资源环境的支撑能力。此外，随着国家新一轮沿海地区海洋经济发展战略的实施，亟待在国家海洋示范区探索海洋生态建设和海洋可持续发展。与此同时，全球范围内对资源、环保的日益重视深入，如何利用相应手段来平衡自然资源和人类需求的矛盾，成为全球普遍关注的问题。构建蓝色牧场，通过建设适应水产资源生态环境的人工生息地，采用适宜的方法将人工培育的生物苗种经中间育成或人工驯化放流海洋，在科学的管理和监控下再利用海洋自然生产力进行育成，不仅成为缓解资源环境矛盾的有效途径，在牧场养成的同时，以牧场养殖为核心，完善一系列关联产业发展，推动海洋产业的合理布局，促进海洋产业的健康发展。海洋是浙江省经济发展的优势所在、潜力所在和希望所在。优良的资源优势和区位优势使得浙江沿海成为我国适宜于建设蓝色牧场的最理想区域之一，浙江海洋产业发展的基础条件扎实，体制优势和较完备的海洋产业体系优势也都为浙江省提供契机。在这些基础上，浙江省进一步探索推进蓝色牧场建设路径，机遇与挑战并存。在新的发展阶段，积极探索推进蓝色牧场建设的路径研究，深入研究海洋产业结构布局与空间优化战略，必将助力浙江省海洋经济跃上新台阶，并进一步引领浙江省整个经济体制的优化和升级。

第一节 浙江蓝色牧场发展现状及特征

20 世纪 80 年代，由于我国近海渔业资源的急剧衰退，我国的渔业科技工作者就探索寻求近海渔业资源恢复和新的渔业发展之路，曾呈奎院士首次提出了“海水农牧化”的战略构想。自此，我国各省先后开展了渔业资源增殖放流和人工鱼礁建设，对近海生物资源进行有效的开发利用和管理，并取得了丰硕的成果。以建设海洋牧场的方式进行海洋资源利用成为越来越多的人所能够接受的新型渔业发展模式。2012 年，国务院批准山东、浙江、福建、广东等海洋经济发展试点省份开展海洋生态文明示范区建设，探索沿海地区发展方式的转变、海洋生态建设和海洋可持续发展。山东、辽宁等先后建立了各具特色的海洋牧场示范区，充分利用自身优势，通过建设人工鱼礁等方式建设了崂山、獐子岛等多个牧场模式，逐步探索改善海洋资源利用和环境保护的新途径，并取得了一定的成绩。浙江省作为海洋生态文明示范区的重点对象，对于海洋资源的合理保护利用的问题也迫在眉睫。自 2000 年后，浙江省也陆续着手建设了数个示范区，在示范区内先行通过充分利用其海洋特色，发挥海洋资源和环境优势，借鉴国内外较为成功的案例，对牧场构建进行初步探索和发展，在此基础上对浙江省海洋经济的发展甚至我国海洋发展做出一定贡献。同时，牧场建设激发了以牧场养殖为依托的一系列相关产业如育苗、加工等产业的兴起，促进了海洋经济发展，共同形成了互利共生的“蓝色生态经济圈”。

一、发展现状

（一）牧场建设现状

自2000年以来，面对近海海域资源的过度攫取和环境的不断恶化，浙江已然意识到对于海洋的适度管理和可持续保护是保障用海需求、维持海洋经济长久发展的根本。“十二五”规划起，浙江重视海洋经济发展，明确坚持以海引陆、以陆促海、海陆联动、协调发展的原则，通过对不同海域特点详细分析并细分海洋基本功能区，将海洋功能区划分为八大一级分类——农渔业区、港口航运区、工业与城镇用海区，矿产与能源区、旅游休闲娱乐区、海洋保护区、特殊利用区和保留区。通过对具有相近特色的海域区分，注重发挥不同区域的比较优势，优化重点海域的基本功能区，在适宜进行渔业资源养殖和牧场化的海洋功能区内，通过牧场建设，实现渔业资源的长效养成机制。蓝色牧场中重点内容——牧场的建设先后经历十余年，在不断的探索前进。

人工鱼礁建设是现在牧场建设的一大重点内容。浙江省2003年启动编制《浙江省人工鱼礁建设布局规划》，年底初步完成《浙江省休闲生态型人工鱼礁建设布局规划（2003—2020）》，全年投放10.3万空立方米；重点投放南麂人工鱼礁区、舟山海域和象山港附近海域。2004年，浙江省制定的全国首部《人工鱼礁建设操作技术规程》开始实施，为浙江省人工鱼礁建设工作科学、规范和有序开展提供了技术依据。2004年，浙江在温州南麂和洞头、舟山朱家尖、岱山秀山、宁波象山港和台州大陈等地开建人工鱼礁，浙江人工鱼礁建设累计达28万空立方米；2005年，发展近海生态型人工鱼礁，在温州南麂、舟山朱家尖、嵊泗、岱山、宁波象山、台州大陈和温州洞头等地开展生态鱼礁建设，浙江累计投放鱼礁达30多万空立方米。2009年，在嵊泗马鞍列岛国家级海洋特别保护区建立人工鱼礁108座。2011年，浙江省海洋与渔业局明确提出建设省级海洋牧场区5个，增殖放流水生生物种苗数量50亿（粒、只）以上。

浙江省在象山、渔山列岛等适宜海域建设多个试验区或牧场，从初步人工鱼礁建设、试验性投放不断探索，加大投入，在数年间已取得一定的规模成效。

1. 象山港海洋牧场试验区

2004年7月，宁波市出台了《宁波市人工鱼礁建设规划》，象山港因其资源优势和先天环境优势作为宁波市海洋牧场试验区先行启动。象山港从宁波市域的中部沿东北—西南走向楔入内陆，海域面积563.3平方千米，岸线总长约270千米，沿岸岸滩淤涨缓慢，大小港湾发育，海岸线曲折，基岩岬角与潮滩相间分布，港域纵深，主湾中心线长60余千米，口门宽度约20千米，港内宽度在3~8千米之间。水深变化较大，最深处可达40多米。象山港自然环境优越，各种有经济价值的水产资源集中分布，是浙江乃至全国海水增养殖的重要基地，海域生态类型繁多，既有典型的海洋洄游性鱼类，又有定居性鱼类，是多种海洋生物繁殖、索饵、生长栖息的优良场所，海水水质多数指标符合二类水质标准。核心建设区位于白石山—中央山—铜山岛北侧、象山港航道以南500米海域，东至白石山澜头角灯塔，西至历试山—铜山嘴连线。

2008年7月首批以资源保护为目的的资源保护设施（人工鱼礁）已在强蛟群岛的白石山附近海域试验性投放，共沉放水泥框架式单体鱼礁（2.5米×2.5米×2.5米）128个，形成12组单位鱼礁（12~13个单体鱼礁/组）共2 000空方的鱼礁区，为海洋牧场区建设奠定了基础。象山港海洋牧场实验区一期建设工程于2010年启动后，计划投入资金1 390万元，在白石山北侧海域投放人工鱼礁1 015只。2012年3月，象山港区投放15只大型组装式人工鱼礁，这批人工鱼礁高3.5米，直径5米，空立方体积73立方米。至2012年，象山海域投放的人工礁体已形成3.5万余立方的鱼礁区，并投放贝类苗种，增殖放流黑鲷、黄姑鱼、青石斑鱼、褐菖鲉、日本对虾、乌贼、海蜇等，目前已完成移植大型藻类10公顷，底播增殖经济贝类400万粒。同时，还建成了一个总规模25公顷的藻场养殖冷水性海带、马尾藻等作为代表性的海藻类群。经过两年建设，牧场效应正在逐步体现：牧场区比一般海区平均1立方米每年多增加10千克渔业资源量。

2. 舟山嵊泗马鞍列岛国家级海洋特别保护区

2005年，舟山嵊泗马鞍列岛国家级海洋特别保护区正式挂牌建立。成为浙江省建立的第二个海洋特别保护区。保护区所在的马鞍列岛位于长江口外东南，泗礁岛东北部，为浙江省最北端的岛群。其主要功能区包括花鸟山以东—求子山—黄礁人工鱼礁增殖放流区、绿华岛—黄礁抗风浪深水网箱养殖区、马鞍列岛生态养殖区等10个保护区。保护区主要保护鱼类为石斑鱼，区内的嵊山渔场曾经是四大经济鱼类（大、小黄鱼、带鱼、乌贼）重要的产卵场、索饵场和洄游通道，但近年来资源衰退明显。区内丰富的贻贝、羊栖菜等贝藻类资源及其周围生态环境也是我们的主要保护对象。此外，保护区内岛屿和礁石星罗棋布、参差错落，水道纵横，自然景观优美。海域面积广阔，水质清洁，既是海洋生物的栖息场所，又是兴建海洋游乐场的理想选择。保护区内遍布具有典型代表性的海蚀地貌景观，包括大小岛屿、礁岩和高崖绝壁。另外，国家级建筑文物花鸟灯塔、各类摩崖石刻、优良的沙滩也是马鞍列岛重要的风景资源之一。

3. 渔山列岛海洋牧场综合示范区

渔山列岛位于浙江省沿海中部，隶属于宁波市象山县石浦镇，位于象山半岛东南、猫头洋东北，距石浦镇47.5千米，有岛礁54个。受台湾暖流控制，海水透明度较高，海底地貌主要为水下斜坡和水下缓坡，一般水深在20~40米。渔山列岛及邻近海域自然条件优越，海洋生物资源丰富，有石斑鱼、鲷科鱼类、褐菖鲉、鲈鱼以及多种的贝类和藻类，不仅生物多样性高，而且岛礁众多，风光独特，海钓资源丰富，具有较高的海洋旅游开发价值。这是浙江省宁波市主要的渔场区之一，将建设规模化人工鱼礁区、海珍品底播养殖区、海藻移植区，并进行规模化增殖放流，使之成为资源保护与增殖、海珍品农牧化养殖、休闲垂钓于一体的海洋牧场综合示范区。规划总建设面积 2 250 公顷，珍品增养殖示范区选址大白礁—小白礁—北渔山西侧海域，示范区面积约 50 公顷，主要通过海珍品底播增养殖、深水网箱养殖区开发等，建设成为海珍品增养殖基地。

2004 年在渔山列岛东北侧海域由市财政投入 100 万元，通过清洗改造 7 艘报废渔船、搭建空方结构，在海底形成人工鱼礁单体；2008 年 8 月经国家海洋局批复同意建立渔山列岛国家级海洋生态特别保护区，包括保护区范围内所有岛礁及周边海域。2009 年在北渔山外侧海域投放了混凝土礁体 79 只，形成 5 个礁体群的人工鱼礁区。通过对投放的人工鱼礁调查观测，人工鱼礁试验性投放有了初步成效。渔山列岛海洋牧场一期建设区位于北渔山东北侧（大白带—北渔山—五虎礁至牛粪礁之间）海域，区域面积约 400 公顷；渔山列岛海洋牧场二期建设区位于北渔山、南渔山之间及南渔山西侧海域，区域面积约 800 公顷；渔山列岛海洋牧场二期建设区位于北渔山西北侧海域，区域面积约 1 000 公顷。

4. 东极海洋牧场建设暨碳汇渔业试验区

东极海洋牧场建设暨碳汇渔业试验区，于 2011 年正式启动建设，旨在修复东海带鱼国家级水产种质资源保护区生态环境，提高东海海域渔业资源再生能力。位于普陀区东极镇庙子湖道两侧的毗邻海域，面积约 50 公顷，建设内容包括人工礁体建设、人工增殖放流、碳汇渔业试验区建设、科普宣传点建设等。2011 年已分 7 批次投放各类人工鱼礁体 7 154 个，放流曼氏无针乌贼 546 万粒，生物的庇护场和产卵场得到有效增加。2013 年又在牧场内投放礁体 500 个，每个礁体均绑缚羊栖菜进行移植。此类人工藻礁投放之后形成大型藻场，为鱼、虾、贝类的幼体提供良好的栖息环境和索饵场所。

5. 洞头海洋牧场

洞头海洋牧场位于浙南沿海、瓯江口外，渔场面积 4 800 多平方千米，常年洄游的鱼、虾、蟹类达 300 多种，是浙江第二大渔场。洞头海洋牧场主要是以海水养殖为主，海水养殖总面积 4. 78 万亩，其中浅海 3. 5 万亩，滩涂 1. 16 万亩，围塘 0. 12 万亩，在养品种 27 个；同时推广“公司+基地+养户”生产经营模式，发展订单养殖。洞头海洋牧场已累计培育建设省级无公害养殖基地 20 个，省市现代渔业园区示范点 5 个，海水养殖呈现出多元化发展势头，其中以羊栖菜、紫菜传统养殖独具特色和规模，“两菜”养殖面积 3. 08 万亩。同时，洞头逐步建立起了安全信息中心和监控平台，利用渔船安装防碰撞（AIS）系统、卫星定位系统保障渔政管理和监控。

6. 白沙岛海洋牧场建设示范区

白沙岛海洋牧场作为浙江省海洋牧场建设示范区，于 2010 年 8 月 12 日进行了首批人工鱼礁的投放，在洋鞍渔场近岸六七米深的海底，为恋礁性鱼类营造“新家”。此次投放工程用时半个月，项目总投资 750 万元，建设总面积 49. 75 万平方米，固体投放规模 11 934. 96 平方米，在白沙本岛的南区、东区、东北沿岸区建立 3 个鱼礁群，总共投放人工鱼礁 2 454 个，其中六棱型集鱼礁 144 个，组合型增殖鱼礁 240 个，框架型诱导礁 2 070 个，形成 1. 2 万立方米人工鱼礁规模。这是白沙岛牧场建设的第一步。此后，先后放养黄鳍鲷苗种、真鲷鱼苗、黑鲷苗种等苗种上百万尾。放养后，通过放养标志回捕和社会调查，放养后的苗种在各相应地点都有明显增多。

7. 其他规划区

（1）三门湾牧场化贝藻增养殖区。宁波所辖三门湾海域以宁海县为主，包括了象山县高塘、南田岛及猫头洋部分海域，总面积约 300 多平方千米，三门湾滩涂发育，海底地形呈舌状分布，中间为港汊和水道，受沿岸滩涂影响，水体泥沙含量较高。三门湾是宁波主要增养殖区，沿岸池塘及滩涂养殖面积超过 10 万亩，滩涂贝类资源丰富，分布有缢蛏等自然苗种区，高塘岛是宁波市最大的藻类养殖区，紫菜养殖区面积超过 5 000 亩。海水水质多数指标符合二类水质标准，满足增养殖水质要求。三门湾区域具有较好的贝藻类增养殖基础，适宜建设成为贝、藻类养护和自然增殖为主的海洋牧场区，通过研究试验，选择区域投放以贝、藻礁为主的礁体，开展贝、藻类资源增殖保护。但此规划区内围垦使得滩涂面积锐减，水深较浅，建成后效果可能不如上述区域内效果理想，所以仍处在规划和试验阶段。

（2）杭州湾。宁波市所辖杭州湾南部及灰鳖洋，海底地形平坦，海底宽浅，潮滩发育且处于淤涨状态。曾是重要的渔业资源区，灰鳖洋是近岸七大渔场之一，由于滩涂围垦，鱼类、贝类索饵区、栖息地破坏，而新的淤涨区很难在短时间内恢复生态，加之陆源污染，已不成鱼汛，不具备传统概念的海洋牧场建设条件，但从资源修复及贝藻类生态养殖的角度分析，可开展资源增殖及贝藻养殖，另外可进行鱼礁投放对资源保护及减少北仑港过境悬沙的可行性研究，实现海洋环境的改善。

（3）大陈海洋牧场示范区。大陈岛位于浙江东南部外侧海区，是浙江省台州市最东面最主要的一群岛屿，处于我国重要渔场“大陈渔场”的核心部位，有着特殊的自然资源优势和区位优势，是主要经济鱼类生长、索饵、繁殖的重要场所之一，过去每年冬季曾有成千上万艘渔船云集。由于长期酷渔滥捕和管理不善逐渐导致了大陈岛的日趋衰落。为了恢复大陈岛资源优势，促进海洋经济复苏，2012 年，浙江省正式批复同意将大陈岛列为浙江省海洋开发与保护示范岛，并计划重点建设项目 48 个，总投资达 74 亿元，其中“十二五”期间投资 58 亿元，都旨在通过人为干涉，促使该区域内渔业资源和海洋环境的恢复。

（4）韭山列岛。位于舟山群岛最南端，有岛礁 76 个，一般水深 10~20 米，处于南北海流的交汇处，水色清混交界，附近海域渔业资源丰富，是大黄鱼、曼氏无针乌贼等渔业资源重要的产卵场和索饵场。2003 年浙江省人民政府正式批复同意成立韭山列岛省级海洋生态自然保护区，保护区面积 1 149.5 平方千米，以资源的恢复和增殖为目的，重点保护以大黄鱼、乌贼为主的重要海洋渔业资源。2009 年已申报升格为国家级海洋生态自然保护区。韭山列岛牧场化资源保护区规划建设区 4 000 公顷，分三期实施，海洋牧场一期位于南韭山东北侧（大青山—上竹山—中竹山—下竹山—南韭山）海域，区域面积约 1 200 公顷；二期位于南韭山西侧（官船岙—南韭山—蚊虫山）海域，区域面积约 1 600 公顷；三期位于南韭山南侧（蚊虫山—积谷山）海域，区域面积约

1 200 公顷。韭山列岛牧场化资源保护区以海洋生态自然保护区建设为基础，加大资源增殖放流的力度，重点投放资源保护型人工鱼礁，促进保护区自然种群恢复，带动周边海域环境质量的改善和资源的恢复。

上述在建和规划建设的海洋牧场是浙江省主要在建和规划建设的海洋牧场，其中，象山作为浙江最早开展的海洋牧场，相对而言，从规模、建设进度到经验都较其他为成熟。浙江省所建海洋牧场区的栖息地主要有人工鱼礁及海藻场建设等形式。象山港、渔山列岛、韭山列岛、白沙岛等多个牧场区都建设有人工鱼礁区。象山港环境条件多样，人工鱼礁建设以鱼类繁殖保护、贝藻资源增殖和休闲垂钓为方向，分别建设白石山洋鱼类资源保护型鱼礁群、强蛟群岛附着性贝藻礁和休闲垂钓型鱼礁群等三个鱼礁区。渔山和韭山列岛海域洋面开阔，水深条件适宜，是人工鱼礁建设的主要区域。“十三五”期间在渔山列岛北渔山东北侧、韭山列岛南韭山西侧、蚊虫山—积谷山南侧海域建设资源保护型和资源增殖型人工鱼礁。但近岸海域由于受浑水和淤泥质海底的影响，底栖大型藻类的种类和数量相对较少，适宜移植海区不多，海藻场建设的规模和范围不及人工鱼礁区。规划在象山港及渔山列岛海域进行规模化海藻移植，尚在试验和观察阶段。从近些年反馈的各方面信息来看，各牧场及示范区的渔业资源发展良好，放流标志回捕的效果表明放养鱼苗的生长都较为正常，存活率也比较高，社会调查反馈也显示，牧场区捕捞或垂钓效果都较以往有改善，尤其是恋礁性鱼群，捕捞率和上钩率都明显回升，放流效果明显。

（二）海洋环境现状

1. 地理区位

浙江省地处中国东南沿海，长江三角洲南翼，东临东海，南接福建，西衔江西、安徽，北邻上海、江苏。地势由西南向东北倾斜，大陆海岸线曲折，岛屿众多，海底地形复杂，紧邻其东部是广阔的东海。浙江省海域北起平湖金丝娘桥，南至苍南县虎头鼻，包括专属经济区和大陆架，海区面积达 26 万平方千米，其中陆架 2 227 万平方千米，陆架外 3. 73 万平方千米，分布着杭州湾、象山港、三门湾、浦坝港、乐清湾等许多海湾。

2. 沿海岛屿

浙江省沿海及海岛绝大部分被火山—沉积岩系覆盖，地层系统主要为磨石山群和永康群，沿海地区主要为燕山晚期晚白垩世岩浆频繁侵入。主要海湾有海相堆积地貌、侵蚀剥蚀丘陵地貌等，根据海底地形变化及深线分布特征，浙江近海及邻近海域分为四大地形区：杭州湾地形区水深呈现北深南浅的基本特征，北部发育了系列深槽，中部海底平缓，南部为淤涨区域；舟山群岛地形区是天台山向东北方向延伸入海的出露部分，呈北东走向依次排列，南部海拔较高，多为大岛，北部地势较低多为小岛；浙江近岸斜坡地形区内，近岸至 60 米水深区域，等深线大致平行海岸线走向，20 米至 40 米等深线之间，海底底质整体向东南方向倾斜，水深大于 40 米以外海域的海底地形相对平坦。整体呈现由西北向东南方向慢慢倾斜；浙江毗邻陆架沙脊地形区，呈现由西北向东南、近平行、线状排列，线状沙脊分布甚广，几乎到达陆坡边缘。

3. 气候状况

浙江省属亚热带季风气候区，年降雨量 1 200~2 200 毫米，自西南向东北递减。浙东南沿海地区及西南山区降雨量最多，大约在 1 600~2 200 毫米；杭州湾两岸雨量最少，在 1 200 毫米左右。浙江省全年有两个主要雨季，第一雨季出现在 5 月初至 6 月底，即梅雨季，梅雨季节降雨强度不大，但持续时间长，全季雨量在 300~700 毫米之间，约占全年雨量的 25%~38%；第二雨季始于 7 月底至 9 月，即台风雨季，该季节降雨强度大。浙江省近海也是我国强潮海区之一，其潮差普遍较大。岸边、港湾潮差大，越往东潮差越小；近海和岛屿区的潮差从北往南，从东向西逐渐增大；港湾区的潮差从湾口至湾顶逐渐增大，越近岸边的潮差越大；港湾区潮差杭州湾最大，乐清湾、三门湾次之，台州湾、温州湾最小；宁波—舟山深水港因岛屿众多，水道纵横交错且深，流路复杂，故是浙江近海潮差最小的海域。

4. 近海水温

浙江近海水温，从平面看，分布反映了沿岸流、台湾暖流和东海黑潮流的相互关系。夏季水温比冬季高 10~20 摄氏度，全域从东北向西南存在明显的温度锋，锋面强度以夏季底层为最。浙南西侧海域表层，台湾暖流北伸现象夏季较冬季更偏西，浙南东南部海域，夏季底层有发育良好的冷水舌，冬季无论是表层还是底层，均代之以范围小得多的暖水舌向西北突入。从垂向变化看，杭州湾水文春夏均匀，水平变化不大，夏秋仍表现出高低温或低高温相间；而舟山群岛外海春、秋、冬三季呈现垂向均匀状态，夏季时 20 米上下存在强温跃层，跃层上面呈现不同温度的高温水体，跃层下面潜伏冷水块，并且由近海向外海，水温逐渐增加；浙中海域春、夏、秋三季水温层化明显，近岸区春、秋、冬水温垂向均匀；浙南海域夏秋两季水温垂向均匀，夏秋两季近岸水温偏高。浙江海域盐度，春季表层和底层分布相近，都会开始降盐；夏季由于近海盛行偏南风，风速小，降水量大，表层和底层盐度为全年最低，秋季呈现夏季到冬季的过渡性，普遍开始降盐；冬季垂向混合增强，表、底层海水盐分布态势几乎一致。

5. 海域环境

海洋区域的氮磷复合是浙江近岸海域和主要港湾存在的首要环境问题，从历年的《海洋环境质量公报》不难发现，无机氮和活性磷酸盐是浙江海域的主要污染物，特别是浙北的长江口邻近海域、杭州湾以及浙南的乐清湾，污染更为突出，由此引发的赤潮对近岸生态环境带来一定的危害。而且，观测数据对比显示这种氮磷复合一直呈现不断上升的趋势。象山港、三门湾和乐清湾等港湾的海水养殖是当地氮磷输入的重要来源之一，近岸海域的其他营养盐参数呈现近岸海域高，离岸低，湾内高，湾外低的总体分布趋势，受陆源污染影响较为明显。重金属在沉积物和海水中的含量水平也呈现近岸高、离岸低的分布趋势，受人类活动排放污染物影响较大。浙江近岸海域自身氮磷含量水平本身就高，加上特定的温度和水文条件，使得浙江近海成为我国赤潮的高发区域，进而影响了浙江海域溶解氧、pH 值、有机碳等化学参数的季节性变化。

（三）渔业资源现状

浙江有着广阔的海洋渔场，浙江渔场占据东海大部分海域，东海区沿海有江苏、浙江、福建、上海三省一市，实施 200 海里专属经济区以后，存在着中日、中韩划界和渔业共管区。所辖海区南起苍南县的虎头鼻，北至平湖市的金丝娘桥，即 27°12′—31°31′N 之间，自南至北分布有温台、温外、渔山、鱼外、舟山、舟外以及部分长江口和江外等传统渔场。海域西部为广温、低盐的沿岸水系，东南部外海有高温高盐的黑潮暖流流过，其分支台湾暖流和对马暖流控制着浙江渔场大部分海域；西侧则有以江河径流汇集的黄海沿岸流和东海沿岸流分布，中间广阔海域为两大流系相互作用的海区。北部有黄海深层冷水楔入，三股水系相互交汇，由于大量的江河径流入海，带来丰富的营养物质，使海域水质肥沃、饵料生物丰富，自然环境为渔业资源提供了良好的繁殖、生长和越冬条件，年渔场水温范围 5~29 摄氏度，在海礁、大陈岛以东海域，周年水温在 12 摄氏度以上，具有热带、亚热带海洋性质，季风交替、四季分明、光照较多、雨量充沛。与海洋环境条件相适应的渔业资源区系特征，多属暖温性和暖水性种，冷温性种少。渔业资源有鱼类、甲壳类、头足类、贝类、藻类等。其中，贝类和藻类主要为沿海养殖对象。

1. 鱼类资源

浙江省东海区渔场丰富的水生生物资源使得浙江成为海洋捕捞渔业主要生产地，使东海渔场成为目前我国渔业资源比较丰富、生产力最高的渔场。浙江渔场有鱼类 700 多种，作为主要捕捞对象的只有 30~40 种。20 世纪 60 年代初，由江苏、浙江、福建和上海有关单位组建的东海区水产资源调查委员会，在 27°30′—31°30′N 之间禁渔线以西的渔场开展过为期 2 年的调查，在未公开发表《浙江近海渔业资源调查报告》中记载鱼类 220 种，其中软骨鱼类 40 种，硬骨鱼类 180 种，此后出版的《东海鱼类志》（朱元鼎等，1963）首次记载产于浙江海域的鱼类为 368 种。80 年代初，浙江省海洋水产研究所主持过“浙江省大陆架渔业自然资源调查和渔业区划”，在未公开发表的《海洋鱼类资源调查报告》及《浙江省大陆架渔业自然资源调查综合报告》中记载了浙江省累计采集并鉴定的鱼类有 365 种，隶属于 32 目 138 科，其中软骨鱼类 49 种，硬骨鱼类 316 种。90 年代初，“浙江省海岛游泳生物调查”课题后发表的《浙江省海岛海洋生物资源游泳生物调查报告》中未见鱼类名录及种数增补。除了大规模调查外，近 20 年来，有关局部海域的鱼类调查也偶有所见，如《舟山海域海洋生物志》（毛锡林，1994），记述舟山海域鱼类名录 317 种；《东海深海鱼类志》（邓思明等，1988）记载东海深海鱼类 243 种，其中 173 种分布于浙江海域；《舟山海域鱼类原色图鉴》（赵盛龙，2005）记述舟山海域鱼类 465 种[①]。浙江渔场是我国渔业生产力最高的渔场之一，是东黄海主要水生生物资源的发源地，渔场中尤以舟山渔场闻名全国，其海域自然条件优越，是我国主要捕捞海产品产地。杭州湾是带鱼、梅童鱼等多种经济鱼类产卵场及稚幼鱼

① 赵盛龙，陈健，余法建．浙江海洋鱼类种类组成、区系分布及资源特征研究［J］．浙江海洋学院学报（自然科学版），2012，01：1-11.

索饵场；舟山近海是带鱼、绍鱼、小黄鱼、坳鱼等重要经济鱼类产卵场及稚幼鱼索饵场，也曾是我国主要海洋经济鱼类大小黄鱼、乌贼、鲳鱼、带鱼的主要产卵场和越冬场。我国著名的“四大渔产”——大黄鱼、小黄鱼、带鱼和乌贼的产卵场主要集中在浙江渔场；其他如鲳鱼、鳓鱼、马鲛鱼、海鳗和梭子蟹、经济虾类的产卵场也主要在浙江沿岸和近海。从生态属性可以将浙江渔场的鱼类分为沿岸种（鲥鱼、石斑鱼、黄鲫、鲻鱼、褐菖鲉等）、近海鱼（带鱼、鲳鱼、小黄鱼、白姑鱼、马鲛鱼等）和外海鱼（马面鲀、黄鲷、绿鳍鱼、方头鱼、短尾大眼鲷等）三类。沿岸种鱼类主要分布在沿岸低盐水系控制下，单鱼种年产量在几千吨到几万吨不等；近海种鱼类对温度、盐度适应性较强，一般生活在高、低盐水系交汇的混合水域和偏高盐水一侧，相对沿岸种鱼类群体数量较大，是主要经济种，也是渔业重要的捕捞对象，如带鱼年产量在40~50万吨，鲳鱼年产量在10~15万吨；外海种鱼类适温适盐性较高，分布在大陆架外缘，也是外海鱼长期重要的捕捞对象，资源数量最大的马面鲀最高年份超过10万吨，其他鱼类数量较少，单鱼种年产量在几千吨至上万吨不等。

2. 虾类资源

浙江渔场虾类资源在沿岸近海和外海产量都十分可观。历史上以利用沿海种类为主，近现代后随着拖虾技术的发展，外海的虾类资源也得到开发利用，虾类产量明显上升。近年来，浙江省虾类产量超过60万吨，约占海洋总捕捞量的20%，是浙江渔场重要的捕捞对象。根据海域环境条件，可以分为广温低盐种（安氏白虾、中国毛虾、脊尾白虾、细螯虾、鞭腕虾等）、广温广盐种（中华管鞭虾、葛氏长臂虾、哈氏仿对虾、鹰爪虾、滑脊等腕虾等）和高温高盐种（大管鞭虾、须赤虾、毛缘扇虾、高级管鞭虾、凹管鞭虾等）。广温低盐种虾类主要分布在沿岸，其中，中国毛虾、脊尾白虾、安氏白虾是优势种，中国毛虾产量最高，近几年年产量超过20万吨；广温广盐种虾类在沿岸和外海都有分布，其中葛氏长臂虾、中华管鞭虾等资源链较大，是浙江北部渔场和南部近海渔场拖虾作业重要的捕捞对象；高温高盐种多分布在外海，因为水深较深，尚未得到利用。

3. 蟹类资源

历史上浙江渔场以利用三疣梭子蟹为主，随着作业工具的发展，其他种类如细点圆趾蟹、铁斑蟳等外海范围的蟹类资源都得到开发，产量迅速增加。近几年浙江蟹类年产量已超过10万吨，最高可到16万吨（2006年）。浙江渔场经济蟹类资源同样可以分为广温低盐种（青蟹、天津厚蟹、弧边招潮、日本大眼蟹等）、广温广盐种（三疣梭子蟹、细点圆趾蟹、红星梭子蟹、双斑蟳、锈斑蟳等）和高温高盐种（光掌蟳、武士蟳、卷折馒头蟹、长手隆背蟹、艾氏牛角蟹等）。广温低盐种蟹类中青蟹是渔业捕捞对象和养殖对象，其他蟹类经济价值不大；广温广盐种蟹类是浙江渔场蟹类生物量较大的类别，三疣梭子蟹和细点圆趾蟹数量较大，都是渔业重要的捕捞对象；高温低盐种蟹类中光掌蟳和武士蟳也是重要的捕捞对象。

4. 头足类资源

头足类是浙江渔场重要的渔业捕捞对象，历史上盛产日本乌贼，浙江省产量最高年份可达6

万吨（1959 年和 1979 年）。但是在 20 世纪 80 年代强化的捕捞致使日本乌贼渔汛消失。90 年代通过开发利用外海和远洋，使头足类产量明显上升，近年来成为海洋捕捞重要的渔获对象，头足类产量已超过 30 万吨占全省海洋捕捞量的 10%左右。其中，太平洋褶柔鱼和剑尖枪乌贼随季节和水温变化形成季节性洄游，北上索饵交配，南下越冬产卵，形成若干地方群，在特定时节可以捕获；此外，有针乌贼类和蛸类虽然规模也不大，也是底拖网和蟹笼作业的捕捞对象①。自新中国成立后，从浙江省捕捞实践看，捕捞力量不断变强，渔船从木帆船逐渐发展到机动渔船，捕捞强度也不断增大，捕捞产量不断提升；但是，高强的捕捞超越了浙江省近海和外海生物资源的承受能力，捕捞结构调整没到位，渔场不断向外海扩展，虽然捕捞总量维持平稳，但是单位捕捞力量渔获量连年下降，而且，渔获组成和渔业资源结构也发生了变化。自 1999 年始，东海鱼类捕捞量逐渐步入“零增长”阶段，海洋资源总数随之降到历史最低。浙江渔场现在的资源量降至大概 400 万吨到 500 万吨，合理的可捕量应占资源量的一半，而浙江目前实际的捕捞量早已超出该合理范围捕捞量。总的捕捞量超标，而且，浙江海域单位渔获物出现严重下降——单位渔获量从 1965 年 2.5 吨/千瓦，下降至 1990 年只有 0.62 吨/千瓦。近年来随着各种保护和休渔制度的实施，渔获量平均维持在 0.87 吨/千瓦。不仅如此，浙江渔场传统的经济鱼类中，曾占海洋捕捞总产量的 60%~70%的四大鱼类——大黄鱼、小黄鱼、带鱼和日本乌贼资源由于过度捕捞相继出现衰竭，至 20 世纪 80 年代末，小黄鱼、大黄鱼和日本乌贼渔场消失，渔汛也消失了，其中，大黄鱼资源基础严重破坏，近些年资源仍得不到恢复，每年只有上百吨；小黄鱼、带鱼、鲳鱼等鱼类产量也直线下降，出现个体小型化、低龄化的严重问题，而且生理学特征也出现衰竭，资源得不到恢复，仍然很脆弱。此后，为了满足鱼类的需求所开发的外海马面鲀资源在开发利用 20 年时间后也出现资源衰退的问题。一些尚未开发利用的上层鱼类资源和作为鱼类捕食对象的虾、蟹类、头足类和小型鱼类等次生资源成为主要捕捞对象，渔业资源结构发生重大变化，呈现出生命周期短、营养阶层低、群体组成简单的特征。这种变化虽然具有生长快速、繁殖能力强、资源恢复快的优势，但是易受到渔场环境变化而引发巨大波动，如果加上强大的捕捞压力，资源衰竭会更加急速。加之近三十年来，由于水域污染不断加剧、拦河筑坝等工程严重影响，浙江省海域的生态环境遭到严重破坏，沿岸海域的环境受到一定程度的污染，海域出现荒漠化的趋势，鱼类等资源的生存和洄游环境遭到破坏，海洋中营养层级不断下降。而且据测算，近几十年来，东海区水生生物资源的平均营养级不断降低，20 世纪 60、70 年代在 2.7~2.8 级之间，90 年代加权平均为 2.47 级，近年更在 2.43 级以下。

从 20 世纪 90 年代末起，为了维护浙江省近海海域的渔业资源，保护海洋生态环境和生物链的完整，浙江在近海多地开展渔业人工增殖放流和其他资源保护措施。在浙江省最大的舟山渔场建有省级增殖放流区、种质资源保护区和人工鱼礁渔场。舟山渔场主要增殖品种为大黄鱼、乌贼、对虾、黄姑鱼、三疣梭子蟹、海蜇等。浙南、浙中海域是作为浙江省重要海产品产地，其重要性

① 张海生．浙江省海洋环境资源基本现状［M］．北京：海洋出版社．2013. 411-440.

日趋明显，台州、温州等水域建设的一批人工鱼礁区渔场是优良的增殖放流场所。象山港为浙江省首选的增殖放流区域，在象山港开展的对虾增殖项目曾获得国家科技进步一等奖，主要增殖品种为对虾、黑鲷、乌贼、大黄鱼等。就目前东海渔业资源的总体状况而言，沿岸和近海渔业资源利用过度，外海尚有潜力；底层及近底层资源特别是传统资源利用过度而且衰退，而中上层鱼类、部分外海虾类、头足类（主要指鱿鱼和枪乌贼）及小型鱼虾资源还有较大的开发潜力。具体地说，大、小黄鱼、曼氏无针乌贼、马面鲀、鲳鱼等资源利用过度，带鱼、鲳鱼、马鲛鱼、海鳗、黄姑鱼、梭子蟹、近海虾类等资源已充分利用；鲐、鲹鱼等上层鱼类、鱿鱼、枪乌贼等头足类、部分外海虾类、外海底层小宗资源等尚有开发利用潜力。反映在生产上，则是从80年代开始，因近海传统资源衰退，外海渔场的开发，作业的不断调整，捕捞对象从少数传统经济鱼类为主转变为多品种、多类群地利用。1984年起大黄鱼、小黄鱼、带鱼、墨鱼“四大鱼产”的比例已下降到30%以下，1990年更降到20%以下，90年代除带鱼还维持在15%~18%的比例外，大、小黄鱼和曼氏无针乌贼的合计比例2%以下；而虾蟹类比例则不断上升，1985年超过20%，1995年更曾达30%左右而超过“四大鱼产”的比例，到90年代基本维持在18%~22%之间。此外，鲐、鲹等上层鱼类、头足类比例有上升趋势，而马面鲀的渔获比例由于外海绿鳍马面鲀资源衰退呈现出波动中下降趋势。目前渔获的大宗类群分别为虾蟹类、带鱼、蛤鱼类、头足类等。沿岸的小型鱼虾产量近年也有逐年上升趋势，尤其是龙头鱼、黄鲫、梅童鱼等营养级较低的种类[①]。

（四）产业发展现状

蓝色牧场是以牧场养殖为核心，同时伴随海水种苗业、海洋捕捞业、水产品加工业、冷链运输业、休闲渔业等一系列蓝色牧场的生态产业体系的发展。浙江省对于牧场养殖的不断规划和发展，也促进了相关产业体系的先后成长。

1. 海水种苗业

作为蓝色牧场生态产业体系的源头产业，经过十几年的发展，浙江省海水种苗产业已经形成了一定的产业基础。从“十五”以来，浙江省将海水种苗业作为渔业工作的重点，围绕优势主导品种和本地特色品种，积极实施海水种苗工程建设，通过政策扶持和引导，促进形成了四大主导产业和优势特色产业，有效地促进了苗种生产的发展。围绕龟鳖类、海水蟹类、珍珠类等水产养殖主导产业和罗氏沼虾、翘嘴红鲌、青鱼、厚壳贻贝、鲟鱼、观赏鱼等优势特色产业原良种供应需求，浙江省现已建成国家级水产原种场5家，省级水产良种场19家，省级优质种苗规模化繁育基地16家，还有4家国家级原良种场、3家省级良种场和1家国家级罗氏沼虾遗传育种中心。浙江省组织省内外涉渔高校、科研院所、推广机构、国家级和省级水产原良种场等单位，开展了中华鳖、珍珠蚌、罗氏沼虾、乌鳢、大黄鱼、文蛤、泥蚶、三疣梭子蟹等水产种质改良与选育工作，取得了显著成效。已育成中华鳖日本品系、清溪乌鳖、罗氏沼虾“南太湖2号”、杂交鳢“杭鳢1

① 徐汉祥：《跨世纪东海带鱼资源利用和管理若干问题的探讨》，《浙江海洋学院学报》2000，19（3）：197-203

号”4个国家水产新品种，对发展优质高效渔业起到了重要的促进作用。

但是浙江发展时间不足，水产原、良种场数量不足，规模有限，这限制了优质苗种的稳定供应，满足不了生产能力。此外，养殖品种中未经选育的野生种占80%以上，未经遗传改良的苗种占95%以上，这引发了养殖品种种质退化，抗逆性和抗病性都较差，生长周期延长，经济效益不能最大化。而且人工繁育的名优养殖对象仍在少数，大部分的名优养殖对象的人工繁育尚未得到解决，只能依靠捕捞天然苗种，这限制了规模和效益的提升。

2. 海洋捕捞业

浙江是海洋捕捞大省，近海和远洋捕捞历来产量十分可观，不仅是浙江上百万个渔区渔民赖以生存的经济来源，也是浙江重要的海洋经济来源。如表4-1所示，浙江省海洋捕捞的产量和产值在近十年间都相对稳定，海洋捕捞的产值稳中呈现不断上升，尤其是相对20世纪的捕捞产量而言，捕捞的总的渔获量近些年维持在300万吨左右的水平，是一个很大的突破。

表4-1　浙江省2004—2013年海洋捕捞产值和产量

年份（年）	产值（万元）	产量（吨）	单位捕捞能力（吨/千瓦）
2004	1 649 329	3 220 358	0.91
2005	1 882 700	3 142 573	0.90
2006	2 001 531	3 119 084	0.80
2007	2 187 300	2 514 920	0.67
2008	2 104 314	2 545 219	0.69
2009	2 151 289	2 773 510	0.80
2010	2 566 490	2 986 602	0.84
2011	2 151 289	3 264 905	0.90
2012	3 551 863	3 451 070	0.92
2013	3 575 291	3 560 186	0.95

资料来源：《中国渔业年鉴》2004—2013年

虽然捕捞产量增长，但是并不意味着浙江省捕捞效率的提升。20世纪50年代，海洋渔业资源丰富，尽管捕捞能力比较低，但是每千瓦的渔获量都比较高，1960年约为每千瓦3吨，但是伴随捕捞能力的提高，每千瓦的渔获量却下降。从1965年每千瓦2.5吨，降至1975年1.61吨，1985年降至0.93吨，1990年只有0.62吨，尤其是70年代中期至90年代初，下降速度比较明显，这反映了当时渔业资源数量与捕捞强度之间的尖锐矛盾。自1995年以后，由于对捕捞力量的控制，加之捕捞渔船报废制度和伏季休渔等一系列保护措施，每千瓦的渔获量逐渐停止下降的趋势有所回升，每千瓦的渔获量较为稳定，波动在每千瓦0.8~0.9吨之间。

3. 海水养殖业

作为蓝色牧场生态产业体系的核心产业模块，浙江省海水养殖业发展极为迅速，取得了很大的成就。“十一五”期间，养殖规模不断扩大，养殖种类不断增加，品种结构得到改善；养殖模式多样化，规模化养殖、生态养殖发展较快；渔业科技创新能力和支撑能力不断提高。

浙江省从2004年至2013年海水养殖业的发展趋势如表4-2所示。从养殖面积上来看，尽管海水养殖面积于2007年开始出现大幅收缩并有进一步收缩的趋势（这主要是因为工业用地占用养殖围塘，其次填海造田工程、跨海大桥占用浅海地区等工程直接导致面积的缩小），但是海水养殖的总产量呈现大致平稳的发展态势，总的经济产值于2010年突破百万元大关，呈现良好的增长势头，而且单产水平也呈现稳中上升的趋势，这主要归功于养殖技术的不断提升和推广。虽然就产量和产值而言，海水养殖与海洋捕捞产量相比，差距仍然较为明显，但从海水养殖量在浙江渔业所占比重看，2013年海水养殖量占海洋渔业产量的比重逐步上升至13.22%，在一定程度上缓解了浙江省海洋渔业资源的压力，其所占地位也是极为重要的。

表4-2 浙江省海水养殖发展现状

年份（年）	面积（公顷）	产量（吨）	单产水平（千克/公顷）	产值（万元）
2004	118 285	929 440	7 858	966 047
2005	112 436	881 107	7 837	915 800
2006	109 055	886 147	8 126	962 806
2007	56 750	861 274	15 188	952 400
2008	96 139	830 785	8 641	870 222
2009	94 514	764 565	8 089	896 195
2010	93 905	825 730	8 793	1 091 385
2011	90 839	844 941	9 302	896 195
2012	89 747	861 364	9 598	1 293 400
2013	89 358	871 700	9 755	1 419 116

资料来源：《中国渔业年鉴》2004—2013年

浙江省海水养殖主要集中在宁波市象山县和奉化县、台州市三门县和玉环县、温州市乐清县以及舟山市嵊泗县和普陀区，其中象山县与三门县是海水养殖业的主产区。浙江省海水养殖对象以贝类和甲壳类为主，贝类养殖业主要品种有蛏、牡蛎、蚶，甲壳类主要包括南美白对虾、牡蛎、蚶、梭子蟹、青蟹，藻类主要品种有紫菜与海带，鱼类的养殖面积和数量都相对较少。此外，海水养殖呈现多样化，主要以池塘、底播和筏式为主，同时，网箱、吊笼、工厂化等多种养殖方式也都有较好的利用，产出也十分可观。

此外，除了传统的经济鱼类、贝类和甲壳类，浙江省不断根据本省海洋环境，进行新型特色品种的培育和推广。2012年浙江重点推广了南美白对虾（30.2万亩）、中华鳖（16.2万亩）、海水蟹类（其中锯缘青蟹11.4万亩、三疣梭子蟹7.5万亩）、珍珠蚌（11万亩）等4大主导品种。

4. 水产品加工业

浙江省水产品加工行业是传统优势行业。浙江省水产品加工企业数目众多，2013 年，浙江省水产品加工企业数量 2 181 个，居全国首位；共加工海水水产品 2 050 348 吨，数量也十分可观。但是，浙江省水产品加工行业存在限制行业发展的重要因素——企业规模普遍较小。行业中足够规模的企业能够充分提高资源的配置效率，发挥资本优势和人力资源优势，采用先进的设备、技术和管理经验提高企业的生产能力和经营能力，从而实现规模经济；相反，小规模企业容易受到生产要素和经营理念的限制，导致资源的浪费和效率的下降。2013 年，浙江省水产品加工行业规模以上行业仅 367 个，仅占企业总数的 17%左右。如表 4-3 所示。水产品加工业同样发达的辽宁省、山东省等地，规模以上企业的数目比重较高，尤其是辽宁省，规模以上企业比重超过加工企业的三分之一，在调动资金、研发和吸引人才等方面都有足够的优势。

表 4-3　2013 年个别省份水产品加工企业发展比较

省份	加工企业总数（个）	规模以上企业总数（个）	水产品加工能力（吨/年）
辽宁省	909	385	2 847 999
山东省	2 024	675	8 768 354
浙江省	2 181	367	2 749 912
福建省	1 189	409	4 262 682
广东省	1 077	128	2 593 668

资料来源：《中国渔业年鉴》2013 年

浙江省开始逐渐重视科学技术的开发和应用。近些年中，浙江为了推动水产品加工从传统的加工方式（包括干晒、腌渍和糟渍等）进行拓展和深化，从产品深加工、产品质量保障、加工技术升级等一系列的科技专项入手，重点推进超低温冷媒取代制冷剂直接冷却平板、超高压技术进行鱼骨酥化及蛋白酶深度水解、酸性离子水降低二氧化硫残留及冷杀菌控制微生物等高科技生产技术，并且根据加工技术的引进及研发，先进设备的投入，以及消费市场的需求，水产品加工业不断优化，呈现传统的干制品、腌制品以及大块冷冻产品向方便化、营养化、多样化、卫生化的方向转化，陆续开发了丁香鱼、膨化鳗鱼片、面包虾片、汤记鱼饼等品种，这些产品采用小包装，因其便于携带、食用而受广大消费者青睐，产品畅销京津沪等各大城市。随着科技的发展，市场的需求，浙江省在生产中不拘泥于单一的加工方式，而是把传统加工工艺进行不断改进，引进新的加工技艺。如眯眼食品公司对传统的盐渍加工工艺进行改革，生产出的虾虮、鱼生、泥螺、醉螺等产品，进入欧美市场。

此外，浙江逐渐突出品牌的建设。通过保护和扶持，充分发挥浙江海鲜地理商标和区域名牌在推动产品推介、产业提升等方面的积极作用，并逐渐取得一些成绩。比如，杭州千岛湖鲟龙科技发展有限公司是位居全国首位的鲟鱼养殖、加工、出口企业。自 2005 年创建“KALUGA

QUEEN”品牌以来，瞄准世界中高端市场，致力于高品质和口感的鱼子酱开发，严格质量管理，不仅得到国际权威专家的认可，更成功进入了汉莎头等舱，彰显了鲟龙公司产品的实力和认可度，成为浙江省品牌的典范。2012 年，鲟龙公司的“KALUGA QUEEN”鱼子酱销售总额超过 1.2 亿元，产量占全世界总量的近 8%，位居世界第四、国内第一。

5. 冷链运输业

浙江水产品冷链物流系统以海水捕捞、现代渔业养殖和水产品加工为依托，以宁波、舟山、台州等渔业生产基地作为支撑，通过整合现有分散的水产品加工企业和物流企业，建成一体化的水产品冷链物流体系。2013 年，浙江省冷库数量达到 1 487 座，仅次于山东省（2178 座）；冷冻能力达到 42 952 吨/日，位于全国第三，次于辽宁省和山东省；冷藏能力超过 92 万吨/次，位于全国第二位，仅次于山东省；每日制冰可达 27 795 吨，仅次于山东省。2013 年，浙江省生产水产冷冻品 1 644 084 吨，现有冷库数量基本可以满足浙江省水产冷冻品的需求。浙江的物流系统十分发达，这给予了浙江冷链物流以更好的平台。利用发达的物流体系满足水产品特殊的市场要求。

浙江水产品冷链物信息化比较普及，水产品冷链流系统的网络平台设计以现代物流系统运作为核心，满足产品销售渠道中各个层次的不同需求。第一步整合从原材料采购到分配整条供应链中的每一个必不可少的环节。第二步对于国内相对于比较落后的环节，采取扶持和协助发展战略，制定更加严格的法律制度。第三步应用先进网络信息技术，保证食品质量的同时加强公共信息平台的建设，加速完善集中管理和透明化程度，达到面向全国供应链需求和贴近客户的目的，在本地网络的基础上加强与跨国际网络的沟通，完成基础数据库网络体系建设。

6. 休闲渔业

随着经济的不断发展和人们收入的提高，人们对旅游的消费要求越来越高，休闲渔业有很大的市场需求，是一个有着旺盛生命力和强烈吸引力的产业。浙江海域面积为 26 万平方千米，是陆地面积的近两倍多，拥有丰富多彩的滨海旅游资源。全长 6 700 千米的海岸线长度居全国第一，海岛星罗棋布，面积超过 500 平方米的海岛有 3 061 个，岛屿约占全国海岛总数的 44%，亚热带气候的温暖和湿润造就了清新宜人的自然环境和独特多样的自然景观，海洋文化相较于其他沿海地区特色更加鲜明。同时，浙江省悠久的历史，又遗留下众多文化遗产，因此，浙江省的旅游资源既有滨海自然资源，又涵盖人文资源及深厚的文化底蕴，为浙江省海洋休闲渔业注入了更多的生命活力和吸引力。近年来，浙江沿海地区大力倡导继承与创新相结合、凸显地域特色、打造文化品牌，繁荣海洋文化、发展海洋经济，使得海洋文化的发展和海洋经济的发展共同进步，形成相互促进及融合的新局面。

浙江起步相对较早，其有丰富的海洋旅游资源及优越的海洋地理位置。以滨海旅游业为例。在浙江，舟山的普陀山及宁波的象山海洋旅游开发较早，综合性海洋旅游项目，有观海听潮、张网、烧烤、游泳、垂钓、野外求助等，得到大家的喜爱与欢迎。海洋旅游业的发展已经占据了海洋经济发展的大部分比例，成为海洋经济发展的重心。浙江省高级旅游区包括一个世界地质公园、

2个国家地质公园、5个国家级风景名胜区、5个国际级海洋自然保护区（特别保护区）、10个国家森林公园，另有6个省级旅游度假区、18个省级旅游区、17个省级森林公园，初步形成了一批被大家所熟知的海洋旅游品牌，如：朱家尖的沙雕节、象山开渔节和普陀山“金山角”等。尤其是近些年，浙江省接待滨海旅游游客年均2亿人次，总收入年入2 000亿元，充分体现了浙江海洋文化对于消费者的强大吸引力。

除此之外，浙江利用沿海居民“与海相伴、靠海为生”的劳作方式，集中力量开发特色的民俗节庆文化，体现了渔业文化的人文情怀。岱山的渔歌号子旋律粗犷豪放、节奏欢快和谐；沿海地区祭海仪式壮观，凸显出海洋文化的博大精深；石浦的渔文化历史源远流长，形式多样，每年开渔节以开船仪式及祭海仪式最具震撼力。这些年浙江省各级政府通过引导，充分挖掘各地海洋民俗文化，各种涉海类民俗活动50余个，并且出现了许多国内著名的节庆品牌，充分展示了浙江地域形象。①

二、发展特征

浙江利用牧场化养殖来实现渔业资源和海洋环境的修复，尤其是通过海洋牧场建设已有数年，在这个长期过程中，通过不断探索和钻研，已取得初步的成效，为浙江省近海渔业和环境起到了一定的保护作用。其发展特征有以下几点：

（一）牧场建设依靠自身探索

作为“蓝色牧场”的重要环节——海洋牧场建设，美国于20世纪70年代提出较为完整的海洋牧场建设的理论和实验研究并付诸实践，在针对鱼礁投放、增殖放流等一系列的环节都具有较为成熟的经验。我国自提出开发建设海洋牧场的设想后，先后有沿海省份进行开创性的试验和扩展并取得较好的效果。国内建设效果最理想、时间也较早的是山东、辽宁等省，其先天条件更为优越，建设规模更大，积累了丰富的经验，有相对典型和成功的案例与经验。例如辽宁“獐子岛”模式等为我国海洋牧场建设提供了诸多经验。

浙江关于牧场建设不仅起步较晚，更为主要的是，浙江省海域特征与山东、辽宁等地不同，近海海域泥沙较多，地质柔软，这种沿海松软的海域特征也需要对牧场投放和养殖等方面相关技术标准不同，尤其是关于人工鱼礁的投放等诸多技术和操作要求不同，现有的国内外经验没有针对浙江省现实海洋状况，而已有的现成模式不可供利用，教条地搬来只能造成资源的浪费，只能通过相关机构和部门不断的理论和实践探讨进行试验调整，在实验性的建设中“量身定做”符合浙江省本省海域特征的方式。近些年，相关部门和科研机构针对浙江省人工鱼礁投放和浙江省海洋牧场建设等进行了相关的调研、理论研究和实验性建设，通过对浙江省沿海海域特征的研究，合理的规划和实验性投放，不断探索并调整浙江省适合建设海洋牧场的区域、技术和模式。虽然

① 刘晓彤．基于海洋开发背景的鲁浙海洋文化比较研究［D］．浙江海洋学院，2014.

取得一定的成绩，但是经验的缺乏导致牧场建设进展的缓慢，仍然处于起步阶段。可以针对浙江省的特征，进行总结规划，但是不能急功近利，出现事倍功半的不利结果。

（二）科技兴渔成为重要手段

对于先进科学技术，浙江省给予充分的支持。“十一五”期间，浙江省建成涉渔类专业实验室40余个，其中省部级重点实验室10个，新建各类涉渔科技创新服务平台、创新中心和区域高科技园区11个，通过国家审定的水产新品种4个，获得省、部级以上科技成果奖励25项。通过责任渔技推广制度的全面落实和“渔业科技入户”示范工程的实施，建立了6个省、部级渔业科技入户示范县，推广了10大主推品种、18项主推技术，应用面积130余万亩。“十二五”中计划的投入更多，在高校、研究所等科研主要来源的科研计划投入达到海洋经济总产值的2.5%。牧场建设实现通过人工鱼礁建设、大型藻类移植、贝类底播增殖、资源增殖放流等方式，在海洋中建立高效碳汇的生态系统。

“十二五”期间，浙江省将科技兴渔作为一大重点，组建渔业产业创新技术联盟，引进和培养高层次专业人才，完善渔业科技创新体系建设，深入实施渔业科技入户和渔民技能培训工程，全面推进责任渔技员制度，加强水产技术推广体系建设。同时，加快种质选育、设施养殖、疫病防控等技术的研究与推广，加快碳汇渔业、资源养护、海洋牧场等技术的研究与应用，探索海洋微藻规模化养殖与生物能源开发，加快精深加工、海上保鲜、冷链物流等技术的研究与应用，为发展高效、安全和生态养殖业、建设生态屏障、建设现代加工物流业提供技术支撑。

（三）产业链支撑仍显薄弱

“蓝色牧场”所涉及的相关产业链包括上游的苗种培养以及下游的鱼类和藻类加工、冷链物流以及第三产业的海洋休闲旅游等产业。浙江省关联产业支撑之前较显薄弱，水产苗种繁育体系现有育苗单位苗种培育软硬件设施尚待改善和提升，与牧场发展相适应的规模化苗种繁育基地还没有系统构建，同时，增殖放流和人工鱼礁投放的相关技术研究也并不到位；牧场现有渔业资源仍然多数不能进行品种精深加工，或是实现其他非初级产品的利用价值，传统海藻加工企业也占据大部分，不能实现牧场区藻类品种为主的加工产品的研究和开发，多数企业规模也相对较小，产业链的组织协同能力弱。

在“十二五”期间，浙江省海洋经济在这些领域开始加大投入，加大对于科研机构的投入，着力兴建水产种苗繁育中心，推广优质种苗的培育，提高遗传改良的种苗覆盖率；鼓励水产加工业规模扩大和设备更新，从融资、政策等渠道进行扶持；开发休闲渔业的种类，包括对于自然景观、民俗文化和渔业文化的集中保护和推进，推出一系列具有特色的休闲渔业“名片”。产业链各环节都有了一定的基础。

（四）生态修复功能为重点

浙江省所临东海海域，由于地处长三角附近，所属经济区域在过去几十年中城市工业经济发展迅速，在带来可观的经济财富的同时，所造成的海洋环境污染是一个相当严重的问题。相对于通过牧场建设快速取得经济效益的目的，浙江省目前现阶段对海洋牧场建设的重要性在于对于海洋生态系统的修复。通过海洋牧场建设，不断完善海域用海布局规划，严格控制管理海域使用权，并完善相关处罚和保障措施，通过法规的政策约束所在海域的对于渔业资源过度索取的不良行为，尽可能缓解海洋生态环境的进一步恶化，并通过牧场的渔业资源放流和生态屏障建设，人为促进生态系统的缓慢修复，尽快使得浙江省临近海域生态环境良好有序循环运作，最终通过生态系统的良好恢复，在一定时间之后取得经济效益和社会效益的实现。

第二节　浙江蓝色牧场发展影响因素

利用海洋资源，构建“蓝色牧场”，拓宽海洋产业尤其是第三产业的延伸，缓解生态、环境和资源压力，实行可持续性发展是当前沿海省市的共同努力。近年来，广东、福建、山东青岛、崂山利用各自区位条件和自身优势等关键因素先后进行了不同特色的实践和尝试，并取得了不错的成效，对当地海洋经济的发展都起到了显著而高效的推动作用。浙江省作为“全国海洋经济建设示范区”，是海洋经济发展的重点省份，享有得天独厚的优质海洋资源以及各项政策和区位优势，能够利用自身的优势开展“蓝色牧场”成为浙江省海洋产业发展新内容，基于这一形势，探究浙江省发展“蓝色牧场”的优劣势，明确浙江省发展“蓝色牧场”的关键影响因素，能够更好定位浙江省“蓝色牧场”的构建方向和方式，探索出属于浙江本省特色的发展途径。

一、自然条件

浙江省先天的自然区位、渔业等资源和近海环境是发展蓝色海洋牧场的决定性基础因素。

（一）区位因素

浙江省作为我国临海大省，交通和战略地位显著。宁绍平原，位于长三角南翼，东海之滨，其先天地理区位优势十分显著，战略地位凸显。浙江省海域位于长江黄金水道入海口，北联上海市海域，南接福建省海域，毗邻台湾海峡和日本海域，对内是江海联运枢纽，对外是远东国际航线要冲，在我国内外开放扇面中居于举足轻重的地位。沿海和海岛地区位于我国“T”字形经济带和长三角城市群核心区，海域位于长江黄金水道入海口，毗邻台湾海峡，是全国“两横三纵”城市化战略格局中沿海通道纵轴的重要组成，长三角地区与海峡两岸的联结纽带。宁波—舟山港口、杭州湾跨海大桥等重大交通工程建设使杭州湾城市群有机相连，沪杭、杭宁、杭长等城际高铁建设及其与台湾航线的开辟，使浙江与台湾、珠三角地区和沪苏闽皖赣等周边省市联系更加紧密，对中部地区的辐射作用不断加强，有利于浙江本省渔业对全国其他省份的输出。同时，浙江省与沿海省市的密切联系，既与渤海之滨——山东青岛交通便利，又与台湾省遥相呼应，同时拥有钓鱼岛的战略重地，对我国渔业资源和海洋经济全国的统筹安排起到重要的衔接作用。

浙江省港口交通发达，港口群逐渐形成。浙江省位于长江三角洲地区南部，东海之滨，南接海峡西岸经济区，东临东海，西连长江流域和内陆地区。深水海岸线漫长，海域面积广阔，港口资源数量多，质量好，具有很大的开发潜力；港口资源在地域上分布均匀，共有宁波—舟山港、温州港、台州港和嘉兴港四个主要沿海港口，大中小配套，具有建设区域组合港的条件。其中有“东方大港”之称的北仑港，连接起水、陆、空、铁等现代化的交通体系，区域内外海陆交通联系便利，紧邻国际航运战略通道，其交通畅达程度尽显无遗，交通区位条件极为优越。海岸线绵长，各地港口资源所具有的各种功能亦较齐全，加工、储运、流通等都具有一定基础。宁波—舟山港基本实现统一品牌、统一规划，大浦口集装箱码头、平凉谭铁矿石中转码头等联合建设项目已经展开。以宁波—舟山港为基础，以宁波港集团为核心，通过对嘉兴、温州、台州等港口码头项目的合资建设、合作运营，浙江省港口联盟建设雏形已形成。2010 年宁波—舟山港已成为全球最大综合港、六大集装箱干线港，在全球沿海港口体系中的战略地位不断提升。浙江省优良的国际区位优势，也有利于我国包括水产品在内的国际贸易、物流的良好发展，也具有深化国内外区域合作、加快开发开放的有利条件。

浙江省的先天区位潜能是“蓝色牧场”建设的基础，浙江省先天的地理位置和交通优势有利于相关产业如冷链物流的便捷式发展，而且交通的发达有利于产业链的相互作用更加紧密，提升产业链的关联度，也对其他地区有良好的辐射作用。

（二）自然资源

浙江省海域面积 26 万平方千米，是陆地面积的 2. 5 倍；海岸线长达 6 486. 24 千米，占全国总长度的 20. 3%，深水岸线 506 千米；面积 500 平方米以上的海岛 3 061 个，占全国海岛总数的 2/5；浙江 11 个地级以上城市有 7 个连接海洋，沿海或海岛县（市、区）有 37 个。漫长的海岸线和大陆架结构赋予浙江省丰富的海洋生物资源和能源资源。

浙江海域海洋生物资源种类多、数量大。浙江省漫长的海岸线为海洋生物的生存和繁衍提供了适宜的环境。浙江省近海渔场 22. 27 万平方千米，是我国最大的渔场；近海最佳可捕量占到全国的 27. 3%，是渔业资源蕴藏量最为丰富、渔业生产力最高的渔场。不仅如此，浙江省海洋生物种类繁多，据浙江省舟山海洋生态环境监测站 2007 年的生态环境质量报告，浙江省近岸海域共有浮游植物 394 种，浮游动物共有 170 种，底栖生物共 131 种。初级生产力空间分布从高到低依次为浙南海区、浙北海区、浙中海区；浮游植物密度和生物量均很高，以硅藻类为主；浮游动物具有近岸种类较少，离岸区域种类丰富的特点；底栖生物以低盐沿岸种和半咸水性河口种为主，包括甲壳类、软体动物、多毛类、鱼类、棘皮动物、腔肠动物和大型藻类；游泳生物是海洋捕捞的主要对象，共计有 439 种；药用海洋资源丰富，可供保健和药用的海洋生物有 420 种。其中，自 20 世纪 60 年代至今，曾常年形成鱼汛的“四大鱼产”——大黄鱼、小黄鱼、带鱼、墨鱼，一度为舟山人民创造了巨大的财富。良好的地理位置和自然条件赋予浙江省海洋渔业的繁荣发展，使得浙江省海域能够适合众多渔业资源的生存，海水养殖、增殖放流的资源种类丰富程度得到极大提高，同时，丰富的渔业资源种类满足了浙江省沿海地区发展海洋休闲渔业的需要，如果能够通过人工增殖放流实现合理的保护，就能够充分实现海洋休闲渔业的价值。

海洋资源较为丰富。浙江省广阔的海域和漫长的海岸线、众多的岛屿，蕴藏着丰富的矿产、港口、渔业、旅游、油气、滩涂、海岛、海洋能等资源，组合优势明显，具有加快发展海洋经济的巨大潜力。浙江省海岸线 6 486. 24 千米；可规划建设万吨级以上泊位的深水岸线 506 千米，约占全国 30. 7%，相对集中分布于宁波—舟山港域，是我国建设深水港群的理想区域。同时，众多岛屿将舟山海域分割成诸多条件不一的海区，形成了特殊的自然资源优势和区位优势，是我国渔业生产力最高的海区，也是我国全球四大渔场之一，海洋捕捞量 300 万吨，居全国第一，滩涂资源面积近 400 万亩，约占全国 13. 2%，具有和城市、产业良好组合的条件，是我国沿海经济带建设的重要新空间，也是维护国家海洋权益、深化对外开放、保护海洋生态的重要载体。海洋能蕴藏丰富，可开发潮汐能装机容量占全国 40%、潮流能占全国一半以上，利用潜力巨大。东海石油资源主体部分位于浙江海域，储量居全国第二。此外，浙江省气候温和湿润、地貌形态多样，海洋文化特色鲜明，人类活动历史悠久、文化积淀深厚，自然禀赋与人类活动的叠加，形成了丰富多彩的自然和人文旅游资源。但是，浙江省具有特色的海洋人文旅游资源的开发和保护尚显不足，不能形成较大规模，尚待进一步的规划和建设。

浙江省“蓝色牧场”构建，丰富的海洋资源是其基础资源的保障。渔业资源的丰富为传统的捕捞业和养殖业提供条件和基础保障，丰富的海洋资源有利于休闲渔业、加工业等相关产业的进一步发展。

二、海洋生态与环境

高速的经济增长和生活水平的提高之下，浙江省居民生活废水和工业污水排放也日益增多，浙江省七大水系和长江的内陆水域的污染物也流向海域；近岸海水中充斥着陆源氮、磷和有机污染物。部分地区养殖业发展速度过快，养殖品种、养殖方式和养殖规模缺乏科学的规划和指导，加上养殖技术、饲料加工、水生物免疫和病原生物研究相对滞后；大肆的捕捞使海洋生物链破坏，海洋生态系统不能自行进行有效的物质循环和与外界的物质循环。近年来，虽然浙江省近海海域污染得到一定程度的缓解，但总体形势依然严峻。近岸海域污染尚未得到有效控制，近岸湿地遭到破坏，杭州湾、甬江口、乐清湾、台州湾等港湾呈严重富营养化。有毒赤潮和复合型赤潮发生频率不断上升、范围不断扩大、持续时间不断增长。海洋生物生境不断萎缩，一些重要鸟类、海洋经济鱼类、虾、蟹和贝藻类生物产卵场、育肥场或越冬场逐渐消失，许多珍稀濒危野生生物濒临绝迹。此外，由于随着沿海地区人民群众的环境意识的不断增强，以及海洋开发与生态环境保护矛盾日益突出，统筹协调开发与保护的压力与日俱增。如果不能及时遏制并改善浙江省近海海域环境，必将对浙江省海洋相关产业带来致命打击，造成海洋产业不可逆转的损失，也会影响资源环境的可持续发展。

浙江省近海主要为东海海域，东海海域是我国四大海区中污染较为严重的海区，2013 年监测显示东海全海域二、三、四及劣于四类的水质面积为 1.36 万平方千米、0.86 万平方千米、0.58 万平方千米和 2.48 万平方千米，浙江省 12 个养殖区内全年综合水质达到良的占 66.7%，较 2012 年下降了 4.7 个百分点，无机氮和活性磷酸盐普遍超标严重，综合水质较 2012 年有所下降。近岸海域除了夏季水质相对较好，春、秋、冬三季海域污染严重，已经超越了海洋生物正常生存和繁衍的承受范围。2013 年，浙江仍先后发生 236 起污染事件，包括数起较为严重的污染事件，直接造成经济损失 460 万元。加上随着工业化和城市化的推进，大量水域滩涂被围垦、占用，养殖空间不断减少；捕捞强度过大、海上交通频繁和海底管线等公共基础设施的建设，近海的养殖和可捕捞面积正在进一步缩小。

浙江省近海环境的污染，在一定程度上影响了浙江省沿海海域鱼类、贝类和藻类的生存环境，影响了生物的繁衍，也直接破坏了天然的海洋自然条件，从而直接影响了捕捞业、养殖业、水产品加工业、休闲渔业等产业发展。

三、科技与管理

“蓝色牧场”的生产、养殖、流通和销售是集育种、养殖、捕捞、加工、运输、销售等环节于一体的综合性产业体系。蓝色牧场的建设，首先对科技发展与应用提出挑战，它从建设选址、施工工艺到苗种规模化培育、安装投放、鱼类行为控制和监控、市场运作乃至资源调查、环境监测监控和评估等都需要先进的科学技术和管理作为强有力的后盾。其涵盖了建造工程、生物工程、种苗培育和养殖、环境工程等多个交叉学科方面的专业认知，在传统的海洋产业中更多的引入现代生物技术、船舶技术、信息技术、新能源和新材料以及环保技术和管理知识等，在现代市场经济条件下，结合市场需求指导生产，将市场需求和生产供给结合起来，保障渔业整条产业链上的信息流畅和资源共享，通过紧密联系的流通与销售，在满足社会需求的前提下实现生产能力的最大化和资源的优化配置。完全改变传统海洋渔业以经验为生产依据，以简陋粗糙的工具为加工和运输手段的状态，要以先进的技术和管理经验为基础，通过产业链上下游主体的纵向协作，通过引导信息流通和共享，将过去单一企业发展逐步转变成为整个产业上全部企业的和谐共存。

在渔业科技创新方面，浙江从 20 世纪 90 年代以来通过组织实施深水网箱及其产业化、海水增养殖、水产品精深加工、海洋生物资源开发等科技兴海重点项目，在深水网箱设备开发、养殖技术和产业化规模上均取得不错的成绩，使得海洋渔业现代化和高科技水平大大提升。通过各科研部门的协作，推广先进实用技术，大大提高了水产养殖科技水平，通过“底增氧”先进实用技术的推广，大棚养殖、生态养殖、错季多茬养殖方式的发展，大大提高养殖效率，形成南美白对虾、贝类、紫菜、大黄鱼、梭子蟹等养殖产业。同时种子种苗工程建设取得重大突破，成功突破了岱衢族野生大黄鱼、曼氏无针乌贼、三疣梭子蟹等品种全人工繁育技术。开展了梭子蟹、泥蚶、缢蛏等良种选育研究，突破黄姑鱼、银鲳和马鲛鱼等本地野生经济种类的采捕和繁育技术难题，取得国家级良种场的突破。

浙江省当前处于生产第一线的专业型高技能人才相对不足，而从事经营管理职位人员也缺乏高水准的技能。他们大多是从传统渔业生产转产而来，利用长期从事渔业生产的经验重复传统产业的工作，专业技能不强，综合文化知识水平不高，缺乏更加开阔的视野，不能满足实践中的创新需求，在培养教育中所接受的知识技能也有老化的现象，前沿科技研究和成果不能得到发挥。此外，海洋高等人才的行业分布不均匀，出于就业压力，高职称、高学历的海洋渔业专业技术人才的主体大量集中在事业单位，拥有生产能力、最需要专业人力资源的企业拥有的海洋类专业人才相对不足而且流动频繁，科研成果集中体现在各高校，不能直接指导实践；最需要人才和技术成果的企业不能获取足够的人才和技术，主要依靠和高校产学研合作和农机推广服务，不能根据市场需求和行业发展展开自主创新，造成科技对海洋产业的供给效率水平较低。

如表 4-4 所示。浙江同海洋大省辽宁省及山东省相比，从科研人数、研发经费、专利数到受教育人数都存在巨大的差距。浙江省拥有国家海洋局第二海洋研究所、杭州水处理技术研究中心、浙江省海洋科学院、浙江省海洋开发研究院、浙江省发展规划研究院和浙江大学、浙江工业大学、宁波大学、浙江海洋学院等 18 个科研机构和 22 个专业高等院校，2013 年从事海洋科研工作的人数仅有 1 800 人，与辽宁省（2107 人）、山东省（3 864 人）等省市相比略显薄弱，尤其是面对浙江省对于海洋科技人才需求的巨大缺口更加明显。缺乏充足的人才影响了科技产出，集中表现为海洋科技成果的缺乏。

表 4-4　2013 年辽宁省、山东省、浙江省海洋科研实力比较

	辽宁省	山东省	浙江省
涉海就业人数（万人）	326. 80	533. 40	427. 50
海洋科研人数（人）	2 107	3 864	1 800
科研经费（万元）	1 134 799. 00	3 247 585. 00	1 333 885. 00
研发经费支出（万元）	63 453. 40	191 742. 80	33 119. 50
授予专利数（件）	1 807	904	159
专科以上受教育人数（人）	2 580	4 983	1 263

资料来源：《中国海洋年鉴》2013 年

科技、管理和人才是决定牧场建设的主要动力。先进完善的科学技术能够直接提高浙江省优质种苗的培育和珍稀鱼类资源的开发，同时在牧场的工程施工、生态环境的监测评估中也有所体现，加上先进的管理和人才的聚集，能够大大提高整个产业链的生产效率和资源的利用效率。

四、经济基础与设施

（一）经济基础

延长海洋产业链，发展海洋休闲渔业，需要较好的经济基础和广阔的市场，陆域经济发展为开发海洋资源的前提。而在全国的陆域经济发展中，浙江省始终名列全国前茅，具有雄厚的经济基础。浙江省2013年地区生产总值37 568.49亿元，增长速度稳居8个百分点，人均GDP也保持这一增长速度不断攀升。海洋产业生产总值达到5 500亿元，占浙江地区生产总值的比重达到15%，如图4-1所示。强大的经济支持为浙江省不断探索建设适合本省的“蓝色牧场”发展道路提供了财力基础和科技发展动力。此外，浙江省省内较高的人均收入水平持续提升，浙江城镇居民人均可支配收入37 851元，农村居民人均纯收入16 106元，分别比上年增长9.6%和10.7%，扣除价格因素分别增长7.1%和8.1%。城镇居民人均消费支出23 257元，农村居民人均生活消费支出11 760元，分别比上年增长7.9%和10.4%，扣除价格因素增长5.5%和7.8%。恩格尔系数也分别下降了0.7和2.1个百分点。较高的人均收入水平引发市场需求呈现多样化的特征，对渔业的需求也不仅仅停留在单一方面，呈现出更加多样化的特征，引发了对于休闲渔业等第三产业的极大需求；同时，浙江沿海地区对外开放的优势和优良的港口基础，也为满足国外市场需求提供了便利。这些都为发展规划以市场为引导的“蓝色牧场”提供了广阔的市场空间，能够长期承担起国内其他省份和国外市场的多元化市场需求。此外，浙江省在加工、储运、流通等方面都具备了一定的基础，“蓝色牧场”所能生产的产出物的加工和流通都有了后续保障。特别是改革开放以来，浙江省调整产业结构，优化产业布局，逐步调整第一、二、三产业的产业比例，由第一产业逐步向第二、三产业转移。浙江省海洋产业已经具备较为完善的体系结构，通过树立优质品牌不断提升产品标准化程度和产品附加值，极大的彰显了浙江省的发展潜力和活力，其发展势头不容小觑，逐渐成为国内经济发展最活跃、最快速的区域之一。

良好的经济基础为海洋产业的发展提供资金基础，有利于各行业资金的聚集和人才的汇聚。同时，经济发达的地区对于海洋市场的更为广大的需求进一步激发了相关产业的各个企业竞争的激烈度，促进进一步健康发展。

（二）融资渠道

“蓝色牧场”是一项公益性和效益性兼有的巨大工程，投资周期长，尤其是建设前期投入较大，其在开放海域建设规模较大，且“蓝色牧场”建设效益的显现有时间上的滞后性，尤其是前期示范区建设需要国家或地方财政支持引导，本着公益性事业以国家投入为主，经营性项目走与市场结合的原则，“蓝色牧场”建设规划投资主要通过各级财政资助、建设单位自筹、资源补偿及建成产出等多种渠道筹措。但在现实中，浙江“蓝色牧场”建设实际以政府和相关单位的财政为主。投资效益的不确定，尤其是浙江省海洋功能划分不明确、海域使用权不明晰的情况下，吸引社会资金投入有一定的难度，浙江省发达的各种民间资本并没有通过有效顺畅的融资渠道积极参

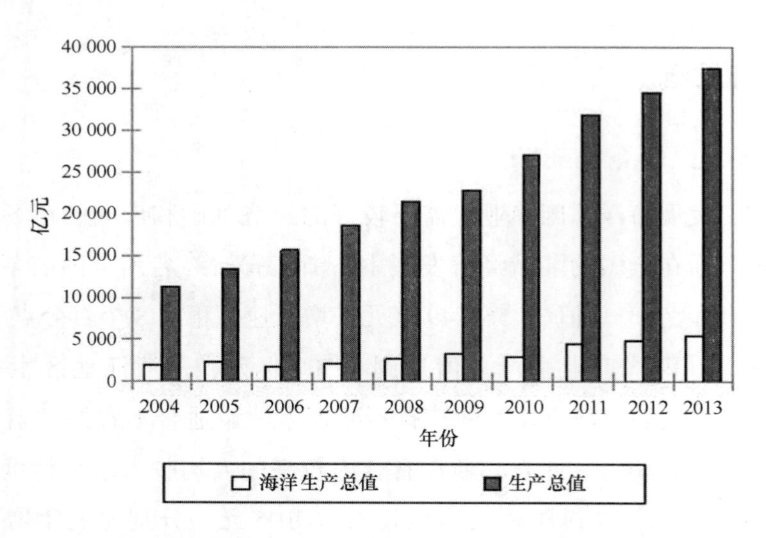

图 4-1　浙江省 2004—2013 年海洋生产总值与生产总值图

资料来源：国家统计局网站

与进来。这就浪费了市场上大量闲散资金所能够带来的收益，也没有发挥市场的作用。应制订优惠政策，运用市场机制，按照“谁投入，谁受益”的原则，吸纳民间资本进入“蓝色牧场”建设领域。浙江发达的私营经济为“蓝色牧场”的后续支撑和运营提供了广阔的空间，有利于资金的高效汇聚和利用率的提高。

（三）产业结构

“蓝色牧场”建设要求生物育苗、养殖、放流等产业链各环节间的稳定协作。如果产业基础不牢，物资装备低、劳动力素质不够、科技应用水平不高等问题都会在牧场建设中形成挑战。浙江省经济实力雄厚，但渔业偏重于传统的第一产业发展，而且普遍存在的小规模发展方式容易造成物资装备的落后和高质量人力资源的匮乏，限制了海洋产业链的规模化和范围化，“蓝色牧场”建设中形成过高的成本，也不能充分实现物质资源的合理配置和利用。尤其加之市场竞争和其他刚性约束，进一步阻碍“蓝色牧场”建设。产业组织化程度不高、抗风险能力较差、产业链较短等现状与现代化渔业市场要求的标准化生产、专业化分工、产业化经营之间的矛盾不断加剧，渔业经营体制机制与生产力发展水平不相适应的问题日益突出；尤其是在过去相当长的一段时间内，浙江省海洋经济发展过分倚重传统渔业，渔业转型升级引导示范力度不足，培育和发展战略性新兴产业仍处起步阶段。同时，伴随着海洋资源消耗过快，浙江省海洋捕捞产量不断突破现有资源的可承受范围，仅靠水产养殖作为海洋渔业支撑略显薄弱，且海洋渔业养殖业一直以贝类和藻类等产值较低的生物作为主要养殖对象，产品单一，抗风险能力差，海洋渔业地位不高，仍然停留在初级产品阶段。

近十年来，浙江省海洋产业中一、二、三产比例日趋合理，二、三产业逐渐后起发力，展现出良好的转变态势，2013 年，渔业经济一、二、三产结构比例为 40∶36∶24。据粗略估计，“十二五”中渔业（一产）产值年均增长3.1%，其中养殖捕捞业约为一产产值的60%，二产中涉渔工业和建筑业产值年均增长11%，水产品加工质量安全水平和数量都明显提高，优质、名牌产品比例不断提升，涉渔流通和服务业产值年均增长13%以上，“渔家乐”等休闲观赏渔业蓬勃兴起，浙江现有休闲渔业1 310家，从业人员1.48万人，总产出11.8亿元。二、三产业成为浙江省渔业发展的新的结构力量；但是，二、三产业内涵层次偏低，海洋经济产值仍以第一产业初加工产品为主，产业链短，二、三产业高附加值、高技术含量产品少，设施渔业、休闲观赏渔业、远洋渔业等新兴、战略性产业发展基础薄弱，面临竞争越来越激烈的新兴海洋市场缺乏优势，隐性风险增加，不能带动二、三产业的快速崛起；渔业管理体制机制不够完善，市场配置资源的基础性机制尚未健全，安全生产和水产品质量监管压力加大，行业管理和公共服务能力难以满足科学发展的需要。

海洋相关产业基础设施发展水平会影响牧场发展的速度。浙江省第一产业所带来的经济效益为向二、三产业转型提供经济基础和物质基础，但是二、三产业发展的速度过慢，会直接影响“蓝色牧场”产业链环节和布局的完整性，拉低整个系统的运转效率。

（四）市场需求

牧场的构建旨在通过人类的适宜干涉，利用海洋自生能力满足人类对海洋的需求。巨大的市场需求是浙江“蓝色牧场”建设发展的重要推动因素。尤其是随着社会经济的快速发展和人们生活水平的普遍提高，人们越来越重视对生活品质的要求和生命质量的提升，对于海洋及其产品的需求早已出现多元化发展的转变——从过去对水产品作为温饱食品的需求，逐步转变为食品、娱乐、休闲、保健等多元化、高质量的消费需求。海洋的开发和利用也必然要改变过去传统模式，通过不断的创新和调整变化才能适应市场的转变，满足人类不断改变的需求。以海水产品为例。在过去很长一段时间内，水产品是沿海地区的居民为了满足自身生存需要采用的主要生计，主要的渔获物也是直接消费，后来，海水产品以其高营养价值成为有一定消费能力的沿海和内陆居民的共同偏好。需求类型也呈现多种多样，鲜活产品、腌制品、冷冻品、产品提炼加工等一系列都是在市场需求下催生出现；同时社会意识的提升也促使对产品质量安全的提升和产品深加工的出现。水产品已经由过去的一种稀缺品逐步成为正常的消费品。

同时，不仅要考虑利用海洋所带来的物质产品的产出与丰富，更是需要结合陆域文化和海洋文化满足市场对于休闲需求的功能。通过不断开发休闲、旅游、娱乐等新型产业共同协调发展，更以其强大的经济辐射作用带动起社会周边产业经济的发展，形成海洋经济效益与社会效益的协调统一，形成新型的经济发展产业。

市场需求的变化直接影响牧场建设中的产业布局。当前，全球经济仍然呈现良好的发展态势，高水平收入的人群不断上升，在长期范围内对于高质量的水产品和旅游产品的消费能力和需求能力有扩大的可能，即对于二、三产业有强大的购买力和消费欲望。

五、政策导向

（一）政策方针

在党的十七大会议上，调整产业结构，促进经济发展模式转变已被列为重大决策问题。海洋渔业的粗放型发展模式以环境污染为代价，已经严重制约了可持续发展。韩国等国家通过建设牧场养殖而有效地解决了海洋渔业可持续发展问题，让我国看到了解决目前面临问题的出路。

“十一五”期间，我国的海洋经济取得了跨越式的发展，海洋经济在国民经济中所占的比重越来越大。从数值上可以看到，我国海洋生产总值从“十五”末的 1.77 万亿元，增长到 2010 年的 3.8 万亿元；从产业结构上来看，我国海洋产业结构第三产业已经逐步赶上第二产业，已经呈现出“三二一”的发展趋势；从年平均增长速度上来看，“十一五”期间，我国海洋经济产值的平均增长速度达到 13.5%。从辽宁沿海经济带、天津滨海新区、山东半岛蓝色经济区、江苏沿海经济区、长三角和珠三角经济区到海南国际旅游岛的建立，我国已经建立了从南到北的海洋经济带，海洋经济区域布局初步形成，海洋开发热潮涌动。

在 2011 年出台的“十二五”规划纲要中，海洋经济发展成为了一个独立章节，纲要明确指出必须坚持陆海统筹发展战略，制定和实施海洋经济可持续发展战略，提高海洋的开发利用和可持续发展能力，国务院于 2011 年 2 月正式批复《浙江海洋经济发展示范区规划》，浙江海洋经济发展示范区建设上升为国家战略。这是我国第一个海洋经济发展示范区规划，也是新中国成立后浙江省第一个国家级经济发展战略，这意味着浙江向海洋经济世纪迈进的大门已经正式洞开。

十八大又再次重申“提高海洋资源开发能力，发展海洋经济，保护海洋生态环境，坚决维护国家海洋权益，建设海洋强国”，并进一步提出重建战略意义的构建“海上丝绸之路”的设想。浙江省蓝色牧场建设将是恢复、发展海洋渔业经济的根本途径，这必然成为国家海洋发展战略中举足轻重的重要支柱力量，也是未来浙江省海洋经济领域甚至是浙江经济的重要推动力量。

（二）财政投入

近年来，基于国家海洋战略的高度，我国逐步提升对于海洋经济的关注，从中央到各级政府都明确表明对于海洋经济的政府投入的增加趋势。浙江省各级政府不断提高对于海洋经济发展的重视，“十二五”期间重点组织实施 8 大工程共 15 个项目，计划总投资 166.12 亿元。包括对于牧场养殖建设的重视和投入。在所建的数个牧场和资源保护区内逐渐加大政府的财政支出。以宁波市为例，牧场化养殖建设在“十二五”期间约投入 15 亿元，其中人工鱼礁建设作为最重要的内容，投资约 6.5 亿元，未调整渔业产业结构投资约 3 亿元，增养殖、放流投入约 2.3 亿元，其中 2013 年各级共投入资金 5 800 万元，应用于增殖放流生态修复，同时，利用政府投资或是补助的形式，建设种苗基地，提高养殖户优质种苗覆盖率；提升渔民主体素质，进行技术普及和示范；为规模较大的水产品经营者提供技术和人才支持，帮助建立品牌形象，并在国内外推广。逐步通过政府的投入引导海洋产业链的一步步成长。

第五章 浙江蓝色牧场发展潜力分析

鉴于数据可得性原则，本章把蓝色牧场初期发展中最为基础的海洋渔业作为蓝色牧场潜力分析的主体。对某个事物的发展潜力进行分析实质上就是分析该事物未来的发展空间，目的是为发展该事物提供科学的依据，因此，本章分析浙江蓝色牧场的发展潜力就是研究浙江“蓝色牧场”的未来发展空间，为浙江发展蓝色牧场提供依据。

本章从蓝色牧场的生态条件、全国海洋水产品的市场潜力、浙江海洋水产品的产出潜力以及浙江海洋水产品对浙江海洋经济贡献度展开系统分析。具体来说，本章将从四节内容展开，第一节分析蓝色牧场发展潜力现实依据，重点介绍蓝色牧场发展所依托的海洋生态系统及其承载力。第二节分析全国海洋水产品的市场潜力，对全国海洋水产品的消费趋势和需求进行预测，得出全国海洋水产品的市场潜力，为浙江大力发展蓝色牧场提供依据。第三节，分别从海洋捕捞和海洋养殖入手，预测未来几年中浙江省海洋水产品的捕捞产出和养殖产出及波动变化趋势，通过对浙江海洋水产品产出中的捕捞和养殖结构进行分析，得出浙江省海洋水产品发展的瓶颈，而大力发展蓝色牧场可以从根本上解决这一不足，同时也构成了浙江省发展蓝色牧场的发展潜力。第四节，在借鉴前人关于海洋水产品对海洋经济综合评价的研究的基础上，建立海洋水产品对浙江省海洋经济贡献的综合评价指标体系，利用浙江省实际数据，运用层次分析法分析浙江海洋水产品对浙江海洋经济的贡献水平，以期掌握浙江省海洋水产品的发展阶段，从海洋水产品对浙江海洋经济贡献度的角度，最终得出浙江海洋水产品的发展潜力。

第一节 浙江蓝色牧场发展的现实依据

“蓝色牧场”的发展离不开海洋生态系统的支持，海洋生态系统是“蓝色牧场”发展的载体，海洋生态系统包含了海洋鱼类的生存空间，也是海洋水产品生产平台。海洋生态系统的发展质量直接决定了蓝色牧场的发展潜力，因此，在蓝色牧场的发展中要遵循海洋生态系统的一般规律，本章将详细介绍海洋生态系统及其承载力。

一、海洋生态系统

（一）海洋生态系统的基本含义

海洋占地球表面积的70%，海洋是地球上综合生产力最大的一个生态系统，也是蓝色牧场所依托的生态系统。对于海洋生态系统来说，生物群落之间相互联系。动物、植物、微生物等是其中的生物成分，而非生物成分即是阳光、空气、海水、无机盐等构成的海洋环境，也是蓝色牧场的主要非生物成分，鱼类、甲壳类、贝类、藻类等生物则是蓝色牧场的主要生物成分。

同陆地生态系统一样，物质循环和能量流动是海洋生态系统的基本功能，是蓝色牧场的重要运行机理。一个在海洋中最普通的例子是：大鱼吃小鱼，小鱼吃虾，虾吞海蚤，蚤食海藻，海藻从海水中或海底中吸收阳光及无机盐等进行光合作用，制造有机物质，维持着这个弱肉强食的食物链。海洋生态系统的物质循环和能量流动都是一个动态的过程，在无外界干扰的情况下，就会达到一个动态平衡状态。因此，过度地开采与捕捞海洋生物，就会导致一个环节生物量的减少，这也必然导致下一个相连环节生物数量的减少。一个环节的破坏，就会导致整个食物链乃至整个海洋生态系统平衡的破坏，反过来，就会影响捕捞产量，近年来由于鱼虾等水产品的过度捕捞，破坏力超过了生物的繁殖力，使鱼虾等难以大量生存繁殖。海洋污染是海洋生态系统平衡失调的一大“罪魁”。海洋污染时，首先受到危害的就是海洋动植物，而最终受损的还是人类自身利益。因此在蓝色牧场运行的过程中一定要注意到整个系统的动态平衡，这样的蓝色牧场才能持续长久地运行。

（二）海洋生态系统的组成

蓝色牧场所依托的海洋生态系统由五部分组成，包括无生命的海洋环境（物质和能量）和海洋空间以及生命系统中的生产者、消费者以及分解者。其中，海洋空间主要是指海洋环境依托的平台，在这里指海域和海岸线；生产者就是海藻等植物；消费者是指不能自已制造有机物质、只能靠捕食为生的动物；分解者主要是微生物，它们是辛勤的“清道夫”，如果没有它们，海洋恐怕很快会被动植物的排泄物或遗体填满。在这个物质循环链中，每个环节都必不可少，它们相互依存，相互制约，相克相生，缺少任何一个，海洋生态系统这个机器就不能正常运转，蓝色牧场这个小型生态系统也难以长久存在。

由于海水中生活条件的特殊，海洋中生物种类的成分与陆地成分迥然不同。就植物而言，陆地植物以种子植物占绝对优势，而海洋植物中却以孢子植物占优势。海洋中的孢子植物主要是各种藻类。由于水生环境的均一性，海洋植物的生态类型比较单纯，群落结构也比较简单，多数海洋植物是浮游的或漂浮的，但有一些固着于水底，或是附生的。

在实际中，海洋空间常常由海岸线决定，在考察一个国家或地区海洋空间发展潜力时，海岸线是最重要指标之一。我国是世界上海岸线最长的国家之一，拥有漫长的海岸线给我国发展经济带来了众多便利，不仅有利于海水养殖业的发展，也是建设蓝色牧场所依托的有利条件。纵观蓝色牧场比较先进的日本、韩国和美国，其建设蓝色牧场所依托的自然条件均离不开漫长的海岸线所带来的天然利好资源。其中，日本素有岛国之称，海岸线长达 33 889 千米，岛屿林立，有 6 800 多个小岛；韩国东、南、西三面环海，属于半岛国家，海岸线全长约 1.7 万千米；美国是一个三面环海的国家，地处大西洋和太平洋之间，面临墨西哥湾和加勒比海，海岸线长达 22 680 千米。

我国的大陆海岸线长 1.84 万千米，另有岛屿岸线 1.4 万余千米，海岸线总长超过 3.2 万千米。

主要海洋省份的海岸线情况如表 5-1 所示。可以看出，浙江省的海岸线总长位于全国第二，其中大陆海岸线长 2 200 千米，岛屿海岸线长 4 286. 24 千米，海岸线总长达到 6 486. 24 千米。从具备的天然条件来看，浙江省具有发展蓝色牧场有利的海岸线条件。

表 5-1　我国主要省市的海岸线情况　　单位：千米

省市	大陆海岸线长度	岛屿海岸线长度	海岸线总长
广东	4 314. 1	2 553. 4	6 867. 5
浙江	2 200	4 286. 24	6 486. 24
福建	3 323. 6	2 119. 8	5 443. 4
山东	3 024. 4	688. 6	3 713. 0
辽宁	2 178. 3	700. 2	2 878. 5
广西	1 595. 0	531. 2	2 126. 2
江苏	1 039. 7	29. 8	1 069. 5
河北	409. 5	138. 4	547. 9
上海	167. 8	5. 8	173. 6
天津	152. 8	6. 8	159. 6

（三）海洋生态系统的主要特征

蓝色牧场的发展基于海洋生态系统，海洋生态系统的发展质量直接决定了蓝色牧场的发展潜力，因此，蓝色牧场在发展中要遵循以下 3 个海洋生态系统的发展特征。

1. 整体性

蓝色牧场所依托的海洋生态系统具有完整性，即海洋生态系统的构造完整和功能的齐全。只有维持生态构造的完整性，才能保证海洋生态系统动态过程的正常进行，使海洋生态系统保持平衡，使得蓝色牧场能够长久持续地运行。海洋生态过程的完整性是海洋资源可持续利用的基础，而海洋资源的可持续利用是蓝色牧场存在的价值。但人类对海洋资源的强大需求与有限供给之间的矛盾、海洋资源的多用途引发的不同行业之间的竞争以及人类利用海洋资源的观念、方式和方法，都直接关系到海洋生态系统的完整程度，从而对海洋资源的可持续利用产生影响。为此，一方面要正确解决资源质量、可利用量及其潜在影响之间的关系；另一方面在利用资源的同时更要注意保护资源种群多样性、资源遗传基因多样性；另外还要在不影响海洋生态系统完整性的前提下整合资源方式，减少资源利用中的冲突和矛盾，提高资源的产出率。

2. 协调性

首先是海洋资源的利用应与海洋自然生态系统的健康发展保持协调与和谐，这也是蓝色牧场建立和维护过程中所应遵循的一个重要规律。海洋生态系统的协调性主要表现为经济发展与环境之间的协调；长远利益与短期利益的协调；陆地系统与海洋系统以及各种利益之间的协调。只有协调处理好各种关系，才能维护海洋生态系统的健康，保证海洋资源的可持续利用。由于蓝色牧场属于半人工干预的养殖和管理，它是在充分利用海域空间及各种环境资源等条件的基础上加以适当人工干预，但是归根结底要使得海区的天然水质、水温、溶氧、pH 值等各项指标适宜目标生物的生长，这不仅需要保持海洋生态系统内部本身的协调，也要保证外在的干预不会影响到整个系统的协调性。

3. 公平性

海洋生态系统应该充分考虑当代人之间与世代人之间对海洋环境资源选择机会的公平性。当代人之间的公平性要求任何一种海洋开发活动不应带来或造成环境资源破坏，即在同一区域内一些人的生产、流通、消费等活动在资源环境方面，对没有参与这些活动的人不应产生有害影响；在不同区域之间，则是一个区域的生产、消费以及与其他区域的交往等活动在环境资源方面，对其他区域的环境资源不应产生削弱或危害。世代的公平性要求当代人对海洋资源的开发利用，不应对后代人对海洋资源和环境的利用造成不良影响。蓝色牧场是一种兼顾经济、生态和社会三个效益的较为理想的养殖模式，因此，蓝色牧场的生态效益决定了牧场的存在本身就考虑了与整个海洋生态系统的和谐相处，不会因为海洋牧场的开发产生生态环境的破坏，使得海洋生态系统可以长久持续地存在，不仅可以为当代人所用，也会为后代人服务，体现资源利用的公平性。

二、海洋生态承载力评价

不管是从海洋生态系统的含义、组成还是特征上看，其与蓝色牧场的建设和发展都有很大的关系，一个良好的海洋生态系统是蓝色牧场建设的前提和基础。本部分在借鉴前人研究成果的基础上，尝试将生态系统健康状态概念引入海洋生态承载力研究中，构建浙江省的基于生态系统健康的海洋生态承载力指标体系和评价标准，试图分析浙江省生态承载状况和海洋生态系统的健康水平，以期为浙江省蓝色牧场的建设提供现实参考。

（一）理论依据

海洋生态承载力是指在一定空间的海洋资源基础和某个规定的基本生活标准下，以海洋资源可持续利用和海洋生态环境良性循环为前提，海洋生态系统的自我维持、自我调节能力及对沿海地区社会经济发展规模和人口数量的最大支持力。基于生态系统健康的海洋生态承载力是指在一定社会经济条件下，海洋生态系统维持其服务功能和自身健康的潜在能力。它将海洋生态承载力与生态系统健康状态有机联系起来，由资源环境承载力、生态系统恢复力和人类活动潜力三部分组成。

本文主要借鉴前人研究成果，将生态系统健康划分为五个层次。① 如图 5-1 所示，*ON* 表示人类活动压力，*PM* 表示海洋生态承载力。对于任一相对独立的生态系统，一定的海洋生态承载力水平和承受的社会经济压力水平对应着一定的生态系统健康等级。当人类活动压力不变时，随着海洋生态承载力的增加，海洋生态系统状态趋于健康；当海洋生态承载力不变时，随着人类活动压力增加，海洋生态系统健康状态趋于病态。人类活动压力与生态承载曲线的交点 *Y* 与 *OM* 围成的区域 *OYM* 为生态系统健康区域，此时人类活动压力和海洋生态承载力对应的健康状态均处于健康或更高等级。*OPY*“承载力缺乏”限制区，此时人类活动的压力应严格控制在 *OY* 线之下，一旦突破临界线，生态系统即进入非健康承载区，海洋生态系统将退化或趋于病态。区域 *NYM* 是“压力过量”的限制区，此时海洋生态承载力的减少应严格控制在 *YM* 线之下，一旦突破此临界线，同样进入非健康承载区。Y、Y_1、Y_2分别为生态系统处于健康、亚健康和不健康状态时海洋生态承载力曲线上的点，对应的 $C(Y)$、$C(Y_1)$、$C(Y_2)$ 值为相应生态系统健康等级的海洋生态承载力标准值，则 $OC(Y_2)$、$OC(Y_1)$、$OC(Y)$ 和 *OM* 为海洋生态系统不同健康状态下的生态承载力范围。系统中人类活动过度的压力会导致健康临界点 *Y* 的下移，生态健康区域缩小，原有的承载力水平对应的健康等级下降。相反，人类活动对生态系统的改善作用将使 *Y* 上移，使原有的承载力水平对应的健康等级上升。

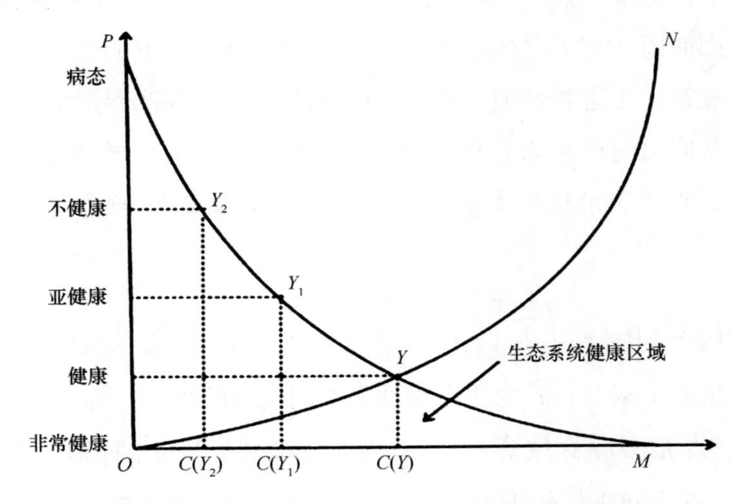

图 5-1　生态系统健康状态和生态承载力关系示意图

（二）模型解释

在对某一区域海洋生态承载力进行评价时，我们需要将它定量地进行描述和测度。为此我们需要采用一定的合适的研究模型对海洋生态承载力进行定量研究。

① 杨志峰（2005）、吴冠岑（2007）、狄乾斌（2014）等专家学者均用过此方法。

如图 5-2 所示的状态空间中，一定时空尺度内海洋生态系统内任何一种承载状况都可以用承

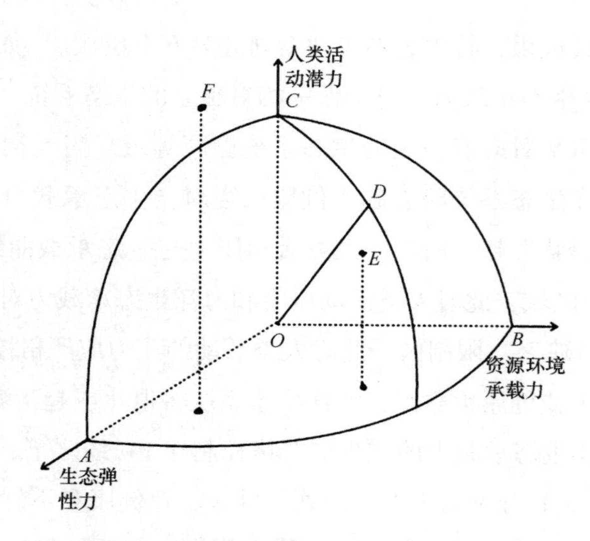

图 5-2　海洋生态承载力计量模型示意图

载状态点来表示。状态空间中的原点与系统状态点构成矢量模（如 *OD*）代表生态承载力量值。假设 *A*、*B*、*C* 为海洋生态系统处于健康等级的生态弹性力（生态系统的自我维持与自我调节能力）、资源环境承载力（资源环境子系统的供容能力）和人类活动潜力（与生态系统有关的人类活动影响力）的数值，则曲面 *ABCD* 为对应海洋生态系统健康水平下的生态承载力曲面。随着海洋生态系统健康状态的提高，生态弹性力、资源环境承载力和人类活动潜力的健康状态也随之提高，因此，任何低于 *ABCD* 曲面的点（如 *E* 点）表示生态承载力对应的健康等级趋于病态，任何高于 *ABCD* 曲面的点（如 *F* 点）表示该生态承载力对应的生态系统处于健康水平之上。其数学表达式为：

$$U_r = |M_r| = \sqrt{\sum_{i=1}^{n}(w_i E_{ir})^2 + \sum_{j=1}^{n}(w_j R_{jr})^2 + \sum_{k=1}^{n}(w_k H_{kr})^2} \tag{5-1}$$

式中：U_r 为海洋生态承载力；M_r 为生态承载力空间向量的模；E_{ir} 为 r 区域第 i 个资源环境指标在空间坐标轴上的投影；R_{jr} 为 r 区域第 j 个生态弹性力指标在空间坐标轴上的投影；H_{kr} 为 r 区域第 k 个人类活动潜力指标在空间坐标轴上的投影；w_i 、w_j 和 w_k 分别为第 i、j、k 个指标对应的权重。为消除指标数据间量纲和量级的影响，将指标进行归一化处理，式（1）可用于计算得到海洋生态承载力指数，用来表征生态承载力水平。

如果将生态承载力的动态性考虑其中，则基于生态系统健康的海洋生态承载力指数可表示为

$$U = f_i(E, R, H, S_P, T) \tag{5-2}$$

式中：U 为海洋生态承载力指数；E 为资源环境承载力指数；R 为生态弹性力指数；H 为人类活动潜力指数；S_p 为空间变量；T 为时间变量。

将所得海洋生态承载力指数 U、资源环境承载力指数 E、生态弹性力指数 R 和人类活动潜力指数 H 代入到生态系统健康评价标准中进行评价，可以得出其对应的健康水平。如表 5-2 所示，综合前文提出的基于生态健康的海洋生态承载力理论探讨与研究方法，本文主要选用狄乾斌（2014）的基于生态系统健康的海洋生态承载力评价标准。

表 5-2　基于生态系统健康的海洋生态承载力评价标准

指数	病态	不健康	亚健康	健康	非常健康
资源环境承载力	(0，0.001 5]	(0.001 5，0.045 1]	(0.045 1，0.169 7]	(0.169 7，0.246 2]	(0.246 2，+8)
生态弹性力	(0，0.026 4]	(0.026 4，0.046 9]	(0.046 9，0.118 9]	(0.118 9，0.345 7]	(0.345 7，+8)
人类活动潜力	(0，0.016 2]	(0.016 2，0.063 5]	(0.063 5，0.266 4]	(0.266 4，0.276 9]	(0.276 9，+8)
海洋生态承载力	(0，0.048 3]	(0.048 3，0.137 1]	(0.137 1，0.260 4]	(0.260 4，0.395 9]	(0.395 9，+8)

（三）指标构建

1. 指标选取

目前国内尚无统一的评价海洋生态承载力的指标体系，由于海洋生态承载力水平与生态系统健康状态息息相关，根据前文提出的理论和模型，借鉴前人已有研究成果，遵循综合性、尺度适合性、指标可得性和可操作性原则，最终选择了浙江省 2004 年至 2013 年 10 年数据进行对比，从资源环境承载力、生态系统力以及人类活动潜力三方面确定了衡量一般区域的海洋生态承载力指标体系，如表 5-3 所示。

表 5-3　基于生态系统健康的海洋生态承载力评价指标

系统层 A	准则层 B	指标层 C	权重
资源环境承载力指标 A1	资源利用 B1	人均海域面积 C1（平方千米/人）	0.004 3
		人均海洋水产品产量 C2（吨/人）	0.014 3
		人均海洋盐业产量 C3（吨/人）	0.128 2
		人均海洋矿业产量 C4（吨/人）	0.082 3
		海岸经济密度 C5（万元/平方千米）	0.095 9
	资源消耗 B2	万元 GDP 能耗 C6（吨标准煤/万元）	0.048 7
		万元 GDP 水耗 C7（立方米/万元）	0.085 5
	环境质量 B3	工业重复用水率 C8	0.042 3
		固体废弃物综合利用率 C9	0.008 0

续表

系统层 A	准则层 B	指标层 C	权重
生态弹性力指标 A2	气候条件 B4	年平均气温 C10（℃）	0.005 7
		年平均降水量 C11（mm）	0.040 6
	生物多样性 B5	浮游植物多样性指数 C12	0.016 4
		浮游动物多样性指数 C13	0.043 7
	生态质量 B6	湿地面积比例 C14	0.025 4
		海水养殖面积 C15（平方千米）	0.022 8
		森林覆盖率 C16	0.001 4
		海洋自然保护区面积比重 C17	0.081 2
人类活动潜力指标 A3	科技水平 B7	海洋科技课题数量 C18	0.057 2
		海洋科技人员比重 C19	0.056 0
	生活质量及教育水平 B8	恩格尔系数 C20	0.006 4
		在校生占浙江人口比例 C21	0.011 3
	系统交流 B9	海洋货运周转量 C22（亿吨/千米）	0.092 1
		海洋客运周转量 C23（亿人/千米）	0.030 1

2. 权重确立

由于各评价指标在总体中所起的作用不同，所以要将指标权重考虑进去。本文主要采用变异系数法确立指标权重。变异系数法是直接利用各项指标所包含的信息，通过计算得到指标的权重，是一种客观赋权的方法。在评价指标体系中，指标取值差异越大的指标，也就是越难以实现的指标，这样的指标更能反映被评价单位的差距。

由于评价指标体系中的各项指标的量纲不同，不宜直接比较其差别程度。为了消除各项评价指标的量纲不同的影响，需要用各项指标的变异系数来衡量各项指标取值的差异程度。各项指标的变异系数公式如下：

$$V_i = \sigma_i / \bar{x}_i \ (i=1, 2, 3, \cdots, n) \tag{5-3}$$

式中 V_i 是第 i 项指标的变异系数，也称为标准差系数；$\bar{x}_i$ 是第 i 项指标的标准差；是第 i 项指标的平均数。各项指标的权重为：

$$w_i = V_i / \sum_{i=1}^{n} V_i \tag{5-4}$$

3. 数据来源

基于生态系统健康的海洋生态承载力共计 23 个评价指标，其中工业重复用水率、固体废弃物综合利用率、年平均气温、年平均降水量和恩格尔系数 5 个指标通过查询《浙江省统计年鉴》直接得到；湿地面积比例和森林覆盖率2个指标通过查询《中国统计年鉴》直接得到；海水养殖面积、海洋科技课题数量、海洋货运周转量和海洋客运周转量4个指标通过查询《中国海洋统计年鉴》直接得到；人均海域面积、人均海洋水产品产量、人均海洋盐业产量、人均海洋矿业产量、海岸经济密度、万元GDP能耗、万元GDP水耗、海洋自然保护区面积比重、海洋科技人员比重和在校生占浙江人口比例10个指标通过相关数据计算得到；浮游植物多样性指数和浮游动物多样性指数2个指标取样于海洋环境监测局对浙江沿岸的杭州湾、乐清湾、象山湾、三门湾以及宁波舟山港五地监测到的数值平均值。

4. 数据处理

为消除不同指标量纲和数量级差对于评价的影响，需要对各项评价指标的原始数据进行规范化处理。正指标和逆指标分别按公式（5）和（6）处理，式中$X_{j\max}$和$X_{j\min}$分别为指标X_j的最大值和最小值。

$$Z_{ij} = (X_{ij} - X_{j\min}) / (X_{j\max} - X_{j\min}) \quad i = 1, 2, \cdots, n; j = 1, 2, \cdots, m \tag{5-5}$$

$$Z_{ij} = (X_{j\max} - X_{ij}) / (X_{j\max} - X_{j\min}) \quad i = 1, 2, \cdots, n; j = 1, 2, \cdots, m \tag{5-6}$$

（四）实证检验及结果评析

将处理过的标准化数据代入基于生态系统健康的海洋生态承载力评价模型中，再将所得指数值对应到表5-2的评价标准中，得出以下结果。

表5-4 浙江省海洋生态承载力各指数测度值及对应的生态系统健康状态

年份	资源环境承载力		生态弹性力		人类活动潜力		海洋生态承载力	
	指数	健康状态	指数	健康状态	指数	健康状态	指数	健康状态
2004	0.153 1	亚健康	0.051 0	亚健康	0.027 2	不健康	0.163 7	亚健康
2005	0.100 6	亚健康	0.059 5	亚健康	0.035 7	不健康	0.122 2	不健康
2006	0.082 2	亚健康	0.053 4	亚健康	0.036 7	不健康	0.104 7	不健康
2007	0.087 9	亚健康	0.052 8	亚健康	0.048 8	不健康	0.113 6	不健康
2008	0.091 2	亚健康	0.089 7	亚健康	0.046 8	不健康	0.136 2	不健康
2009	0.102 3	亚健康	0.050 9	亚健康	0.075 5	亚健康	0.136 9	不健康
2010	0.102 0	亚健康	0.057 8	亚健康	0.072 9	亚健康	0.137 5	亚健康
2011	0.123 0	亚健康	0.031 5	不健康	0.100 6	亚健康	0.162 0	亚健康
2012	0.136 9	亚健康	0.047 3	亚健康	0.112 4	亚健康	0.183 4	亚健康
2013	0.144 2	亚健康	0.057 9	亚健康	0.122 0	亚健康	0.197 6	亚健康

如表5-4和图5-3所示，最近10年浙江省海洋生态承载力指数存在先下降后上升的变化情况，总体上是处在一个波动上升的状态。2004年到2006年，海洋生态承载力指数从0.163 7下降到0.104 7；2006年到2013年，海洋生态承载力指数从0.104 7上升到0.197 6。其对应的健康状态整体上呈现出从亚健康到不健康再过渡到亚健康的变化过程。2004年，浙江省所处的东海较清

洁的海水面积为 2. 16 万 km^2，2006 年下降到 2. 09 万 km^2。2004 年，浙江省工业废水排放量为 50 003 万吨，直排入海 3 397 万吨；2006 年，浙江省工业废水排放量激增为 199 593 万吨，增长率高达 300%，其中直排入海 9 136 万吨，增长率为 169%。2013 年东海第一、二类海水水质海域面积增长到 3. 78 万 km^2，浙江省工业废水排放量下降到 163 674 万吨，直排入海量下降到 7 670 万吨。从浙江省沿海地区水质变化过程可以直观反映出浙江省在发展海洋经济初期，一方面对海洋过度开发利用；另一方面不注重海洋环境的保护，严重破坏了海洋生态系统的健康状态。而随着人们生活水平的提高，科学技术的不断完善，人们在发展经济的同时更加关注生态环境的保护问题，海洋生态环境得到改善。

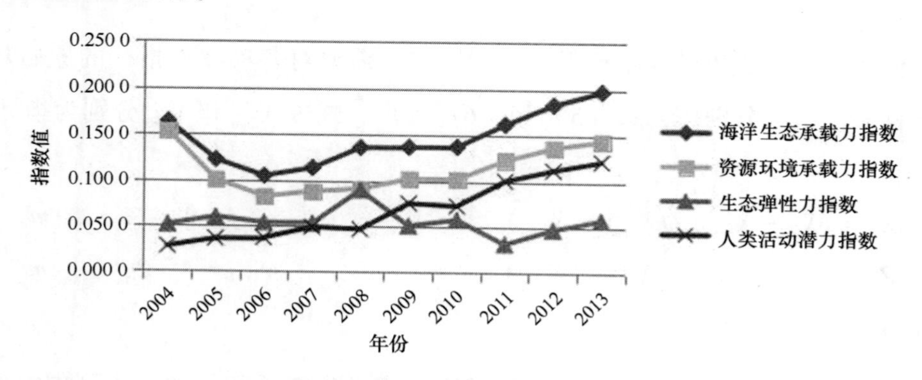

图 5-3　浙江省海洋生态承载力各指数变化图

1. 资源环境承载力指数呈现出先下降后上升的变化

从 2004 年的 0. 153 1 下降到 2006 年的 0. 082 2，再缓慢上升到 2013 年的 0. 144 2，健康等级一直处于亚健康状态。表明浙江省在评价时间初期，人类活动对于资源环境造成的负荷很大，在评价时间中后期，人类活动对资源环境造成的负荷在不断减少。资源利用方面，海洋经济密度上涨了 367%；资源消耗方面，相比 2004 年，2013 年浙江省万元 GDP 能耗和水耗分别下降了 46. 2%和 66. 5%；环境质量方面，工业重复用水率和工业废弃物综合利用率分别上升了 28. 78%和 11. 17%。究其原因，一方面，2004 年，浙江省海洋生产总值为 1 925. 9 亿元，2013 年上升到了 5 257. 9 亿元，平均每年增速高达 17. 3%，其中第一、二、三产业比重分别为 7%、43%和 50%，海洋产业结构不断趋于合理化，从“一二三”的初级阶段迈向了“三二一”的高级阶段，海洋第一产业比重的锐减在一定程度上缓解了海洋经济发展对海洋资源的依赖程度。另一方面，人们对海洋资源的过度开发和海洋环境保护的问题也越来越重视，资源消耗型的海洋经济增长趋势得到有效遏制。对于 2004 年资源环境承载力指数处于较高的水平，笔者认为主要原因是因为在海洋经济发展初期，由于海洋资源还并未充分开发，海洋资源较为丰富，资源环境对人类经济活动的支撑力较强，从数据也可以看出，2004 年，浙江省人均海洋水产品产量、人均海域面积、人均海洋盐业产量和人均海洋矿业产量均处于较高的水平，特别是海洋矿业，2004 年，浙江省开始开发海洋矿产，这在很大程度上提高了资源环境对人类活动的支持力。而在随后的两年中，由于资源的过度开发，这些海洋资源的产量不断下降，所以在2004年到2006年，资源环境承载力指数呈现出下降的态势。所以说，单纯依靠海洋资源和过度开发海洋资源这两种方式对于推进海洋经济的可持续发展都是不利的。

2. 生态弹性力指数较为稳定

基本处于0.05左右，其对应的健康状态也基本处于亚健康水平。气候条件方面，年平均气温和年平均降水量较为稳定，波动性不大；生物多样性方面，浮游植物指数逐年升高，浮游动物指数波动较大，2011年和2012年偏低；生态质量问题上，一方面湿地面积、森林面积增加；另一方面，海水养殖面积逐年减少，这都对生态质量的改善起到了促进作用。通过计算我们可以看出，2008年和2011年生态弹性力指数出现了一个最大值和一个最小值，2011年浙江省海洋生态承载力健康情况甚至出现了不健康的情况，笔者认为主要是因为海洋自然保护区建设对生态弹性力的影响导致的。2008年，为了迎接奥运会，国家对于环境保护问题十分重视，国家出台一系列政策加强对环境的保护工作，单单2008年，浙江省新建海洋类型自然保护区3个，合计9个，海洋自然保护区面积比重增加到了2.2%，是近十年中的最大值。而相比较2011和2012年，海洋类型自然保护区下降到3个，海洋自然保护区面积也只占0.68%，其浮游动物多样性指数也是近十年的最低值。所以，海洋自然保护区的建立对于地区海洋生态弹性力有着非常大的促进作用。

3. 人类活动潜力指数稳步上升

其对应的健康状况从不健康过渡到亚健康。科技水平方面，海洋科技项目数量和海洋科技人员比重均在逐年提升；生活质量方面，居民恩格尔系数不断下降，表明人们收入不断增长，生活质量显著提高；教育方面，在校生占人口比重略微下降；区域交流能力上，海洋货运周转量提升明显，从2004年的1 811.83亿吨千米上升到2013年的7 009亿吨千米，而相比较下海洋客运周转量有些下滑。综合来看，科技水平对于海洋生态环境的保护显得尤为重要。

第二节　海洋水产品的市场需求

浙江省蓝色牧场发展的市场需求主要是基于全国的海洋水产品市场。本节中，系统分析影响水产品消费水平的因素，利用灰色预测模型求出全国海洋水产品的消费变化趋势与需求变化趋势，通过对比分析全国海洋水产品的消费与需求，预测出全国海洋水产品的市场潜力，为浙江省发展蓝色牧场提供市场支撑。

一、水产品消费趋势

（一）水产品消费趋势的历史阶段识别

现阶段我国的水产品消费市场大体可以分为城乡居民食用消费、加工工业原料消费、出口贸易消费以及其他消费共四大部分，其中，最主要的消费需求是城乡居民食用消费部分。针对水产品消费变化情况，大致可以分为三个阶段。

第一阶段是1952—1980年，即改革开放之前。在这个阶段，全国水产品年消费量呈现稳定微增长并且波动幅度小的态势，水产品需求量基本保持在200万吨以下。这一时期，我国处于计划经济体制之下，商品自由流动没有充分放开，流动程度低，需求对供给的刺激作用微弱，自给自足的比例还比较大，因而水产品消费需求增长缓慢。

第二阶段大致是1980—2000年，即改革开放之后、加入世贸组织之前。这一时期的水产品需求增幅明显，主要得益于改革开放的推动力。这一时期，城市化水平得到提高，人民的可支配收入得到大幅度提升，商品的自由流动得到一定程度的释放，特别是在这一时期的后半期，社会主义市场经济制度逐步确立，市场化程度的不断提高促使商品的交易更加高效快捷，进而促进了水产品需求的增加。

第三阶段是2001年至今，即加入世贸组织之后。随着我国加入世贸组织，与国外的联系日益紧密，在此期间，除了我国国内水产品需求增加的作用外，水产品对外贸易也对水产品消费需求的增加做出了一定的贡献。现如今，我国已成为世界上最大的水产品出口国。

水产品作为一种特殊的食品类别，具有富含蛋白、改善营养结构的特殊属性。因此，在中国居民收入水平不断提升的同时，人们对于食品的消费逐步由单一普通品转向像水产品这样的高营养食品消费，这不仅推动了水产品需求总量的增长，而且也有力地促进了水产品需求结构的调整。

（二）现阶段水产品消费状况

随着改革开放的不断推进和市场经济的逐步建立，中国经济呈现繁荣发展的趋势，中国居民的收入水平随之不断提高，带来了中国的食品需求总量和需求结构的日益变化。中国城乡居民主食消费量不断下降，而营养性食物消费呈现上升态势，以城镇居民为例（如表5-5），粮食、肉类、禽蛋类的需求量占全部食品需求量的比例在下降，奶制品及水产品的消费增长显著。我国的水产品消费支出相对于其他食品消费支出来说地位突显，以浙江省为例，2012年水产品的消费支出在平均每人全年主要食品消费支出中所占比例最大，并且比位于第二的肉类支出超出155元（见表5-6）。此外，不但城镇居民消费水平得到提升，农村的收入水平也逐年提高，农村的生活质量不断提升，明显反映在农民的食物支出结构的变化，以浙江鱼类消费为例（见表5-7），水产品的支出水平呈现波动性的增长趋势，农村的水产品市场也成为一个未来的潜力市场。

表5-5 城镇居民家庭人均食物消费量

项目	1995年	2000年	2005年	2010年	2011年	2012年
粮食（千克）	97.00	82.31	76.98	81.53	80.71	78.76
肉类（千克）	19.68	20.06	23.86	24.51	24.58	24.96
禽蛋（千克）	13.71	16.65	19.37	20.21	20.71	21.27
水产品（千克）	9.20	11.74	12.55	15.21	14.62	15.19
鲜奶（千克）	4.62	9.94	17.92	13.98	13.70	13.95

来自：《中国统计年鉴2014》

表 5-6　2012 年浙江省城镇居民家庭平均每人全年主要食品消费支出

单位：元

项目	粮油类	粮食	淀粉	干豆类	油脂类	肉类	禽类	蛋类	水产品类
总平均值	771	468	58	100	145	794	334	108	949

资料来源：《浙江统计年鉴 2013》

表 5-7　浙江省城镇、农村鱼类消费量

单位：千克

地区	2006	2007	2008	2009	2010	2011	2012
城镇	13.55	14.27	13.33	13.47	13.90	13.70	14.37
农村	9.46	10.02	10.01	10.04	9.79	10.17	10.16

资料来源：《浙江统计年鉴 2013》

（三）水产品消费趋势的成因分析

由以上分析可以看出，我国的水产品消费支出相对于其他食品消费支出来说地位突出，同时我国的水产品消费增长速度在 1990—2010 年经历了较快的增长后，又在近几年出现了增速放缓的趋势，长期以来水产品消费水平并未出现突破性增长。纵观水产品消费的趋势变化，主要有以下几个原因。

1. 收入水平

改革开放以来，我国的市场经济水平不断强化。在商品流通性日益频繁的同时，我国的人民收入水平不断上升，使得我国居民的可支配收入不断提高，这不仅解决了温饱问题，也提升了人们的消费水平，从而使得粮食性消费在我国居民消费性支出中所占比例逐年减小，与此同时，营养性消费在其中的比例不断上升。水产品作为一种蛋白丰富的营养品，在居民食物支出中的比例呈现稳定上升的趋势。因此，收入水平的不断提高是我国水产品消费水平持续升高的根本原因。

2. 供给水平

改革开放以来，随着科学技术的不断发展，我国的捕捞技术得到跨越式发展，人们获得渔获物变得更加方便高效，与此同时，我国的水产品养殖技术也实现突破，水产品供给水平不断提升。然而，由于捕捞并未得到法律明文的规定和限制，导致部分地区的过分捕捞，使得水产品的持续供给受到约束，水产品的消费在一定程度上受到影响。对于浙江省来说，其水产品生产中海洋捕捞生产远大于海水养殖生产，对海洋捕捞具有较强的依赖性，水产养殖并未得到充分发展，未来的成长空间较大。此外，蓝色牧场是近年来兴起的一种结合海水养殖和海洋捕捞的新型养殖方式，这对于具有天然优势的浙江省来说，海洋水域丰富、海岸线充足是浙江省发展蓝色牧场的重要利好资源，对于未来水产品的生产和供给的提升来说是一个重要发展趋势。

3. 地域差异限制

由于水产品具有易腐易变质的特质，因此我国水产品的消费受到了地域的限制，水产品的消费范围存在很大的不均匀性。对于水产品生产丰富的沿海地区，水产品的运输保险成本低，水产品价格特别是新鲜水产品的价格较低，水产品消费市场十分活跃，也使得当地对水产品的消费形成一种习惯，人们把水产品当成日常食物消费，在收入提高的同时也加大了对水产品的消费，并且对水产品消费的结构也有不同，趋向于更加营养的水产品种消费，对于水产品的生产具有较强的促进和升级作用。然而对于内陆地区，水产品的储存运输等环节提高了水产品的成本，导致水产品价格较高，水产品消费受到制约，水产品供给也受到影响，导致水产品消费市场不够活跃，人们也没有形成水产品消费的习惯，而是形成对水产品替代品的消费习惯，因此，在收入水平不断提高的过程中，水产品的消费并没有同比例上升，而是促进了对其他替代品消费的增加。因此，对于浙江省来说，渔业仓储和运输及相关物流业的发展也是未来开拓水产品消费市场的发展重点。

二、水产品需求预测

水产品消费受到消费者收入、消费偏好、地域差异、经济周期、水产品质量安全状况等因素的影响，具有明显的动态变化特点和不确定特征，同时又由于市场信息复杂、调研成本高等原因导致水产品消费数据不完备、信息少，因此应采用适当的方法进行预测。

邓聚龙教授于1982年提出了灰色系统理论并加以发展。30多年来，灰色系统理论引起了不少国内外学者的关注，得到了长足的发展，目前已经成为在我国社会、经济、科学技术等诸多领域进行预测、决策、评估、规划控制、系统分析与建模的重要方法之一。

（一）灰色预测模型

灰色预测模型（Gray Forecast Model）是通过少量的、不完全的信息，建立数学模型并做出预测的一种预测方法，是对灰色系统所做的预测。目前常用的一些预测方法（如回归分析等），需要较大的样本，若样本量较少，常造成较大的误差，使得预测结果失效。相比而言，灰色预测模型所需要的建模信息少，运算过程方便，运算精度较高，在各种预测领域都有着广泛的应用，是处理小样本预测问题的有效工具。水产品消费符合灰色系统的特点，运用灰色预测模型对水产品消费进行预测具有较强的针对性。

（二）灰色预测模型的建立

灰色预测是通过对原始数据进行处理从而建立灰色模型，进而发现、掌握发展的规律，对系统的未来趋势做出科学的定量预测，主要分为数列预测、区间预测、灾变预测、波形预测、系统预测等多种，目前使用最为广泛的灰色预测模型是数列预测的一个变量、一阶微分的GM（1，1）模型，该模型是基于随机的原始时间序列，经过时间累加后所形成的新的时间序列呈现的规律，该规律可用一阶线性微分方程来逼近。

1. GM（1，1）模型的建立

设非负原始时间序列$X^{(0)}$有n个观测值$X^{(0)}=（X^{(0)}（1），X^{(0)}（2），\cdots，X^{(0)}（n）)$，其中

$X^{(0)}$（k）>0，$k=1$，2，…，n。对其进行一次累加，得 $X^{(1)}=$（$X^{(1)}$（1），$X^{(1)}$（2），…，$X^{(1)}$（n）），其中 $X^{(1)}(k)=\sum_{i=1}^{k}x_i^{(0)}$，$i=1$，2，…，$k$。GM（1，1）模型的微分方程为 $\frac{dX^{(1)}}{dt}+aX^{(t)}=b$，其中，$a$ 为发展系数，b 为内生控制灰数。设 $\hat{a}$ 为待估参数向量，$\hat{a}=[a,\ b]^T$，利用最小二乘法可求得 a 与 b 的
$$\begin{pmatrix} -\frac{1}{2}(x^{(1)}(1)+x^{(1)}(2)) & 1 \\ -\frac{1}{2}(x^{(2)}(1)+x^{(3)}(2)) & 1 \\ \cdots & \cdots \\ -\frac{1}{2}(x^{(1)}(n-1)+x^{(1)}(n)) & 1 \end{pmatrix}$$
值。$\hat{a}=(B^TB)^{-1}B^TY_N$，其中，

$$B=Y_N=(x^{(0)}(2),\ x^{(0)}(3),\ \cdots,\ x^{(0)}(n))^T$$

求解微分方程，可得预测模型为 $\hat{x}^{(1)}(k+1)=\left[x^{(0)}(1)-\frac{b}{a}\right]e^{-ak}+\frac{b}{a}$；$k=1$，2，…，$n$，通过对 $\hat{x}^{(1)}$ 做一次累减还原可得 $\hat{x}^{(0)}(k+1)=\hat{x}^{(1)}(k+1)-\hat{x}^{(1)}(k)$，根据这些公式可以计算出预测值，但是还需经过一定的检验才能判别模型的合理性，只有通过精度检验的模型才能合理的用来预测。

2. 检验

该模型的检验一般包括残差检验、关联度检验和后验差检验三种检验方法，其中最常用的是残差检验和后验差检验，本文主要对这两种检验方法进行介绍。

（1）残差检验。原始序列的 $X^{(0)}k$ 与模型计算值 $\hat{x}^{(0)}(k)$ 的残差 $\delta^{(0)}(k)$ 和相对误差 $M^{(0)}(k)$，残差 $\delta^{(0)}(k)=x^{(0)}(k)-\hat{x}^{(0)}(k)$，相对误差 $M^{(0)}(k)=\left|\frac{\delta^{(0)}(k)}{x^{(0)}(k)}\right|$。一般情况下 $M^{(0)}(k)<0.2$ 时，模型的残差检验合格。

（2）后验差检验。先计算原始序列的 $\bar{x}=1/n\sum_{k=1}^{n}x^{(0)}(k)$ 残差的平均值 $S_0^2=\frac{1}{n}\sum_{k=1}^{n}(\hat{x}^{(0)}(k)-\bar{x})^2$，再计算原始序列的方差 $S_1^2=\frac{1}{n}\sum_{k=1}^{n}(x^{(0)}(k)-\bar{x})^2$，残差的方差 $S_2^2=\frac{1}{n}\sum_{k=1}^{n}(\delta^{(0)}(k)-\bar{x})^2$，由此可计算出方差比 c 和小误差概率 p，方差比 $c=\frac{s_2}{s_1}$，小误差概率 $p=P(|\delta^{(0)}(k)-\bar{\delta}|<0.6715s_1)$。

模型的精度等级一般是由 c 和 p 共同刻画，见表5-8。

表 5-8　精度等级情况

精度等级	c	p
一级/好	<0.35	>0.95
二级/合格	<0.5	>0.8
三级/勉强	<0.65	>0.7
四级/不合格	≥0.65	≤0.7

（三）水产品的消费需求量预测

1. 模型构建

对于浙江省来说，发展蓝色牧场的必要性应该建立在消费需求量的基础之上。浙江省面对的是国内市场甚至是国际市场，但是考虑到数据的可获得性和研究的可行性，本书主要研究浙江省主要的水产品消费市场即国内市场的消费需求情况，通过对中国水产品的消费需求量进行预测，从而挖掘浙江省大力发展蓝色牧场的潜力所在，这对于浙江省蓝色牧场的推动建设具有重大意义。对于国内的水产品消费数据，由于市场调研的巨大成本以及数据搜集的复杂性，直接的国内水产品消费数据目前处于空白状态，因此只能采用间接的方式进行数据的收集。本书从不同年份的《中国统计年鉴》中搜集到了各年份的中国城镇人口数、城镇人均水产品消费量、中国农村人口数、农村人均水产品消费量这四个指标，因此使用如下公式来对中国水产品消费量进行计算。

中国水产品消费量=城镇人口数×城镇人均水产品消费量+农村人口数×农村人均水产品消费量

考虑到时间越接近的数据其影响因素越相似，而且灰色预测模型的数据允许少于4个，因此为了提高预测模型的准确性，本文选取2009—2012年的水产品消费需求量（单位：十吨）作为原始序列。

原始序列为：

$$X^{(0)} = (1382592.86,\ 1364367.33,\ 1361851.14,\ 1425484.50)$$

对其做一次累加得累加序列：

$$X^{(1)} = (1382592.86,\ 2746960,\ 19000,\ 4108811.33,\ 5534295.83),$$

$$B = \begin{pmatrix} -2064776.5 & 1 \\ -3427885.8 & 1 \\ -4821553.6 & 1 \end{pmatrix},\ Y_N = (1364367.33,\ 1361851.14,\ 1425484.50)^T$$

$$B^TB = \begin{pmatrix} 31661262191382.4 & -10314215.9 \\ -10314215.9 & 1 \end{pmatrix},\ B^TY_N = \begin{pmatrix} -14189947246793.7 \\ 4151702.97 \end{pmatrix}$$

$$[a,\ b]^T = \hat{a} = (B^TB)^{-1}B^TY_N = \begin{pmatrix} -0.022258 \\ 1307377.964015 \end{pmatrix}$$

则 $a=-0.033358$，$b=1307377.964015$ 代入 $\hat{x}^{(1)}(k+1) = \left[x^{(0)}(1) - \frac{b}{a}\right]e^{-ak} + \frac{b}{a}$，可得我国水

产品消费量的灰色预测模型为：

$$\hat{x}^{(1)}(k+1) = 60121246.419942e^{0.022258k} - 58738653.559942$$

2. 模型检验

经过对残差和后验差进行检验，得到的检验结果如表 5-9 所示。

表 5-9　预测模型的检验结果

指标	2009 年	2010 年	2011 年	2012 年
实际值 $x^{(0)}$	1 382 592. 86	1 364 367. 33	1 361 851. 14	1 425 484. 50
预测值 $\hat{x}^{(0)}$	1 382 592. 86	1 353 154. 16	1 383 609. 72	1 414 750. 74
残差 $\delta^{(0)}$	0	11 213. 17	−21 758. 58	10 733. 76
相对误差 $M^{(0)}$	0	0. 008 2	0. 016 0	0. 007 5
均方差比值 c	0. 016 64			
小误差概率 p	1			

我国水产品消费需求量预测。根据模型可以对 2016—2023 年我国的水产品消费需求量进行预测，如表 5-10 所示。

表 5-10　2016—2023 年我国水产品消费需求预测量　　单位：吨

年份	水产品消费需求预测量
2016	15 464 833
2017	15 812 902
2018	16 168 804
2019	16 532 717
2020	16 904 820
2021	17 285 298
2022	17 674 340
2023	18 072 138

从预测结果来看，中国的水产品消费需求在未来几年还会持续保持较快增长。由于中国经济快速发展，中国水产品的主要消费市场由北京、上海、青岛、大连、深圳等传统的食鱼型为主的沿海地区及邻近沿海地区的东部地区向中西部地区扩展开来，消费结构也由食肉升级为水产品，主要原因是由于这些地区的经济发展带动的消费需求在质和量上的提高。近年来，中国城市水产品消费倾向由淡水鱼转向海水鱼，消费者需求开始向新鲜的冷冻食品转变。加之城市消费形态由家庭食用转向外出就餐，这样的现象出现加速化。

因此，由于经济增长和社会饮食结构的变化导致的家庭消费形态的变化，以及政府政策上的扩大需求的方针，未来几年中国水产品的人均消费将持续增长，同时中国人口整体基数大，水产市场的规模将更加巨大。此外，水产品的消费倾向由淡水产品转向海水产品的趋势也使得未来对于海水产品的需求不断加大，这就为建设蓝色牧场提供了重要契机。

第三节　浙江蓝色牧场产出潜力

在本章节中，浙江蓝色牧场的发展潜力主要是面向全国，因此，首先通过对全国海洋水产品的消费需求的预测分析与全国水产品供应能力的对比，分析得出水产品的市场前景，然后在浙江省现有技术条件下，分别预测分析浙江省海洋捕捞和海洋养殖产出水平，最后从产出角度得出浙江发展蓝色牧场的发展潜力。

一、近海捕捞业产出预测

根据2013年中国海水产品的构成情况，海水产品总产量3 138.83万吨，其中，海洋捕捞（不含远洋捕捞）产量1 264.38万吨，海水养殖产量1 739.25万吨，远洋渔业产量135.20万吨，分别占海水产品总产量的40.28%、55.41%和4.31%，远洋捕捞相比近海捕捞比例很小。现实中，海洋统计方面对海洋捕捞的统计有时并未给出明确解释，导致海洋捕捞在统计时有时包括远洋渔业，有时不包括远洋渔业。根据2013年数据，即使海洋捕捞包括远洋渔业，远洋渔业所占比例也很小，海洋捕捞近似等于近海捕捞。因此，在本章节里，在使用近海捕捞数据时，均使用海洋捕捞数据近似替代。

（一）浙江近海捕捞生产的相关要素分析

1. 渔业资源

2013年，浙江近海捕捞生产量319.20万吨，主要包括鱼类、甲壳类、贝类、藻类、头足类以及其他类。其中，鱼类生产量210.81万吨，主要有海鳗、鳓鱼、鳀鱼、沙丁鱼、鲱鱼、石斑鱼、鲷鱼、蓝圆鲹、白姑鱼、黄姑鱼、鱼免鱼、大黄鱼、小黄鱼、梅童鱼、方头鱼、玉筋鱼、带鱼、金线鱼、梭鱼、鲐鱼、鲅鱼、金枪鱼、鲳鱼、马面鲀、竹荚鱼、鲻鱼；甲壳类生产量88.43万吨，主要分为虾类和蟹类，其中虾类包括毛虾、对虾、鹰爪虾、虾姑，蟹类包括梭子蟹、青蟹、蟳；贝类生产量1.84万吨；藻类生产量0.28万吨；头足类14.72万吨，主要包括乌贼、鱿鱼、章鱼；其他生产量3.12万吨，主要有海蜇等。

2. 捕捞能力

2013年，浙江省海洋捕捞机动渔船数量2.178 5万艘，机动渔船总功率达到32.662 3亿瓦。其中纳入“双控”[①] 管理渔船数为2.160 9万艘，总功率为33.775 2亿瓦。在这些近海捕捞机动渔船中，功率在44.1千瓦以下的为8 358艘，总功率达到1.366 5亿瓦；功率在44.1千瓦至441千

① “双控”为国家自1978年开始的对全国海洋捕捞渔船船数和功率数实行的总量控制。浙江省为探索推广渔业安全生产社会化管理机制，严格执行捕捞渔船“双控”管理制度。

瓦的为1.345 8万艘，总功率达到31.716 9亿瓦；功率在441千瓦以上的为441艘，总功率达到3.212 6亿瓦。这些捕捞渔船的作业类型主要有拖网、围网、刺网、张网以及钓业等，其中拖网渔船8 075艘，总功率为20.845 1亿瓦；刺网渔船5 224艘，总功率为4.325 7亿瓦；张网渔船4 862艘，功率为4.666 65亿瓦；钓业渔船虽然仅为965艘，但是功率达到了3.244 8亿瓦，比广东省2 480艘同类渔船的1.381 0亿瓦功率高出两倍以上。综上，浙江省的海洋捕捞渔船在“双控”管理的前提下，已经朝着精良化、高效化的方向发展，这也为浙江省未来海洋捕捞产业的不断发展提供了保证。

3. 劳动力

2013年浙江省的渔业人口达到68.767万人，渔业从业人员40.517万人，拥有海洋捕捞专业从业人员14.853万人，位居全国前三名，仅次于福建和广东，充足的海洋捕捞专业从业人员为浙江省的海洋捕捞产业提供了技术保证，确保浙江省的捕捞活动可以有效进行，为浙江省的捕捞渔业发展提供了强大的动力。

在环境要素上，虽然浙江省的渔业近海捕捞在过去取得了一定的成果，但是近年来出现了捕捞环境恶化的现象。浙江省的近海捕捞主要是来自东海海域，掠夺式的捕捞方法是导致东海渔业资源骤减的重要因素。中国渔船使用所谓“虎口网”进行围网捕鱼，通过强光照射吸引鱼群，然后一网打尽。目前在东海使用虎口网的渔船越来越多。最近几年来，台州、舟山等地渔民发现，出海捕捞的水产品变得越来越小、越来越少，渔船出海的频率更是越来越低，市场上的大黄鱼、乌贼等几乎绝迹。渔民们愁上心头，浙江渔业更是陷入了“近海无鱼”的尴尬之中。浙江省的捕捞环境恶化现象并非个例。据中国官方统计，1990年包括南海、黄海在内的海洋渔业渔获量为550万吨。之后开始迅速增长，2000年时已经达到1 275万吨，2013年更是增至1 399万吨。究竟为什么要把渔业资源一网打尽呢？主要是因为鱼的消费量在半个世纪的时间里增至了此前的6倍，保护资源的步伐远远落后于旺盛的需求。此外，中国沿海水质恶化的形势已经非常严峻。中国2014年发布的一份海洋发展报告显示，东海沿岸55%的海面受到污染，氮、磷的蓄积造成水体富营养化。特别是长江、钱塘江等大型河流入海口区域污染问题非常严重，尚无改善迹象，海水水质恶化也是导致渔业资源减少的原因之一。

4. 其他要素

浙江省在海洋捕捞方面还提供了一些技术支持和政策支持。首先，在海洋捕捞方面制定了一些法规，促进捕捞的标准化，使得捕捞有章可循。浙江省海洋事业发展“十二五”规划，严格执行国家对浙江海洋捕捞渔船数量和功率指标“双控”制度，着力规范海洋捕捞渔船渔具渔法；继续实施海洋捕捞渔民转产转业，不断压减海洋捕捞强度；强化渔业执法管理，严厉查处非法捕捞行为，促进海洋渔业资源可持续利用。2015年浙江省质量技术监督局批准发布了全国首个《重要海洋渔业资源可捕规格及幼鱼比例》省级地方标准，该标准在1月31日开始实施，借鉴了大量历史数据和国外先进经验，并综合考虑了浙江省沿海的实际情况，从多个方面描述了最小可捕捞鱼的长度和重量，对渔业资源起到一定的保护作用。其次，制订并实施浙江省海洋牧场建设方案，支持沿海各地开展海洋牧场区及其示范区建设，推广浅海鱼、贝、藻类生态放养模式和人工鱼礁建设，大规模开展水生生物增殖放流，提升资源养护能力和生态修复功能，促进水生生物资源恢复。

（二）浙江近海捕捞生产潜力预测

1. 浙江近海捕捞生产现状分析

近海捕捞生产概况。根据《中国渔业统计年鉴》，如表 5-11，浙江省自 2001 年，近海捕捞生产呈现波动中下降的趋势：自 2001 年至 2009 年，浙江省的近海捕捞产量不断下降；自 2010 年至 2013 年，浙江省的近海捕捞量出现回升。分品种来看，水产品生产的种类主要有鱼类、甲壳类、贝类以及头足类，从产量变化情况来说，基本也是呈现出先减后增的趋势，并且鱼类产量最大，在总产量中所占的比例最高。此外，由表可知，东海捕捞产量在浙江省近海捕捞中的贡献率极高，浙江省的近海捕捞主要来自东海海域的水产品生产，来源比较单一，对东海水产品捕捞依赖性较高。

表 5-11　浙江省近海捕捞情况

单位：吨

年份	近海捕捞产量	其中						
		来自东海的产量	分品种					
			鱼类	甲壳类	贝类	头足类	藻类	其他类
2001	3 293 072	3 109 709	2 197 821	822 493	260 836	（软体类）	1 543	8 383
2002	3 241 799	3 024 376	2 148 827	806 406	280 865	（软体类）	2 050	3 651
2003	3 141 511	2 750 686	2 041 436	732 726	18 533	296 056	608	52 152
2004	3 220 358	2 778 254	1 976 789	760 174	12 562	351 224	450	119 159
2005	3 142 573	2 819 137	2 045 379	779 685	12 677	286 166	450	18 216
2006	3 119 084	2 860 019	2 031 496	805 693	14 020	245 433	1 840	20 602
2007	2 514 920	2 243 395	1 610 701	603 181	11 633	271 701	1 513	16 191
2008	2 343 219	2 247 787	1 635 018	578 051	10 073	104 115	1 980	13 982
2009	2 666 376	2 454 986	1 843 858	672 831	13 254	114 378	1 896	20 159
2010	2 821 000	2 597 690	1 952 559	695 187	14 763	134 792	2 110	21 589
2011	3 030 202	2 909 776	2 105 090	733 465	16 596	146 921	2 541	25 589
2012	3 160 189	3 156 594	2 114 884	846 609	17 622	144 575	2 692	33 807
2013	3 192 000	3 188 369	2 108 083	884 279	18 403	147 207	2 794	31 234

数据来源：《中国渔业统计年鉴》2001—2013 年

2. 基于 H-P 滤波分析法的近海捕捞产量波动趋势分析

H-P 滤波分析法简介。H-P 滤波分析法最早由 Hodrick Prescott 在 1980 年提出。基础思想是假定时序数据是 Y_t，由趋势部分 Y_t^T 和周期波动部分 Y_t^C 构成，表达式为 $Y_t = Y_t^T + Y_t^C$。H-P 滤波是要将 Y_t 中的 Y_t^T 和 Y_t^C 分离开来，实质是通过过滤低频的趋势成分，过滤出高频的周期波动成分。它是通过对函数 L 进行极小化损失而得到的，即 $L = \sum_{t=1}^{N}(y_t - y_t^T)^2 + \lambda \sum_{t=2}^{N-1}[(y_{t+1}^T - y_t^T) - (y_t^T - y_{t-1}^T)]^2$。其中，$N$ 为样本数，λ 为正整数，是权衡实际序列拟合优度和趋势序列平滑程度的拉格朗日乘数因子，t，决定着平滑程度的大小，其取值越大，趋势成分越平滑。$\lambda=0$ 时，表示没有发生过滤波，趋势成分是数据本身；$\lambda\to\infty$ 时，趋势成分是线性时间趋势。在实际操作中，λ 的取值是依据经验而定，年度数据的 λ 取 100，季度数据的 λ 取 1600，月度数据的 λ 取 14400。

自 2001 年以来，浙江省的近海捕捞产量呈现波动性的变化趋势。近海捕捞作为一种从海洋中获取水产品的方式，受到自然环境的影响较大，而且容易受到季节性因素的影响，而且单从产量表面的波动无法研究具体的影响变化情况，因此，采用 H-P 滤波分析法对浙江省近海捕捞产量的波动情况进行研究，将近海捕捞产量中具有的长期趋势以及循环波动、季节波动和不规则波动形成的短期波动进行分离，从而研究影响浙江省近海捕捞产量的长期因素和短期因素。

浙江省近海捕捞产量的波动分析。本文主要选择 2001—2013 年的浙江省近海捕捞产量的相关数据，来自《中国渔业统计年鉴》2002—2014 年。对于研究的指标对象，主要选择包括浙江省近海捕捞总产量以及鱼类、甲壳类、贝类、头足类四个品种的总共五个指标的波动情况进行 H-P 滤波分析，原始数据情况如表 5-11 所示。由于自 2003 年开始才对贝类和头足类进行分别统计，而 2001 年和 2002 年采用的是统一的软体类，因此考虑到统计口径的一致性，本文在对各个品种产量的波动情况进行分析时，将研究的年份确定为 2003 年至 2013 年。此外，本文为消除个别数据变异对整体的过度影响，因此在对所有数据进行对数处理的基础上对各产量的长期趋势和短期趋势进行滤波分离。本文采用 Eviews6.0 作为计量工具，对各产量进行滤波，得出滤波结果。

图 5-4 给出了 2001—2013 年浙江省近海捕捞产量以及 2003—2013 年浙江省近海捕捞各品种产量的滤波示意图（ZONGCHANLIANG—近海捕捞总产量；YULEI—鱼类产量；JIAQIAOLEI—甲壳类；BEILEI—贝类；TOUZULEI—头足类；ZAOLEI—藻类；Trend—趋势序列；Cycle—波动序列）。

由波动曲线可以看出，近海捕捞总产量的波动与鱼类产量的波动情况最为一致，在考察期内均出现两个波峰和两个波谷，可见鱼类产量在水产品总产量中的高比例使得总产量受鱼类产量的波动影响最大。由于藻类在总产量中所占的比例最小，对整个近海捕捞产量影响最小，并且藻类的波动情况与总产量以及其他水产品种的波动一致性较低，因此本文暂不做研究。如果仔细观察，可以看出总产量与四个品种的产量基本上均从 2006 年开始下降，并在 2008 年出现波谷，可见 2008 年的经济危机对近海捕捞的影响十分突出，并且由于近海捕捞独具的灵活性，在遇到市场上

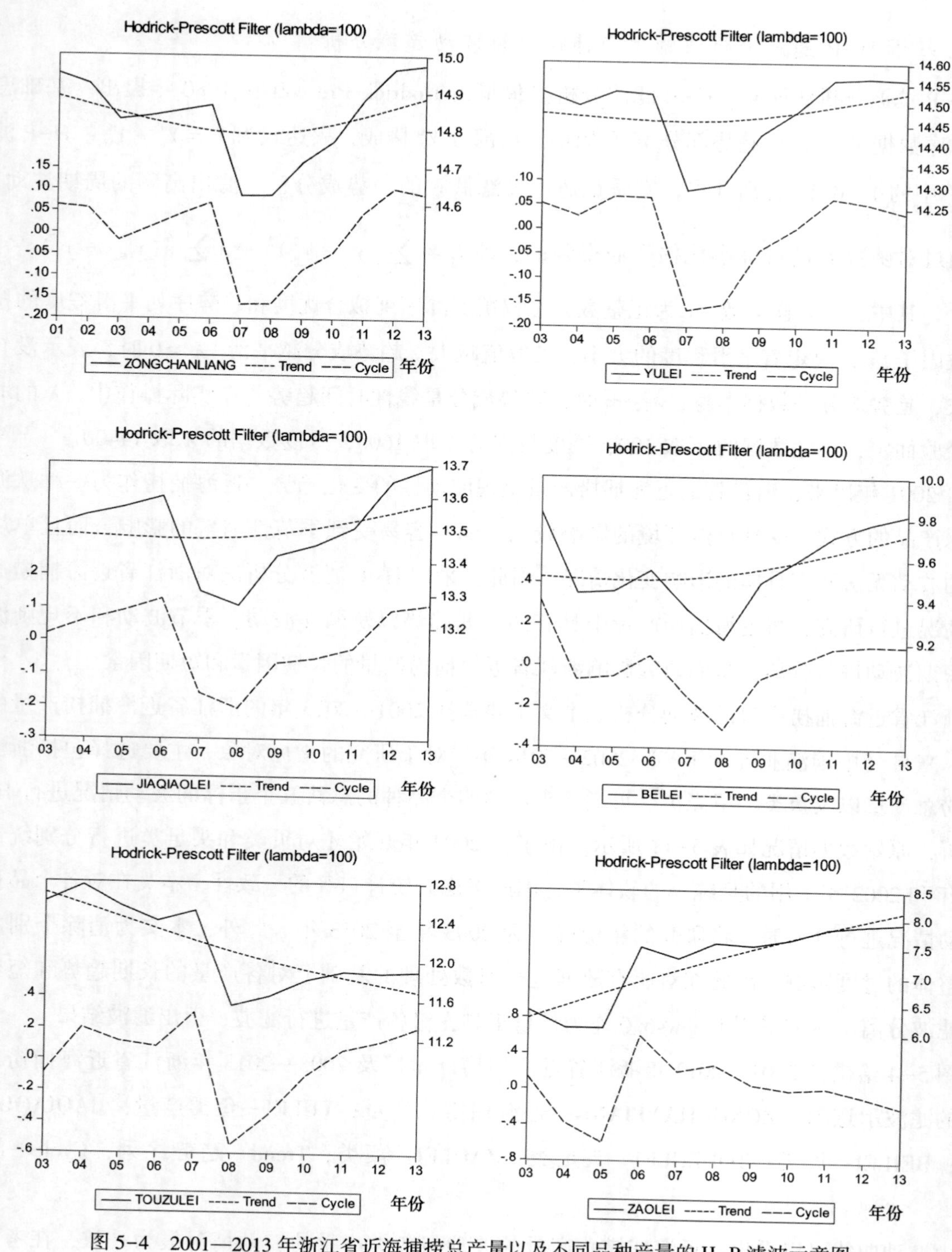

图 5-4 2001—2013 年浙江省近海捕捞总产量以及不同品种产量的 H-P 滤波示意图

需求受挫时可以灵活地减少捕捞，减少市场上水产品供给，促进市场上水产品的供需保持平衡，从而使得水产品价格的波动不会产生剧烈的波动。就波动幅度来看，总产量与鱼类的波动幅度较小，处于 7%~-20%之间；甲壳类和贝类的波动幅度处于 30%~-30%之间；头足类的波动最为明显，处于 30%~-54%，可见虽然甲壳类、贝类和头足类波动较大，但是由于产量较小，因此对总产量的波动影响较小。整体来看，总产量和各品种产量虽然波动频繁，但是观察考察期的始末，可以看出各产量基本上呈现“波动中不变”的趋势，近海捕捞产量增势十分不明显，虽然浙江省的捕捞能力、捕捞技术的发展并未给近海捕捞产量带来正作用，相反，正是由于捕捞技术的发展，对水产品的捕捞出现了过度的征兆，浙江省的近海捕捞环境恶化是当前近海捕捞发展缓慢的一个关键影响因素。

总之，由波动分析可以得出：浙江省近海捕捞产量与鱼类产量的波动性较为一致，受鱼类产量波动性影响最大；虽然甲壳类、贝类和头足类的波动较为剧烈，但是由于产量基数小，对总产量的波动影响较小；考察期始末的捕捞产量变化不大是由于捕捞能力和捕捞技术的发展产生的过度捕捞对捕捞的可持续发展产生负面影响，浙江省近海捕捞受到捕捞环境的恶化影响而发展缓慢。

3. 浙江近海捕捞生产潜力预测分析

为了对浙江省未来近海捕捞产量有个相对准确的估算和预测，首先应该确定浙江省近海捕捞产量与时间序列的回归方式。为此，采用线性回归、对数回归和双对数回归三种方式进行计量分析。在回归方程中，Q 表示实际或潜在的浙江省水产业产值或水产品产量，T 代表时间序列，令 2001 年的 $T=1$，2002 年的 $T=2$，…，以此类推，直至 2013 年的 $T=13$。

表 5-12　浙江省近海捕捞产量的回归分析

项目	M 为实际值	N 为趋势值
线性回归	$M=3159948.35-24099.18T$ $R^2=0.74384$；$\bar{R}^2=0.62055$	$N=2778046-1990.534T$ $R^2=0.766302$；$\bar{R}^2=0.684034$
对数回归	$M=3293092.61-173992.2\log T$ $R^2=0.790057$；$\bar{R}^2=0.716426$	$N=2844004-46053.18\log T$ $R^2=0.800322$；$\bar{R}^2=0.791261$
双对数回归	$\log M=14.89348-0.035638\log T$ $R^2=0.853002$；$\bar{R}^2=0.833089$	$\log N=14.86030-0.016508\log T$ $R^2=0.889435$；$\bar{R}^2=0.850293$

表 5-12 给出了测度浙江省近海捕捞产量实际值以及经过 H-P 滤波之后的趋势值（可称为潜在的产量）与时间序列的回归结果。显然，从整体上看，当近海捕捞产量采用趋势值时，回归方程对时间序列的拟合程度更优，无论是线性回归、对数回归还是双对数回归，Q 为趋势值的判定系数均高于 Q 为实际值的情况，因为经过 H-P 滤波处理，趋势值已经去除了短期波动的影响，因此趋势值更能反映浙江省水产业产值或水产品生产在长期发展中的趋势。特别是，在趋势值的回归分析中，不同的回归方法的拟合优度有所不同，进行预测应该选择拟合优度最大的回归方式，因为拟合优度最大的回归方程能够最大程度地拟合浙江省水产业产值和产量的长期走势，是最具有说服力的。可以看出，在对浙江省近海捕捞进行预测时应该选择趋势值的双对数回归。

由表 5-13 可以看出，如果 2001—2013 年的长期趋势在未来依然发挥作用，则浙江省近海捕捞产量呈现逐渐小幅度下降的趋势。由此可知，浙江省的近海捕捞产量已经出现了由于过度捕捞带来的“后遗症”，近海捕捞面临着捕捞环境的恶化带来的后果，浙江的近海捕捞业将会受到严重的影响。相比我国的水产品消费需求的不断升温，这在一定程度上会对浙江省水产业形成一定的抑制作用。

表 5-13　2014—2020 年浙江省近海捕捞总产量预测值

单位：万吨

年份	近海捕捞产量预测值
2014	272. 161 072 6
2015	271. 851 275 4
2016	271. 5617988
2017	271. 290 158 1
2018	271. 034 297 3
2019	270. 792 495 8
2020	270. 563 299 4

二、海水养殖产出预测

海水养殖业是海洋水产品的主要提供者之一，科学分析当地海水养殖业发展潜力，有利于合理规划海洋开发和海洋生态的维护。下文将从浙江海水养殖业支撑要素和浙江省海水养殖潜力预测两方面来进行海水养殖业发展潜力分析。

（一）浙江海水养殖业支撑要素分析

1. 技术要素

技术要素在这里主要指海洋生态、海水养殖相关的科研能力。海洋牧场的建设涉及海洋生态环境优化、鱼类行为控制和监控、苗种规模化培育和环境监测监控和评估技术等多个学科的交叉应用。而浙江省海洋科研院校较少，比较有影响力的仅有国家海洋二所、浙江省海洋水产研究所、海洋水产养殖研究所、浙江海洋大学、浙江大学海洋学院（在建）等单位，海洋科技人才缺乏，顶尖的海洋科研团队更是甚少。因此，在发展海洋牧场的同时，必须要提高浙江省海洋牧场相关的技术研究水平，争取扫除海洋牧场的技术障碍，为发展浙江省海洋牧场奠定技术基础。

海水育苗是海水养殖的基础性工作，是海水养殖是否可以顺利开展的重要前提。2013 年，浙江省海水育苗产量为 8 248 万尾，其中，大黄鱼产量为 6 702 万尾，占总产量的 81. 3%；虾类育苗 515. 03 亿尾，其中，南美白对虾 336. 77 亿尾；贝类育苗 2 029. 859 6 亿粒。

2. 空间要素

针对浙江省的海水养殖，其养殖水域主要有两种，即海上养殖和滩涂养殖。2013 年，浙江省海上养殖产量为28.229 6万吨、面积为1.665 6万公顷，滩涂养殖产量为34.662 8万吨、面积为4.522 9万公顷。如果将海水养殖按养殖方式划分，可以分为池塘、普通网箱、深水网箱、阀式、吊笼、底播与工厂化。2013年，浙江省的海水养殖按这七种养殖方式划分的产量分别为25.429 3万吨、2.117 0万吨、0.112 6万吨、22.781 5万吨、0.353 1万吨、22.220 7万吨和0.318 1万吨，相应养殖面积为3.195 6万公顷、99.166 5万平方米、73.488 6万立方米、1.273 1万公顷、0.017 4万公顷、2.450 7万公顷、89.317 5万立方米。由此可见，浙江省的海水养殖主要形式为池塘养殖、阀式养殖、底播养殖三种。

（二）浙江省海水养殖生产潜力预测

海洋养殖作为海洋水产品的最重要来源之一，海洋养殖的兴旺发达不仅是海洋牧场发展的前提条件，同时也是发展海洋牧场的初衷之一。科学预测海洋养殖的生产潜力能合理安排海洋牧场布局，促进海洋养殖生产的发展，提升海洋养殖潜力水平并改善海洋生态环境。本节重点就浙江省海洋养殖生产潜力预测进行研究。

1. 浙江海洋养殖现状分析

对浙江省海洋养殖现状分析主要从两个方面展开：一是海洋养殖的主要指标的统计学描述，从总体上了解浙江省海洋养殖概况；通过H-P滤波分析法，从定量角度深入挖掘浙江省海洋养殖产量的变化趋势，如表5-14所示，以期找出浙江省海洋养殖产量的变化规律。

表5-14　2001—2013年浙江省各类海洋水产品养殖产量

单位：吨

年份	总产量	鱼类	甲壳类	贝类	藻类	其他
2001	776 553	31 787	62 266	655 383	26 766	351
2002	851 533	40 338	80 613	700 032	30 259	291
2003	918 504	43 080	88 049	748 969	37 974	432
2004	929 440	43 811	90 670	750 561	42 963	1 435
2005	881 107	40 682	89 844	714 517	34 149	1 915
2006	886 147	40 775	91 647	712 510	39 347	1 868
2007	861 274	38 861	96 527	682 845	40 439	2 602
2008	830 785	35 060	94 046	667 560	32 929	1 190
2009	764 565	32 342	79 527	611 602	40 273	821
2010	825 730	34 226	85 735	661 408	42 361	2 000
2011	844 941	35 208	91 971	665 530	45 477	6 755
2012	861 364	29 898	94 566	625 686	46 864	7 767
2013	871 700	29 490	96 069	697 533	45 212	3 396

资料来源：《中国渔业统计年鉴》2001—2013年

浙江省海洋水产品养殖比重占海洋水产品总体比重得到极大提升，但海水养殖面积逐渐减少。浙江省海水养殖面积自2008年以来呈现下降趋势，年均减少1.452%，从2008年的96.14千公顷，逐渐减少到2013年的89.36千公顷，达到历史最低点。改革开放以来，浙江省海洋水产品养殖量占海洋水产品总产量的比重显著提高，海洋养殖水产品在海洋水产品中地位举足轻重，日益成为浙江省海洋水产品增长的主要推动力。浙江省海洋水产品养殖量占水产品总量的比重发展趋势可分为三个阶段：1978—1996年为缓慢增长阶段，从1978年的4.36%缓慢上升到1996年的13.20%，年均增长6.35%；1997—2003年为快速增长阶段，从1997年11.72%增长到2003年的22.62%，年均增长9.85%；2004—2013年为平稳减缓期，平均比重为21.77%，其中2008年达到比重最高值24.61%。

进入新世纪以来，浙江省的海水养殖量总体上增长较慢，在2001—2013年间，年均增长0.968%；在此期间，又可分为三个阶段，2001—2004年为逐渐增长阶段，总产量从2001年776 553吨增加到2004年929 440吨，其中，2004年达到历史最高值；2005—2009年为缓慢回落阶段，总产量从2005年的881 107吨增加到2009年的891 107吨；2010—2013年为逐渐回升阶段，总产量从2010年的825 730吨增加到2013年的861 364吨。

鱼类产量总体呈现下滑趋势，年均减少0.623%。其中，鱼类产量发展趋势可分为两个阶段，2001—2004年为缓慢上升期，产量从2001年31 787吨增加到2004年的43 811吨；2005—2013年为逐渐下降期，产量从40 682吨减少到2013年的29 490吨。

甲壳类产量总体上呈现上涨趋势，在2001—2013年间，年均增长3.680%。甲壳类产量增长趋势又可分为三个阶段：2001—2007年为产量上升期，产量从62 266吨增加到96 527吨；2008—2009年为产量下滑期，产量从94 046吨减少到79 527吨；2010—2013年为产量恢复上升期，产量从85 735吨增加到96 069吨。

贝类产量总体上呈现波动上升趋势，在2001—2013年间，年均增长0.521%。贝类产量增长趋势又可分为三个阶段：2001—2004年为产量上升期，产量从655 383吨增加到750 561吨；2005—2009年为产量下滑期，产量从714 517吨减少到611 602吨；2010—2013年为产量波动上升期，产量从661 408吨增加到697 533吨。

藻类产量总体上呈现波动上升趋势，增长较快，在2001—2013年间，年均增长4.465%。藻类产量增长趋势又可分为三个阶段：2001—2004年为产量快速上升期，产量从26 766吨增加到42 963吨；2005—2008年为产量波动徘徊期，产量从34 149吨减少到32 929吨；2009—2013年为产量较快增长期，产量从40 273吨增加到45 212吨。

除了上述海洋养殖分类以外，其他海洋养殖种类包括海肠子、海胆、海星、海参、海蜇等，这些归为其他类。2001—2013年间，其他类产量总体上呈现两个明显的高峰期，前期基础薄弱，增长较快，到2007年达到第一个产量顶峰2 602吨，自2007年后出现几年短暂的下滑，到2009年下降到821吨，随后逐渐增长到2012年到达第二个产量顶峰7 767吨，但2013年产量出现骤降，产量为 3 396 吨，降幅达到 56. 27%。

2. 基于 H-P 滤波分析法的海洋养殖产量的波动趋势分析

上文对浙江省海洋养殖现状进行描述性统计分析，显然，这类描述分析很难深刻了解浙江省海洋养殖发展全貌，为此，现采用上文对浙江近海捕捞的定量分析方法——H-P 滤波分析法。采用 H-P 滤波分析法对浙江省近海养殖波动情况进行研究，将近海捕捞产量中具有的长期趋势以及循环波动和不规则波动形成的短期波动进行分离，从而研究影响浙江省海洋养殖发展的长期因素和短期因素。

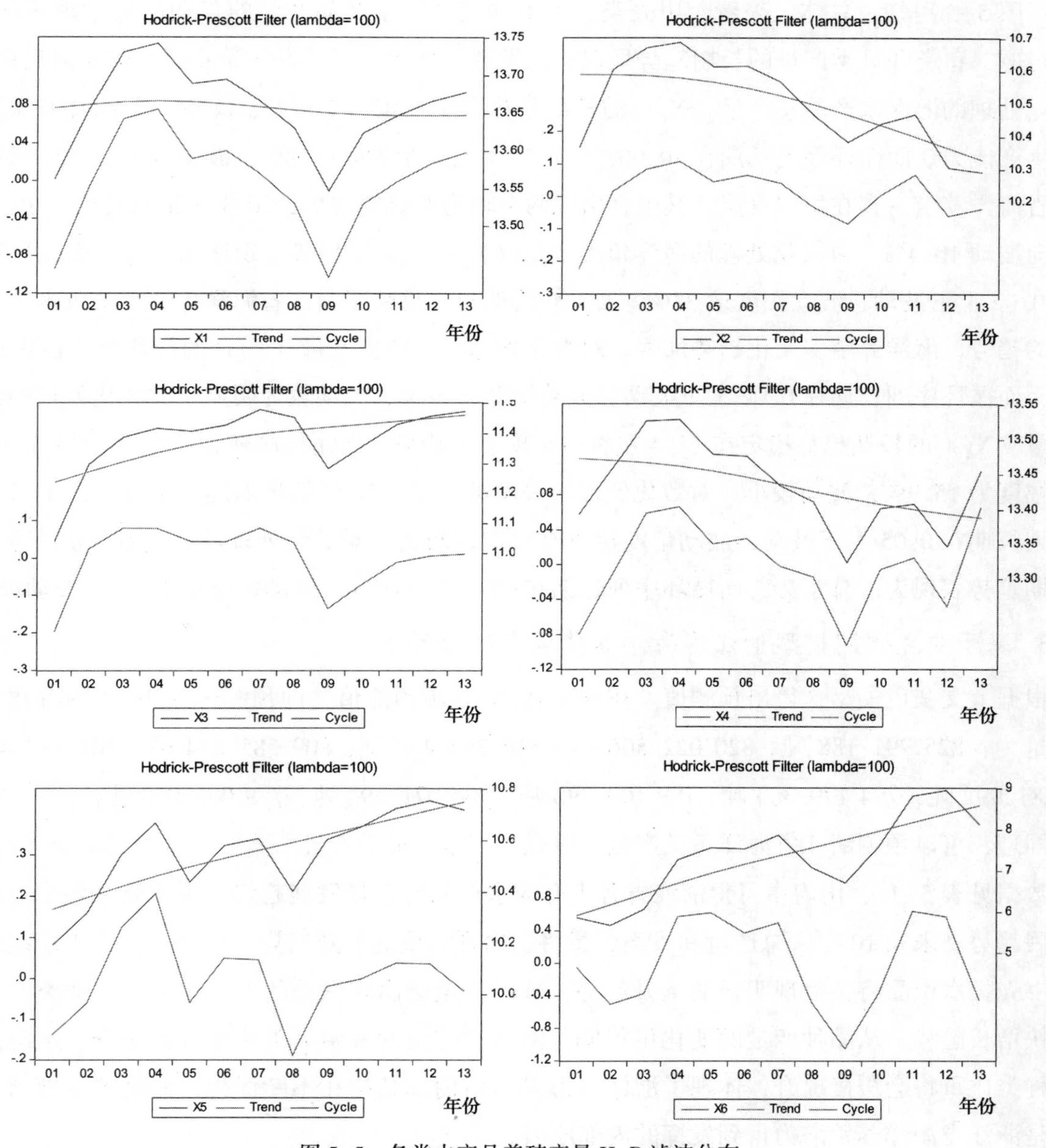

图 5-5　各类水产品养殖产量 H-P 滤波分布

与上文对浙江近海捕捞的H-P滤波分析一样，本文主要选择2001—2013年的浙江省近海捕捞产量的相关数据，来自《中国渔业统计年鉴》2002—2014年。对应上文对浙江省海洋养殖现状的描述性分析，现分别对浙江省海洋养殖的总产量（X_1）、鱼类产量（X_2）、甲壳类产量（X_3）、贝类产量（X_4）、藻类产量（X_5）和其他产量（X_6）共六个指标进行H-P滤波分析。本文为消除个别数据变异对整体的过度影响，因此在对所有数据进行对数处理的基础上，根据以上数据，用H-P滤波的方法将浙江省海洋养殖产量的趋势成分与循环成分分解开来，对其发展趋势进行深入研究。

由图5-5可知，总体上来看，甲壳类、藻类和其他类水产品产量的长期趋势呈现正向发展，与此对应，鱼类和贝类产量的长期趋势呈现负向发展，体现了浙江省海洋养殖结构在向良性发展。对数化处理的海洋水产品总产量（X_1）的长期趋势稳定在13.65左右，反映了浙江省海洋养殖较高的生产能力。而循环序列长期在-0.007上下波动，波动幅度为18%，波动较小，说明长期以来浙江省海洋养殖一直在稳定发展。其中，出现两个较为明显的波峰，2004年正向波动7.6%，2009年负向波动10.4%。对数化处理的海洋鱼类产量（X_2）的长期趋势呈现逐渐下降，而循环序列长期在0.02上下波动，波动幅度达33%，波动较为明显，反映了浙江省海洋鱼类养殖所占比重逐渐下滑的趋势，海洋养殖多元化趋势加强。对数化处理的甲壳类产量（X_3）的长期趋势稳定在11.4左右，而循环序列长期在0.02上下波动，波动幅度达28%，波动较为明显。对数化处理的海洋贝类产量（X_4）的长期趋势稳定在13.4左右并呈现下滑趋势。而循环序列长期在-0.014上下波动，波动幅度为15.9%，波动较小。对数化处理的海藻类产量（X_5）的长期趋势呈现逐渐上升。而循环序列长期在0.05上下波动，波动幅度达40%，波动较大。对数化处理的海洋其他类产量（X_6）的长期趋势表现为上升态势，而循环序列长期在-0.5上下波动，波动幅度达169%，波动极大。

3. 基于灰色预测模型浙江省海洋养殖生产潜力预测

根据上文灰色模型，得出预测值。在这里选择10步预测值，即预测未来10年的海洋水产品总产量为：825 291.188吨，820 022.506吨，814 787.460吨，809 585.834吨，804 417.415吨，799 281.992吨，794 179.353吨，789 109.290吨，784 071.594吨，779 066.060吨。

同理，可以预测浙江省海洋鱼类产量、甲壳类产量、贝类产量、藻类产量和其他海产品产量，详细数据见表5-15。由表中可得浙江省各类海洋水产品的产量发展趋势，下面就从各个分类来看其发展趋势。未来10年，总产量和贝类产量将会出现较快的下降趋势，鱼类产量会出现缓慢的下滑，甲壳类水产品将会显现明显的上升趋势，藻类产量会出现微弱的上升趋势，其他类产量将呈现较快增长趋势。从品种产量的变化可得知，浙江省传统的养殖品类比重逐渐下降，经济附加值高的种类比重将会缓慢提升，体现了浙江省海洋养殖内部结构在不断优化，而这种养殖结构的优化正是浙江省海洋养殖潜力得到发挥的内部原因。

表 5-15 2014—2023 年浙江省各类海洋水产品养殖产量预测值 单位：吨

年份	总产量	鱼类	甲壳	贝类	藻类	其他
2014	825 291	29 576	94 041	634 781	47 119	7 556
2015	820 023	28 605	94 693	627 253	48 381	9 111
2016	814 787	27 666	95 350	619 815	49 677	10 986
2017	809 586	26 758	96 010	612 465	51 007	13 248
2018	804 417	25 879	96 676	605 202	52 373	15 975
2019	799 282	25 030	97 346	598 025	53 775	19 263
2020	794 179	24 208	98 020	590 934	55 215	23 228
2021	789 109	23 413	98 700	583 926	56 693	28 010
2022	784 072	22 645	99 384	577 001	58 212	33 775
2023	779 066	21 901	100 073	570 159	59 770	40 728

三、海洋水产品产出结构分析

对事物的分析不仅要从量的角度来看，更重要的应该从质的角度分析，“质”在更多情况下就是对事物结构的考察，事物的结构反映了事物的本质，决定了事物的发展方向。对浙江省蓝色牧场的发展潜力分析也是如此，前文分别从浙江省海洋水产品发展的生态条件以及浙江省海洋水产品产量预测分析这两个角度考量，为下文进行结构分析奠定基础，因此，下文将着重于从浙江蓝色牧场中海洋水产品的结构角度入手，从结构维度来研究浙江蓝色牧场的发展潜力。

（一）浙江省海洋水产品结构分析发展背景

2013 年，全国海洋水产品主产区，各省份海洋渔业产出可分为三个层次，即产出在 500 万吨以上的山东和福建；产出在 400 万~500 万吨的浙江、广东和辽宁；产出在 400 万吨以下省份，河北、江苏、广西、海南等。2013 年，全国排在前六位的省份是山东、福建、浙江、广东、辽宁和江苏，六省合计产量占全国总产量的 86.6%。海洋渔业在浙江省地区经济中一直占据重要地位。改革开放以来，浙江省海洋渔业产出曾一度居全国第二，然而近年来，海洋渔业产出的省际横向比较看，浙江省先被福建超越，退居第三，并且出现被广东和辽宁超越的趋势。从 2013 年的各省渔业产出来看，浙江省与广东省差距微弱，辽宁省与浙江省的差距也越来越小，浙江省当年产量为 4 431 886 吨，广东省为 4 424 022 吨，辽宁省为 4 111 302 吨，浙江仅比广东多 0.1%。

浙江省海洋水产品产出与同期的沿海其他省份相比增速明显趋缓，而且逐渐被其他省份超越，究其原因，主要在于浙江省海洋水产品结构不合理。在这里，水产品的结构主要是指海水养殖和海洋捕捞结构关系，即养殖水产品的比重和捕捞水产品的比重对比。具体来说，浙江省海洋水产品发展较慢，主要在于海水捕捞—养殖结构严重不合理。

（二）浙江省海洋水产品结构发展趋势

近几年以来（表5-16和表5-17），与同期沿海其他省份相比，浙江海水养殖产出发展缓慢，而海洋捕捞则发展较快。浙江省海水养殖在2008—2013年间，产量从2008年830 785吨增长到871 700吨，年均仅增长1%，增长缓慢；而海洋捕捞（不包括远洋渔业产出）产量从2008年2 545 219吨增长到2013年3 560 186吨，年均增长6%，增长迅速。同期，沿海其他渔业强省海水养殖产出则保持较快增速，山东省、福建省、广东省、辽宁省和江苏省同期的增速分别为：4.8%，5%，5.2%，6.9%，6.8%，远远高于浙江省1%的发展速度；海洋捕捞产量则维持低速增长或负增长趋势，五省的增速分别为：-0.5%，1.1%，0.4%，0.9%，-0.4%，远远低于浙江6%的增长水平。

表5-16 沿海主要渔业强省海水养殖产出

单位：吨

年份	辽宁	江苏	浙江	福建	山东	广东
2008	2 020 980	674 414	830 785	2 777 821	3 613 510	2 229 773
2009	2 143 168	734 960	764 565	2 930 254	3 814 304	2 346 157
2010	2 314 694	785 173	825 730	3 038 990	3 962 643	2 490 688
2011	2 435 184	842 408	844 941	3 161 489	4 134 775	2 655 746
2012	2 635 627	904 959	861 364	3 326 595	4 362 443	2 757 362
2013	2 827 609	938 742	871 700	3 548 960	4 566 350	2 870 020

资料来源：《中国渔业统计年鉴》2009—2014年

表5-17 沿海主要渔业强省海水捕捞产出

单位：吨

年份	辽宁	江苏	浙江	福建	山东	广东
2008	1 140 353	578 089	2 545 219	1 982 728	2 481 213	1 538 310
2009	1 132 120	570 009	2 773 510	2 027 864	2 449 591	1 525 341
2010	1 182 672	579 295	2 986 602	2 088 992	2 500 702	1 524 344
2011	1 222 774	578 432	3 264 905	2 100 130	2 512 437	1 526 511
2012	1 257 664	579 855	3 451 070	2 139 480	2 498 303	1 566 073
2013	1 283 693	573 336	3 560 186	2 167 826	2 428 240	1 554 002

资料来源：《中国渔业统计年鉴》2009—2014年

表 5-18　沿海主要渔业强省海洋捕捞—养殖比例

年份	辽宁	江苏	浙江	福建	山东	广东
2008	0. 509	0. 840	2. 820	0. 660	0. 660	0. 652
2009	0. 464	0. 766	3. 487	0. 635	0. 622	0. 603
2010	0. 435	0. 726	3. 416	0. 628	0. 593	0. 574
2011	0. 436	0. 674	3. 586	0. 606	0. 577	0. 547
2012	0. 409	0. 626	3. 669	0. 579	0. 542	0. 548
2013	0. 382	0. 590	3. 662	0. 546	0. 507	0. 519

浙江海洋水产品产出严重依赖海洋捕捞，海洋捕捞占海洋水产品比重太高，直接影响了浙江海洋水产品的可持续发展。如表 5-18 所示，浙江省海水捕捞—养殖比例长期在 3 以上，近年来有继续增长的趋势，根据不同的统计口径，结果会有差异，但并不大，如果仅以近海捕捞来计算捕捞量的话，2008—2013 年，浙江省的捕捞—养殖比例从 2008 年的 2. 83 增长到 2013 年的 3. 66，年均增长 5. 3%；如果近海捕捞包括远洋渔业的话，则捕捞—养殖比例将会进一步增大，以包括远洋渔业的统计口径计算，2008—2013 年，浙江省捕捞—养殖比例从 2008 年的 3. 06 增加到 2013 年的 4. 08，年均增加 6%。而同期沿海其他海洋渔业强省的捕捞—养殖比例基本维持在 0. 5，有些省比重更低，2013 年，不包括远洋捕捞计算，山东、福建、广东、辽宁和江苏的比例分别为 0. 51、0. 55、0. 52、0. 38、0. 59，并且有继续降低的趋势，远远低于浙江 3. 66 的水平。

根据上文对浙江省海洋捕捞的发展现状及未来产量预测可知，按照目前的发展态势，浙江省海洋捕捞在海洋生态环境逐渐恶化，捕捞的国际争端日益严峻的背景下，海洋捕捞产量呈现递减趋势，而浙江海洋养殖将会出现小幅下降。因此，未来浙江捕捞—养殖比例仍然维持在 3. 45 左右，并没有下降趋势。

海洋捕捞乏力，生态环境恶化的背景下，海洋捕捞的结构严重影响了浙江海洋经济的可持续发展，而蓝色牧场的发展可以有效改善这一现状，因此，这为浙江省大力发展蓝色牧场提供了有利的环境，也是浙江省蓝色牧场的发展潜力所在。

第四节　蓝色牧场对浙江海洋经济的贡献度

上文中从浙江省发展蓝色牧场的现实依据以及蓝色牧场的产出潜力出发，对其发展潜力进行分析。在本节中，在借鉴前人对海洋经济综合评价的研究的基础上，建立海洋水产品对浙江省海洋经济贡献的综合评价指标体系，利用浙江省实际数据，运用层次分析法分析浙江海洋水产品对浙江海洋经济的贡献水平，以期掌握浙江省海洋水产品的发展阶段，从海洋水产品对浙江海洋经济贡献度的角度，最终得出浙江蓝色牧场的发展潜力。

一、指标选择

海洋经济是多种因素综合作用的结果，海洋经济发展水平的评估不仅要体现在对经济因素的衡量，更应该突出地表现在科技进步水平①以及对社会发展的贡献程度②上。因此，遵循科学性、全面性、有效性、可行性原则，综合理解海洋经济的内涵与构成，结合浙江省海洋经济具体情况，本文认为，目前衡量海洋水产品对浙江海洋经济的贡献度的因素主要有经济因素、社会因素和科技因素。

（一）经济因素指标

经济因素是海洋经济发展水平的基本因素，衡量着海洋经济发展的经济绩效，是评价海洋经济发展水平的首要因素。对于经济因素，从总量情况和增长情况两个方面来衡量。总量指标用浙江海洋经济生产总值（A_1）和增加值（A_2）来表示，评价海洋经济发展总体的量化表现；增长情况用浙江海洋经济生产值的增长率（A_3）来表示，评价海洋经济的增长态势。

（二）社会因素指标

社会因素反映海洋经济对社会的贡献程度，衡量海洋经济的社会绩效，对于评价海洋经济的发展情况是不可或缺的重要因素。对于社会因素，从财政贡献和就业贡献两个方面进行衡量。财政贡献指标用海洋经济税收贡献额（B_1）来表示，用来评价海洋经济对社会贡献的金钱价值；就业贡献指标用海洋经济就业人数（B_2）来表示，用来评价海洋经济在提供就业岗位方面做出的贡献。

（三）科技因素指标

科技因素反映海洋经济对科学技术的贡献程度。对于一个产业来说，只有相关的科学技术得到一定的发展，并且应用到实践中来，这个产业才能拥有不断向前的动力。科技推动经济发展，经济发展促进科技活动，因此，衡量经济的发展程度离不开对科技水平的度量。对于科技因素，我们使用专利申请受理数（C_1）、研发课题数（C_2）、研发经费内部支出（C_3）三个指标进行衡量。

二、体系构建

（一）各层次指标权重的确定

根据同类研究的经验以及本文的具体情况，选择层次分析法（AHP）来对各层次指标的权重进行确定。首先，由重要性划分判断依据（见表 5-19）来构建目标层子系统的比较判别矩阵（见表 5-20）及个体指标的比较判别矩阵（见表 5-21 至 5-23）。

---

① 王泽宇，刘凤朝．我国海洋经济科技创新能力与海洋经济发展的协调性分析．科学学与科学技术管理，2011（5）：42-47.

② 陈凤桂，陈伟莲．我国海洋经济与就业潜力研究．地域研究与开发，2014（4）：36-40.

其次，求出各矩阵的最大特征根，检验 CI 是否为零，即是否通过逻辑一致性检验。经计算，所有矩阵对应的 $CI=\frac{\lambda_{max}-n}{n-1}$ 均为零。因此，各矩阵均通过逻辑一致性检验，表明判别过程中不存在 $A>B$、$B>C$、$C>A$ 这一逻辑不一致情况。

最后，运用求根法计算各指标权重。将矩阵各行上的元素相乘，对各乘积分别开 3 次方后再相加，将各乘积开方后的结果与开方结果之和相除，可得各指标的权重，具体权重结果见表 5-24。在该表中，对于目标层"贡献度综合评价指标"的子系统的权重以及各个体指标的权重得到确定，其中，经济因素和科技因素权重相当，社会因素处于相对较弱的地位。

表 5-19 重要性划分的判断依据

A 指标相比 B 指标的重要程度	极重要/极不重要	处于重要程度之间	很重要/很不重要	处于重要程度之间	重要/不重要	处于重要程度之间	略重要/略不重要	处于重要程度之间	相等
A 指标得分	9/ $\frac{1}{9}$	8/ $\frac{1}{8}$	7/ $\frac{1}{7}$	6/ $\frac{1}{6}$	5/ $\frac{1}{5}$	4/ $\frac{1}{4}$	3/ $\frac{1}{3}$	2/ $\frac{1}{2}$	1

表 5-20 目标层各指标的判别矩阵与权重

	经济因素	社会因素	科技因素	权重	CI 检验
经济因素	1	2	1	0.400	CI=0
社会因素	1/2	1	1/2	0.200	
科技因素	1	2	1	0.400	

表 5-21 经济因素子系统各指标的判别矩阵与权重

	生产总值（A_1）	增加值（A_2）	生产总值增长率（A_3）	权重	CI 检验
生产总值（A_1）	1	1/2	1	0.100	CI=0
增加值（A_2）	2	1	2	0.200	
生产总值增长率（A_3）	1	1/2	1	0.100	

表 5-22 社会因素子系统各指标的判别矩阵与权重

	税收贡献额（B_1）	就业人数（B_2）	权重	CI 检验
税收贡献额（B_1）	1	1/2	0.077	CI=0
就业人数（B_2）	2	1	0.123	

表 5-23 科技因素子系统各指标的判别矩阵与权重

	专利申请受理数 (C_1)	科研机构数 (C_2)	科研机构经费收入 (C_3)	权重	CI 检验
专利申请受理数（C_1）	1	2	1	0.160	CI=0
研发课题数（C_2）	1/2	1	1/2	0.080	
研发经费内部支出（C_3）	1	2	1	0.160	

表 5-24 海洋水产品对浙江海洋经济贡献的综合指标体系和指标权重

目标层	子系统	权重	个体指标	权重
贡献度综合评价指标	经济因素	0.400	生产总值 A1	0.100
			增加值 A2	0.200
			生产总值增长率 A3	0.100
	社会因素	0.200	就业人数 B1	0.077
			税收贡献额 B2	0.123
	科技因素	0.400	专利申请受理数 C1	0.160
			研发课题数 C2	0.080
			研发经费内部支出 C3	0.160

（二）指标数据的无量纲化以及评价值的标准计算依据

由于指标各计量单位以及指标性质存在不一致性，导致无法直接进行加总求和，因此需要对数据进行无量纲化处理。本文采用公式 $Z_i = \frac{x_i}{\bar{x}}$，其中，$x_i$ 为海洋水产品相关的实际数据，$\bar{x}$ 为该项的浙江海洋经济数据值，使用各项指标的无量纲比值来计算综合指数。

根据前边的分析结果可得如下计算公式：$GXD = 0.400A + 0.200B + 0.400C$，即为海洋水产品对浙江海洋经济贡献的综合评价指标。

其中：

$A = 0.100A_1 + 0.200A_2 + 0.100A_3$

$B = 0.077B_1 + 0.123B_2$

$C = 0.160C_1 + 0.080C_2 + 0.160C_3$

三、实证测度

（一）指标数据的获取

表 5-25 浙江省海洋经济和海洋水产品各指标值

目标层	子系统	个体指标	海洋经济	海洋水产品	标准化比值
贡献度综合评价指标	经济因素	生产总值 A_1（亿元）	4 947.5	484.53	0.097 934
		增加值 A_2（亿元）	2 812.1	272	0.096 725
		生产总值增长率 A_3	9.94%	4.17%	0.419 517
	社会因素	就业人数 B_1（万人）	422	21.602	0.051 190
		税收贡献额 B_2（万元）	34 412 300	164.314 8	0.000 005
	科技因素	专利申请受理数 C_1（件）	47	4	0.085 106
		研发课题数 C_2（项）	249	23	0.092 369
		研发经费内部支出 C_3（千元）	337 108	15 912	0.047 210

海洋水产品对浙江海洋经济贡献度的计算，需要收集两方面数据，第一方面为浙江省海洋经济的各指标数值，第二方面为浙江省海洋水产品的对应指标数值。其中，浙江海洋经济的生产总值、增加值、就业人员、专利申请受理数、研发课题数、研发经费内部支出直接来自《浙江海洋统计年鉴》（2013 年），即 2012 年的相关数值；生产总值增长率根据 2011 年和 2012 年的生产总值计算得出，税收贡献额指标无直接来源，故采用公共财政预算收入这个近似值；浙江海洋水产品的生产总值、增加值、税收贡献额、就业人员来自《中国渔业统计年鉴 2013》，即 2013 年的相关数值，生产总值增长率根据 2011 年和 2012 年的生产总值计算得出，专利申请受理数、研发课题数、研发经费内部支出为估算值，根据的公式为海洋农业科学指标值/海洋指标值×浙江省海洋经济指标值，来自《中国统计年鉴 2013》。

（二）海洋水产品贡献度的计算

各指标的指标值以及标准化比值见表 5-25。将表 5-25 中各指标标准化比值与相应的权重相乘，可分别得到浙江海洋水产品在经济因素、社会因素、科技因素方面对浙江海洋经济的贡献值，其中，$A=0.071\,09$，$B=0.003\,94$，$C=0.028\,56$。

根据海洋水产品对浙江海洋经济贡献的综合评价指标 $GXD=0.400A+0.200B+0.400C=0.040648$，因此，海洋水产品对浙江海洋经济的贡献度为 0.040 648。

四、结论评析

从上文浙江省海洋水产品对浙江海洋经济的贡献度分析中，得出海洋水产品对浙江海洋经济的贡献度极低，仅为 0.04，表明浙江省海洋水产品发展质量低，尚处于发展初期，有巨大的提升潜力，为大力发展“蓝色牧场”提供足够的成长空间。

在对贡献度的计算过程中，可以得出经济因素、社会因素、科技因素对浙江海洋经济的贡献率分别为 7.11、0.39 和 2.86，可见一直以来比较受关注的经济因素对海洋经济的贡献较大，在综合贡献度中作用显著，而容易被忽视的社会因素和科技因素在综合贡献度中的作用较小，特别是社会因素。

对浙江海洋经济贡献的各因素当中，海洋水产品在经济因素方面的相对贡献程度最大。经济因素包括总产值、增加值以及总产值增长率，这三个指标的标准化比值分别接近于 0.1、0.1 和 0.4，这些相对较高的比值在衡量海洋水产品对海洋经济贡献程度方面均起到突出作用，说明与社会因素和科技因素的贡献度相比，海洋水产品的经济效益比较突出，在对浙江省海洋经济方面的经济带动作用较强，这可能与海洋水产品在水产品市场的绝对优势地位有关。

在各贡献因素中，社会因素的贡献程度最低，说明浙江省海洋水产品的社会效益比较低。其中，就业人数的标准化比值仅为 0.05，而税收的标准化比值接近于 0。一方面可能由于海洋水产品加工程度低，未能充分实现经济价值，不能充分实现税收的增加；另一方面可能由于海洋水产品产业链不长，水产品加工多半还处于比较初级的冷冻水平，因此水产品生产的短链现状使得对人力资源的需求量小，不能充分提供就业岗位。与其他两个因素相比，科技因素的贡献处于两者的中间状态。其中，专利申请受理数、研发课题数、研发经费内部支出的标准化比值分别为 0.085、0.092、0.047，可见浙江在海洋水产品的科技研发方面还需加大投入力度。

第六章　浙江蓝色牧场产业体系构建

“蓝色牧场”是一个涉及多产业共同发展的集合体，包括水产养殖业、海洋捕捞业、水产品加工业和休闲渔业等。而这几个直接关联的产业又包含了资源保护和增殖业、海水苗种业、海产品冷链物流业、水产品交易市场及各类旅游服务业等上下游相关产业。不同地区的海域状况、气候条件、海洋生物资源禀赋、产业基础、区位情况和社会经济状况存在很大的不同，“蓝色牧场”建设的发展模式也不尽相同。因此，分析浙江省海洋资源基础以及产业发展态势，有利于明确浙江省“蓝色牧场”建设的产业体系构建以及重点发展领域，为更好推进浙江“蓝色牧场”建设奠定扎实的理论基础。

第一节　资源与产业基础

浙江省发展海洋产业具备丰富的海洋资源、良好的海洋环境等自然基础，综合实力逐步增强、海洋开发能力逐步提高、海洋产业规模逐步扩张等经济基础，政府重视发展海洋事业、人力资源素质较高等社会基础，海洋经济总量已居全国前列，是我国参与国际竞争与合作的前沿阵地。同时，浙江省拥有丰富的“港、景、渔、油、涂、岛、能”等海洋资源，组合优势明显，适宜规模化、基地化开发，具有成为浙江海洋经济发展带重要增长极的巨大资源潜力。

一、自然资源基础

海洋自然资源之间有着紧密的联系，一种自然资源的形成与积累几乎都受到其他资源的影响，这种紧密关联性构成了区域范围内的海洋自然资源系统。浙江省海域位于长江黄金水道入海口，北联上海市海域，南接福建省海域，毗邻台湾海峡和日本海域，对内是江海联运枢纽，对外是远东国际航线要冲，在我国内外开放扇面中居于举足轻重的地位。同时，浙江沿海地区位于我国“T”字形经济带和长三角世界级城市群的核心区，是长三角地区与海西地区的联结纽带，依托广阔腹地和深水岸线等资源，既可作为我国海上交通运输主枢纽，也可作为石油、天然气、铁矿石等战略物资的储运、中转和贸易主基地。这些都是发展海洋产业必备的自然基础条件，也决定了浙江省具有广阔的海洋经济发展前景。

（一）自然地域资源

浙江省沿海及海岛岸线全长 6 696 千米，深水岸线 506 千米。据统计，浙江省面积 500 平方米以上的海岛有 2 878 个，数量居全国第一。东北部的舟山群岛海岛分布最为密集，岛屿总面积约为

1 940 平方千米，其中舟山本岛面积约有 500 平方千米，为全国第四大岛。浙江潮间带面积约 2 290 平方千米，其中海涂面积约 2 160 平方千米。按岸滩动态可分为淤涨型、稳定型、侵蚀型三类，其中淤涨型滩涂面积占 87.54%，主要分布于杭州湾南岸、三门湾口附近、椒江口外两侧、乐清湾和瓯江口至琵琶门之间。潮间带滩涂大致可分为三种环境类型，包括河口平原外缘的开敞岸段、半封闭海湾组成的隐蔽岸段和海岛及岬角海湾内的海涂，面积小，分布零星。浙江省自然环境优良，水产资源丰富，生态类型多样，是多种经济水产资源的集中分布区域，拥有发展海水增养殖良好的自然环境，在建设内湾岛群型“蓝色牧场”上具有得天独厚的区域环境优势。

表 6-1　沿海省市主要海洋资源对比

省（市）	海域面积（万平方米）	海岸线（千米）	深水岸线（千米）	海岛数量（个）	滩涂资源（千米）
浙江	26	6 696	2 869	1 606	200
辽宁	15	145	506	—	0.63
山东	15	270	326	3 223	2
江苏	18	240	16	6 873	2.9
上海	0.7	90	24	646	—
福建	13.6	180	1 546	1 325	2.9
广东	35	340	759	1 248	73
海南	200	110	280	171	300
广西	12.9	86	651	1 005	23

数据来源：《中国海洋统计年鉴》2013 年

（二）海洋生物资源

浙江海域渔场面积有 22.27 万平方千米，是我国最大的渔场；近海最佳可捕量占到全国的 27.3%，是渔业资源蕴藏量最为丰富、渔业生产力最高的渔场。浙江省海域岛屿众多，饵料生物丰富，自然条件优越，为海洋生物提供了多样性的生态环境，有利于各种生态特征的初级、次级和高级海洋生物的繁殖和生长，已成为我国海洋生产量最高的水域之一和海洋渔业资源蕴藏量最为丰富的渔场，是我国重点海水鱼产区，水产品资源具有种类繁多、经济价值高、生态类型多样、资源量丰富等特点。浙江水产品初级生产力空间分布从高到低依次为浙南海区、浙北海区、浙中海区。海域内浮游植物密度和生物量均很高，以硅藻类为主；浮游动物具有近岸种类较少，离岸区域种类丰富的特点；底栖生物以低盐沿岸种和半咸水性河口种为主，包括甲壳类、软体动物、多毛类、鱼类、棘皮动物、腔肠动物和大型藻类；游泳生物是海洋捕捞的主要对象，共计有 439 种；药用海洋资源丰富，可供保健和药用的海洋生物有 420 种。

（三）港口航道资源

浙江港航资源得天独厚，丰富的深水港口、疏港的内河航道资源和地处长江经济带与东部沿海经济带的“T”型交汇点，是浙江最突出的资源优势和区位优势。浙江规划港口深水岸线506千米，可建10万吨级以上泊位的岸线长度150千米以上、可建30万吨级及以上超大型泊位的深水长度约20千米，锚地航道资源非常丰富，沿海航道、航线四通八达，习惯航道近5 000千米，等级最高的人工航道可候潮通行30万吨级船舶，拥有集装箱航线达200多条，其中远洋干线120多条，连接全球100多个国家和地区的600多个港口。

浙江现有宁波—舟山、温州、台州和嘉兴4个沿海港口，至2014年底，浙江沿海拥有港口泊位1 094个，其中万吨级以上泊位209个，年综合通过能力达9.6亿吨。2014年浙江沿海港口完成货物吞吐量10.8亿吨，集装箱吞吐量达2 136万标箱，初步形成以宁波—舟山港（含嘉兴港）为主，温州港、台州港为辅的“一主两辅”港口发展新格局。其中，宁波—舟山港拥有万吨级泊位150个，去年货物吞吐量达8.7亿吨，自2009年起连续六年位居世界首位，集装箱吞吐量达1 945万标箱，跃升至世界第五位，对外开通国际航线240条，连通世界100余个国家600余个港口。宁波—舟山已成为我国大型集装箱转运基地，大宗战略物资中转储备基地和临港产业基地。

浙江境内河流众多，水网密布，近年来，内河集中力量建设以三级航道为主的集装箱运输通道，重点加快骨干航道项目建设，建成全国第一条现代人工开挖运河杭甬运河，浙江首条千吨级内河航道湖嘉申线湖州段，基本形成“北网南线、双十千八”的骨干航道布局框架。内河航道总里程9 762千米，居全国第五，其中500吨级及以上高等级航道里程1 432千米，占总里程的14.7%（占比略高于全国平均水平13%）。浙江现有杭州港、宁波内河港、嘉兴内河港、湖州港、绍兴港、兰溪港、青田港7个内河港口，其中杭州港、嘉兴内河港、湖州港为全国内河主要港口，拥有500吨级以上泊位804个（总泊位数3 596个），2014年完成货物吞吐量3.1亿吨，居全国第2位。

浙江运力规模和结构位居全国前列。到2014年底，浙江运力规模达到2 397万载重吨，其中海运运力为2 042万载重吨，居全国各省市首位。运力结构进一步优化，万吨级和特种船舶达到1 845万载重吨，占运力总规模的77%。浙江完成水路客运量3 581万人、旅客周转量5.6亿人千米，分别同比增长15.1%、9.2%；完成水路货运量7.3亿吨、周转量7 897.2亿吨千米，分别同比下降4.9%、增长7.3%。浙江内河运输船舶1.4万艘，运力规模355万载重吨，2014年浙江内河完成水路货运量2.1亿吨，内河港口完成集装箱吞吐量28万标箱（同比增长21.3%）。港口航运的发展能够极大提高水产品冷链运输能力，对于浙江省海洋产品的输出具有重大意义。

（四）海洋旅游资源

浙江沿海气候温和湿润、地貌形态多样，人类活动历史悠久、文化积淀深厚，自然禀赋与人类活动的叠加，形成了丰富多彩的自然和人文旅游资源。据浙江省旅游资源普查，沿海地区的旅游资源单体数、优良级旅游资源单体数和五级旅游资源单体数占浙江的比重均接近2/5，开放潜力巨大。依托特色旅游资源，滨海旅游业发展迅猛。滨海旅游业依托海岸带、海岛及海洋各种景观资源，是浙江海洋经济的主导产业之一。多年来，其产业增加值始终位居前列，是沿海地区财政收入的重要来源，也是吸纳就业的主要力量。2010年，滨海旅游业在宁波—舟山跨海大桥通车效应和上海世博会等因素的有力促进下，发展形式喜人。随着宁波—舟山跨海大桥、温州（洞头）半岛工程通车，舟山群岛、洞头列岛已成为浙江省滨海旅游发展的主区域；随着旅游基础设施的不断完善，南麂列岛成为浙江省发展海洋生态旅游和度假休闲的理想场所，其他滨海区域也结合自身优势，积极推出了各种特色滨海旅游项目，使滨海旅游经济得到快速发展。2010年，接待国内旅游者17 564万人次，接待入境游客238万人次；滨海旅游业总产出1 203亿元，增加值480亿元，分别比上年增长89. 6%和85. 3%；滨海旅游业增加值占海洋生产总值的比重为12. 7%，在海洋主要产业中居于首位，对整个海洋经济增长的贡献度高达28. 6%，对推动浙江海洋经济发展起到了举足轻重的作用。滨海旅游业的快速发展对于蓝色牧场观光功能的开发具有重要意义。

二、产业发展基础

“蓝色牧场”建设具有产业性的特点，需要建立在各关联产业协同发展的基础上，只有海水养殖业、海水捕捞业、海产品加工业等行业良性发展，才能建立起充裕、优质的“牧场”。同时，“蓝色牧场”对海域生态环境和海洋渔业资源的要求较高，因此要发展资源保护增殖业，合理控制陆域污染源排放，建立科学机制对海域进行修复和养护，实施增殖放流，建设人工鱼礁等措施，如此才能促进“蓝色牧场”的健康可持续发展。

从产业关联角度来讲，“蓝色牧场”产业结构分为源头模块、核心模块和流通模块三大模块。其中源头模块包括海水种苗业、渔业资源保护与增殖业，核心模块包括海洋捕捞业、海水养殖业、水产品加工业和休闲渔业，流通模块包括海产品冷链物流业和海产品贸易业。三大模块共同构成了“蓝色牧场”的生态产业体系，各产业之间相互联通，相互促进，缺一不可。

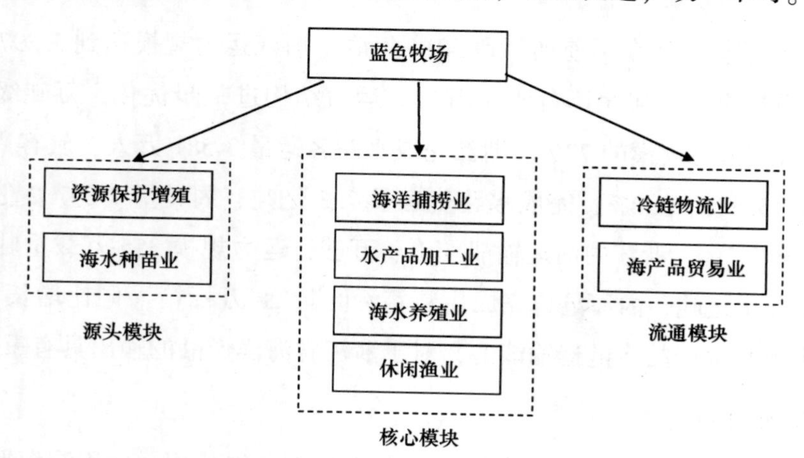

图6-1　“蓝色牧场”产业体系框架

（一）海水种苗业

海水种苗业是在生物自然生长技能的基础上，利用生物技术、遗传技术等现代技术手段作用于生物的自然生长过程，控制生物生长环境，培育、引进新的养殖苗种或改良现有苗种，为海水养殖业提供优质的苗种的产业。常规意义上的海水苗种业指的是获取原种，通过现代科学技术对原种进行改造，并对其生活环境进行合理改良从而获得优质苗种的过程。从产业角度来看，海水种苗业主要还包括育种技术设备研发，种苗的实用性分析及推广，以及与种苗繁育密切相关的水产饲料生产、病害药物的研发等一系列过程。

经过十几年的发展，浙江省海水种苗产业已经形成了一定的产业基础。从“十五”以来，浙江省将海水种苗业作为渔业工作的重点，围绕优势主导品种和本地特色品种，积极实施海水种苗工程建设，通过政策扶持和引导，促进形成了四大主导产业和优势特色产业，有效地促进了苗种生产的发展。浙江省海水种苗产业发展呈现以下特征：

1. 水产原良种繁育体系初步形成

作为水产种子种苗工程建设的重点，浙江省大力推进水产原良种繁育基础设施建设。围绕龟鳖类、海水蟹类、珍珠类等水产养殖主导产业和罗氏沼虾、翘嘴红鲌、青鱼、厚壳贻贝、鲟鱼、观赏鱼等优势特色产业原良种供应需求，浙江省现已建成国家级水产原种场 5 家，省级水产良种场 19 家，省级优质种苗规模化繁育基地 16 家，还有 4 家国家级原良种场、3 家省级良种场和 1 家国家级罗氏沼虾遗传育种中心。2010 年，浙江省繁殖各类鱼苗 134.2 亿尾、虾苗 410 亿尾、优质龟鳖苗 1.6 亿只、贝苗 1 334 亿颗、河蟹苗 7.5 亿尾、海藻类苗 18.9 亿株，基本能够满足“蓝色牧场”牧场建设增殖放流所需苗种。

表 6–2　浙江省特色水产苗种产业带

序号	名称	主要品种
1	太湖流域罗氏沼虾苗种产业带	罗氏沼虾
2	杭嘉湖中华鳖和南美白对虾苗种产业带	中华鳖、南美白对虾
3	乐清湾泥蚶苗种产业带	泥蚶
4	甬台温沿海海水蟹类苗种产业带	海水蟹

2. 水产苗种种类不断丰富

近年来，浙江省不断开发引进和繁育推广适宜增养殖种类。通过建立对当地野生水产资源开发利用和国内外优良品种的筛选机制，成功破解本地野生种类的人工繁育以及引进物种的适应性研究技术难关，开发了翘嘴红鲌、倒刺鲃、黄颡鱼、岱衢族大黄鱼、乌贼和海蜇等 20 余种海淡水种类以及大鲵等珍稀种类。国内外种类中，重点引进罗氏沼虾原种、南美白对虾、金刚虾等 10 余个品种。适宜品种引进不仅优化了水产养殖品种结构，也为海洋渔业资源恢复与珍稀种类保护提供苗种保障，成为支撑“蓝色牧场”放流养殖持续健康发展的基础。

3. 水产良种选育取得新的突破

随着工业化的推进，海水污染问题日益严峻。浙江省主要养殖品种和传统优势品种受到海水污染的影响，种质不断退化，养殖性能日趋下降。为了提升种苗质量，浙江省组织省内外涉渔高校、科研院所、推广机构、国家级和省级水产原良种场等单位，开展了中华鳖、珍珠蚌、罗氏沼虾、乌鳢、大黄鱼、文蛤、泥蚶、三疣梭子蟹等水产种质改良与选育工作，取得了显著成效。已育成中华鳖日本品系、清溪乌鳖、罗氏沼虾“南太湖2号”、杂交鳢“杭鳢1号”4个国家水产新品种，对发展优质高效渔业起到了重要的促进作用。浙江省国家水产新品种选育成功与推广为这些品种的产业处于全国领先地位奠定了基础。

水产种苗作为现代渔业发展的基础产业，是渔业重要的生产资料，推广良种良法是促进现代渔业生产最直接、最有效的途径之一。“蓝色牧场”建设涉及增殖放流、休闲渔业、资源修复和珍稀动物保护等多方面内容，这些建设项目对海水种苗的需求趋于多样化和优质化。因此，加强科技创新，培育海水种苗骨干企业，保障水产增养殖产业持续健康发展是浙江省“蓝色牧场”建设的前提条件。

（二）海洋捕捞业

海洋捕捞业是指人类利用生产工具（渔船、渔具、捕捞机械、助航导航仪器等）从海洋中直接获取具有一定的经济价值、社会价值、美学价值的鱼、虾、蟹、贝、珍珠、藻类等天然海水动植物的生产活动。作为海产品加工业和海产品贸易业的上游产业，海洋捕捞业是“蓝色牧场”建设的基础核心模块。根据捕捞海域与陆地距离的远近，分为沿岸、近海、外海和远洋等捕捞业。近海捕捞指在本国或本区域沿岸较近的海区进行的捕捞生产，是海洋捕捞的主要组成部分，远洋捕捞是指用海洋捕捞技术在200米深线以外大洋区捕捞鱼虾等。

浙江省是海洋捕捞大省，海洋捕捞历来是浙江沿海4市、20多个县、100多万渔区群众赖以生存的传统产业和海洋经济发展的重要基础产业。多年来，海洋捕捞业在丰富城乡市场供应、提高居民生活品质、保障粮食安全、带动渔区第二、三产业、解决渔区社会就业等方面都做出了积极的贡献。

1. 捕捞产值和产量构成

近十年来，浙江省积极开展近海传统渔业资源的保护和增殖工作，但由于捕捞能力的持续增长，捕捞强度未能得到有效控制，近海资源持续衰退。2012年，浙江省海洋捕捞产量为316万吨，相比2004年的322万吨下降了1.8%。但是，随着旅游业的发展，海洋捕捞产品市场受欢迎度逐年提升，尽管捕捞产量趋于下降，但是海洋捕捞产值却趋于稳定。2012年，浙江省海洋捕捞总产值为355.19亿元，增加值189.78亿元。海洋捕捞产量的逐渐减少并未引起海洋捕捞产值的减少，因此大力开展“蓝色牧场”建设，加大增殖放流力度，增加浙江省海域海洋资源的产量，能够极大促进浙江省海洋渔业的发展。

2. 捕捞渔船结构

近年来，随着海洋渔业的快速发展，浙江海洋捕捞强度与渔业资源再生能力之间的矛盾日益突出，违法违规捕捞屡禁不止，海洋渔业资源日益衰退。为了促进渔业经济健康有序发展，浙江省政府鼓励渔民减船转产，同时加强渔港、渔业船舶和渔业生产作业管理，浙江省陆续减少海洋捕捞渔船数量。2014 年浙江省海洋捕捞机动渔船年末拥有量为 20 933 艘，同比减少 1 324 艘，海洋捕捞机动渔船总吨数为 232. 08 万吨，同比增加 10. 57 万吨，总功率 368. 34 万千瓦，同比增长 5. 38 万千瓦。从表 6-3 可以看出，浙江省捕捞作业主要以拖网为主要捕捞器械，其次为刺网和张网。2014 年浙江省拥有拖网海洋捕捞渔船 7 888 艘，占浙江省海洋捕捞机动渔船总数的 37. 7%。浙江省海洋捕捞机动渔船发展趋势为渔船数量逐年减少，船型吨位和功率逐年增加，为了能让海域渔业资源持续增长，仍需加强对省内渔船数量的控制，完善对渔民转产鼓励机制。

表 6-3　2014 年浙江省海洋捕捞渔船结构

作业类型	机动渔船数量（艘）	机动渔船总吨位（吨）	机动渔船总功率（千瓦）
拖网	7 888	1 199 145	2 044 892
围网	599	153 541	197 242
刺网	5 221	278 082	451 140
张网	4 315	288 345	432 039
钓业	749	283 936	381 777
其他	2 161	117 737	176 354

数据来源：《中国渔业统计年鉴 2015》

3. 劳动力结构与渔民收入状况

2014 年，浙江省共有渔业乡镇 75 个，渔业村 766 个，从事渔业的农户共有 326 663 户，渔业人口达到 1 100 705 人。从劳动力构成来看，海洋渔业从业人员 402 256 人，海洋渔业专业劳动力总数为 285 895 人，其中海洋捕捞劳动力共有 147 299 人，占专业劳动力总数的 51. 52%；渔业兼业从业人员达到 58 090 人，临时从业人员总数达到 58 271 人。近年来，浙江省海洋捕捞专业劳动力人数呈不断下降趋势，由 2004 年的 361 157 人下降到 2014 年的 147 299 人。可见，浙江省渔民转产政策实施有一定的成效，捕捞渔民的总量正处于不断下降的态势。

随着工业化的推进，海洋环境逐渐恶化，浙江省沿岸渔业资源日益枯竭，海洋捕捞渔民增收面临巨大的挑战。2014 年浙江省渔民人均纯收入 19 729. 92 元，同比增长 10. 97%。尽管人均收入高于当地农村人均收入，但是渔民收入分化较为明显，大中型捕捞船主经营效益较好，而世代以渔业为生的传统渔民，大多数经营的是小功率机动渔船，从传统渔场撤出后挤进我国管辖水域或过渡水域，使捕捞效益每况愈下的近海捕捞业雪上加霜，渔船亏损面与亏损额随之增加，陷入生产生活困境的渔民数量逐年增加。

（三）海水养殖业

近年来，浙江省海水养殖业发展极为迅速，取得了很大的成就。养殖规模不断扩大，养殖种类不断增加，品种结构得到改善；养殖模式多样化，规模化养殖、生态养殖发展较快；渔业科技创新能力和支撑能力不断提高。2014 年，浙江省海水养殖渔业总产值为 150.85 亿元，占渔业经济总产值的 7.82%。2014 年浙江海水养殖面积为 88 187 公顷，其中海上养殖面积 16 380 公顷，滩涂养殖面积 40 286 公顷，在全国沿海城市中排名较为靠后。具体发展现状如下：

1. 养殖产量

近年来，浙江省海水养殖业呈现平稳的发展趋势，从产量上来看，2005 年海水养殖产量为 881 107 吨，至 2014 年已经达到 897 940 吨，年均增长 0.19%，发展非常平稳。从海水养殖产量在浙江渔业所占比重看，2014 年海水养殖产量占海洋渔业产量的 15.96%。但是，与海洋捕捞产量相比，差距仍然较为明显。浙江省的海洋渔业仍然以捕捞业为主，这对于区域海洋环境和海洋生物多样性发展有较大影响，与“蓝色牧场”发展建设理念相悖，渔业结构尚待优化升级。

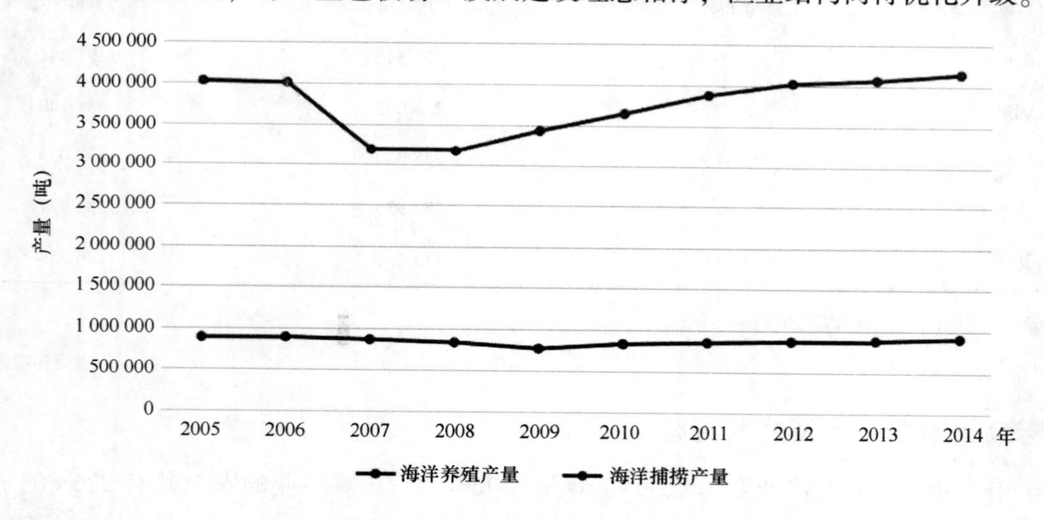

图 6-2 浙江省海水养殖产量与海洋捕捞产量对比

2. 品种产量

2014 年浙江省海水养殖产品中，鱼类 33 397 吨、甲壳类 95 693 吨、贝类 719 822 吨、藻类 45 549 吨、其他类（包括海参、海胆、海水珍珠和海蜇等）3 479 吨。通过表 6-4，我们可以发现：2005—2009 年，浙江省所有海产品产量总体上处于不断下降的趋势，而在 2009 年之后有呈现稳步回升的态势。2014 年，浙江省鱼类产量为 33 397 吨，相较于 2005 年减少了 6 000 多吨；甲壳类和藻类养殖总量总体趋于平稳，有少量上升趋势，与 2005 年相比，2014 年甲壳类和藻类总产量分别上升 5 849 吨和 11 400 吨，上升趋势比较明显；贝类总产量较 2005 年上升 5 305 吨，有轻微的上涨。浙江省海域地形平坦、底质细软、流速平缓、饵料丰富，适宜多种海洋生物繁衍、栖息，海洋生物资源极其丰富。但是，随着城市化和工业化程度不断提高，先进制造业基地建设大力推进，工业主导产业得到重点培育，沿海工业日益壮大，工业污水和生活污水等陆域污染源也随之而来，对沿海水域的渔业生态环境造成了不同程度的破坏，导致一些重要的经济鱼种的产卵场和幼鱼、幼体索饵场所受到破坏，影响生物多样性发展。

表 6-4　2005—2014 年浙江省各类海水养殖产品产量（单位：吨）

年份	鱼类	甲壳类	贝类	藻类	其他类	产量合计
2005	40 682	89 844	714 517	34 149	1 915	881 107
2006	40 775	91 647	712 510	39 347	1 868	886 147
2007	38 861	96 527	682 845	40 439	2 602	881 274
2008	35 060	94 046	667 560	31 929	1 190	830 785
2009	32 342	79 527	611 602	40 273	821	764 565
2010	34 226	85 735	661 408	42 361	2000	825 730
2011	35 208	91 971	665 530	45 477	6 755	844 941
2012	29 898	94 566	682 269	46 864	7 767	861 364
2013	29 490	96 096	697 533	45 212	3 396	871 700
2014	33 397	95 693	719 822	45 549	3 479	897 900

3. 养殖面积

2014 年浙江省海水养殖面积为 88 178 公顷，同比减少 1.3%，较 2005 年 112 436 公顷，年均减少 2.2%（图 6-3）。2005—2014 年海水养殖面积呈下降趋势。浙江省经济发达，民间资本雄厚，

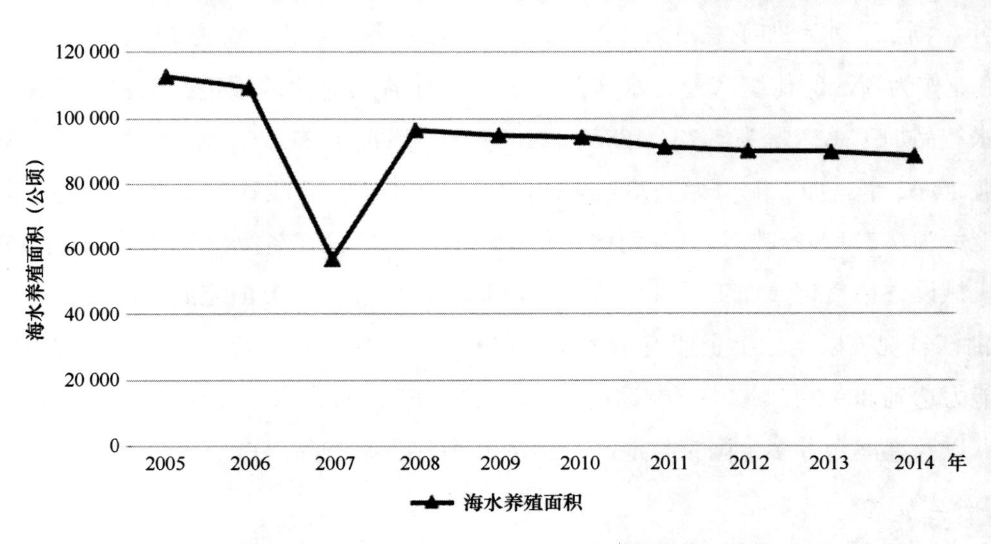

图 6-3　2005—2014 年浙江省海水养殖面积变化情况

投资机制灵活，随着城市化、工业化迅速发展，社会经济发展与土地资源、水资源矛盾更加尖锐，为谋求新的发展空间，实施了陆海联动发展战略，发展重心逐步向沿海转移，一大批重点产业项目正加紧向临港布局，以沿海电力工业、船舶修造业、港口海运业为代表的临港产业呈现蓬勃发展态势。沿海电厂的码头、取排水口、厂址，船舶修造业的船坞、船台，港口海运业的码头、堆场、储罐等设施都要依赖一定的水域和滩涂而建设，这些工程海域主导功能大多数属于港口航道区、临港产业区、深水岸线资源保留区，但在工程实施前，基本是按其兼容功能来开发利用。因此，随着围涂造地和临港产业的发展，现有海水养殖的空间将受到挤压，部分海水养殖场所将被迫退出。

（四）水产品加工业

水产加工是指对鱼类等各种水产品进行保鲜、贮藏和加工的生产活动。通过加工处理，可以使新鲜水产品成为便于贮藏、用途更广、价值更高的食品，同时，加工后可以对水产品进行综合利用。水产品的加工种类较多，包括水产品冷冻食品加工，水产品干制加工和水产品腌、熏制品加工，鱼糜制品加工，水产罐制品加工，水产调味品加工，海藻食品加工以及水产品综合利用等。水产品加工业在渔业经济中占有举足轻重的地位，对促进渔业产业升级、实现产业增值、提高渔业外向度、推进渔业行业标准化、增加就业具有非常重要的作用。

水产品质量作为水产品加工的重要保障，已经被越来越多的人重视。从加工原料、加工过程到成品的出现已经被列入重点监测对象。浙江省对水产品质量检测体系已经逐渐趋于完善，水产品质量已经达到较高水平。随着市场竞争的加剧，传统的加工企业面临淘汰，而技术先进、管理理念超前、设备更新和主动发展的水产加工企业涌现出来。陆龙兄弟等大型海产加工企业，起到了巨大的龙头带动作用，使浙江水产加工企业不断壮大，生产能力不断提高。

1. 水产加工量

2014 年，浙江省水产加工总量为 2 282 542 吨。其中海水加工产品总量达到 2 171 127 吨，占 95.1%。渔业作为浙江的传统产业，水产品加工产业随着工业化的推进，取得长足的发展。2005 年浙江省水产品加工总产量为 1 733 485 吨，10 年来，增加了 31.7%。2005 年，浙江省共有水产品加工企业 1 962 个，加工能力为 1 735 246 吨/年，2014 年，浙江省有 2 151 家水产品加工企业，水产加工能力为 2 871 306 吨/年，分别增长 9.6%和 65.5%。浙江省水产品加工业已呈现生产布局规模化、机械设备精良化、加工品种多样化、质量管理标准化、市场流向国际化的新趋势。截至 2014 年，浙江省规模以上加工企业有 333 家，拥有 1 449 座水产冷库，冻结能力达到 41 980 吨/日，冷藏能力达到 889 297 吨/次，制冰能力达到 27 566 吨/日。水产品畅销全国各地，远销日本、韩国、西欧以及港澳台等多个国家与地区，2014 年浙江省水产品出口量达到 498 176 吨。

2. 水产品加工方式

除了传统的加工方式（包括干晒、腌渍和糟渍等）外，由于加工技术的引进及研发，先进设备的投入，以及消费市场的需求，浙江省水产品加工业不断优化，呈现传统的干制品、腌制品以及大块冷冻产品向方便化、营养化、多样化、卫生化的方向转化，陆续开发了丁香鱼、膨化鳗鱼片、面包虾片、汤记鱼饼等品种，这些产品采用小包装，因其便于携带、食用而深受广大消费者青睐，产品畅销京津沪等各大城市。随着科技的发展，市场的需求，浙江省在生产中不拘泥于单一的加工方式，而是把传统加工工艺进行不断改进，引进新的加工技艺。如眯眼食品公司对传统的盐渍加工工艺进行改革，生产出的虾虮、鱼生、泥螺、醉螺等产品，进入欧美市场。

3. 加工水产品质量

水产品质量安全问题得到广泛重视，各类保障体系日趋完善。随着人民生活水平提高，人们对食品质量安全问题越来越关注。近年来，各级政府和主管部门一方面通过连续不断的宣传和进行水产品残留药物专项整治等行动；另一方面强化了水产品的标准及标准化建设，水产品质量明显提高，各种水产品检测合格率都达到98%以上。同时，水产加工企业自我国加入世界贸易组织（WTO）后，面对国际和国内两大市场对水产品质量的安全和卫生方面提出的新要求，采用国际通用标准，花巨资实施各类水产品质量保障体系建设和认证。

（五）冷链物流业

冷链物流泛指冷藏冷冻类食品在生产、储藏、运输、销售到消费的各个环节中处于规定的低温环境中，以保证食品质量、减少食品损耗的一项系统工程。它是随着科学技术的进步、制冷技术的发展而建立起来的，是以冷冻工艺学为基础、以制冷技术为手段的低温物流过程。

随着我国经济发展水平的不断提高，人民生活质量极大改善，我国水产品生鲜产品的消费数量和规模快速增长，人们对水产品多样化、营养性和保鲜性提出更高的要求，对食品安全更加关注。“多品种、小批量、高保鲜”已成为冷链物流的一大特征，水产品冷链物流的方式也发生了很大变革。

浙江省水产品冷链物流系统以海水捕捞、现代渔业养殖和水产品加工为依托，以宁波、舟山、台州等渔业生产基地作为支撑，通过整合现有分散的水产品加工企业和物流企业，建成一体化的水产品冷链物流体系。浙江省冷链物流业发展特征如下：

第一，通过水产品加工物流、水产品配送物流、水产品保税物流、水产品进出口冷藏集装箱物流体系的建设，实现浙江渔业由传统渔业向集捕捞、加工、商贸为一体的现代化水产品产业转型。

第二，浙江冷链物流系统建设将进一步促进舟山传统捕捞业和海洋养殖业的发展，在巩固浙江作为全国主要海产品交易中心地位基础上，借助我国居民生活水平提升带来的海产品需求快速增长的环境，积极吸引国际渔业公司在浙江开展水产品交易，提升浙江水产品批发市场的影响力和辐射范围，远期通过保税渔港的建设，逐步将浙江建成东北亚乃至全球性的海产品交易中心和物流枢纽。

第三，从信息技术、控温技术和RFID技术、追溯技术四方面研究浙江水产品冷链物流的技术支撑。浙江水产品冷链物信息化比较普及，浙江水产品冷链流系统的网络平台设计，是以现代物流系统运作为核心，满足产品销售渠道中各个层次的不同需求。第一步整合从原材料采购到分配整条供应链中的每一个必不可少的环节。第二步对于国内比较落后的环节，采取扶持和协助发展战略，制定更加严格的法律制度。第三步应用先进网络信息技术，保证食品质量的同时加强公共信息平台的建设，加速完善集中管理和透明化程度，达到面向全国供应链需求和贴近客户的目的，在本地网络的基础上加强与跨国际网络的沟通，完成基础数据库网络体系建设（图6-4）。

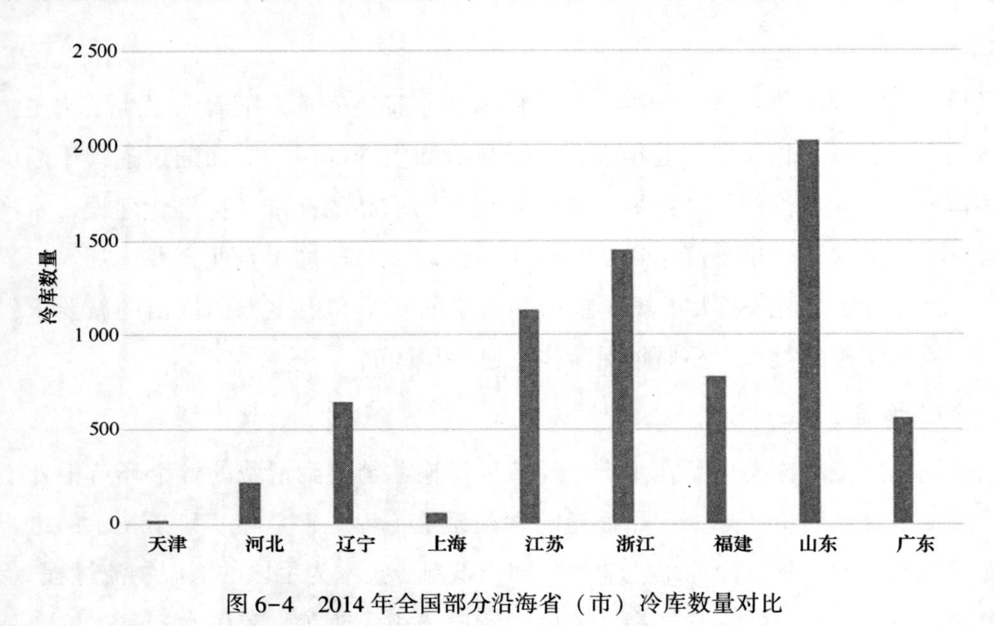

图6-4　2014年全国部分沿海省（市）冷库数量对比

（六）休闲渔业

所谓休闲渔业，是利用海洋和淡水渔业资源、陆上渔村村舍、渔业公共设施、渔业生产器具、渔产品，结合当地的生产环境和人文环境而规划设计相关活动和休闲空间，提供给民众体验渔业活动并达到休闲、娱乐功能的一种产业。换句话说，休闲渔业就是利用人们的休闲时间、空间，来充实渔业的内容和发展空间的产业。

当前，随着渔业资源衰退的日趋严重，浙江渔业生态环境日趋恶化，尤其是中日、中韩渔业协定的生效实施，给浙江海洋捕捞业和沿海渔区经济社会发展带来严重影响，近30%的传统外海作业渔场全部丧失，25%要受到严格限制，近90%的外海作业渔船将被迫退出韩方一侧水域，沿海渔民面临着“海小、船多、鱼少”的困境，发展休闲渔业，推进浙江渔民转产转业和渔业产业结构调整，是浙江省渔业未来的发展方向。

表 6-5　浙江省部分渔业节庆

民俗文化类	特色水产品类	体育、艺术类	综合类
1. 普陀山观音文化节	1. 舟山海鲜美食文化节	1. 台州沙雕节	1. 象山中国开渔节
2. 嵊泗贻贝文化节		2. 舟山国际沙雕艺术节	2. 岱山中国海洋文化节
3. 虾峙渔文化节		3. 舟山国际海钓节	3. 台州开渔节
		4. 舟山渔民画艺术节	4. 黄龙开捕节
			5. 苍南肥鳢开渔节

浙江省海域面积为26万平方千米，是陆地面积的近两倍多；全长6 700千米的海岸线长度居全国第一；大约400万亩的滩涂面积极具开发利用价值。浙江省还具备丰富多彩的滨海旅游资源，相较于其他沿海地区浙江省具有特色鲜明的海洋文化。独特的沿海环境景观，宜人的风景气候都造就了浙江省独特多样的自然景观，同时，浙江省悠久的历史，又遗留下众多文化遗产，因此，浙江省的旅游资源既有滨海自然资源，又涵盖人文资源及深厚的文化底蕴，为浙江省海洋休闲渔业注入了更多的生命活力和吸引力。近年来，浙江省各种休闲渔业活动也在蓬勃发展，涌现了一批投资主体和先进典型。如宁波的开渔节、朱家尖的沙雕节、沈家门夜排档，已经成为宁波和舟山休闲渔业的品牌。杭州市围绕西湖开展一系列渔文化活动，绍兴围绕一颗珍珠，形成了珍珠文化。随着经济的不断发展，人们对旅游的消费要求越来越高，休闲渔业有很大的市场需求，是一个有着旺盛生命力和强烈吸引力的产业。

第二节　关联产业结构分析

关联产业结构是指“蓝色牧场”各相关产业之间的比例构成及其相互制约、相互依存的关系，它反映了各关联产业之间的比例关系。通过分析各相关产业的关联程度，合理分配生产要素，协调“蓝色牧场”产业部门的比例关系，促进“蓝色牧场”关联产业结构之间协调化和高度化发展，进一步推动“蓝色牧场”关联产业优化升级。

本章主要运用灰色关联度模型对海洋捕捞业、海水养殖业、水产品加工业和休闲渔业“海洋牧场”直接相关产业进行实证研究。从《中国渔业统计年鉴》和《浙江省统计年鉴》选取浙江省2007—2013年的海水种苗业、海洋捕捞业、海水养殖业、水产品加工业、冷链物流业和休闲渔业产值数据和GDP数据进行灰色关联度分析。通过计算结果分析浙江省“蓝色牧场”关联产业中哪一产业对浙江省GDP的关联作用较大，进而分析“蓝色牧场”相关产业的产业结构。

一、模型构建

灰色关联分析法主要以相关发展数据为依据，按照特定公式对关联系数和关联度指标进行计算，借此分析多样化因素对某一客观事物的影响程度，最终得出主导性影响因素的计量方法。它的基本思想是以序列曲线相似度为判断依据，对各种因素与客观事物的紧密性进行判断，以形状相似性大小判断关联度大小，最终确定影响因素主次。其计算公式为：

$$\gamma(x_0(k),\ x_i(k)) = \frac{\min\limits_i \min\limits_k |\ y_0(k) - y_i(k)\ | + \rho \max\limits_i \max\limits_k |\ y_0(k) - y_i(k)\ |}{|\ y_0(k) - y_i(k)\ | + \rho \max\limits_i \max\limits_k |\ y_0(k) - y_i(k)\ |} \quad (6-1)$$

其中，$\min\limits_i \min\limits_k |\ y_0(k) - y_i(k)\ |$ 为二级最小差值，$\max\limits_i \max\limits_k |\ y_0(k) - y_i(k)\ |$ 为二级最大差值。γ_i 是 y_0 与 y_i 的灰色关联度，$\rho \in (0,\ 1)$ 分辨系数，$\xi_i(k)$ 是第 k 时刻比较数列 y_i 数列与原始数列 y_0 的相对值，这种形式的相对差值成为 y_i 对 y_0 的关联系数。该公式受分辨系数影响，关联度数值和排序随着分辨系数取值。

设参考序列为 $X_0(t)$，$t=1,\ 2,\ \cdots,\ n$，相关因素序列为 $X_i(t)$，$t=1,\ 2,\ \cdots,\ n$。假设浙江省海洋经济 GDP 序列为 $X_0(t)$，则海水种苗业、海洋捕捞业产值、海水养殖业产值、水产品加工业产值、冷链物流业和休闲渔业产值分别为 $X_1(t)$，$X_2(t)$，$X_3(t)$，$X_4(t)$，$X_5(t)$，$X_6(t)$。

表 6-6　浙江省“蓝色牧场”关联产业产值与 GDP 情况　　单位：百万

年份	$X_0(t)$	$X_1(t)$	$X_2(t)$	$X_3(t)$	$X_4(t)$	$X_5(t)$	$X_6(t)$
2007	185 650	1 293.14	21 873.00	9 524.00	45 029.43	1 285.49	778.18
2008	224 440	1 293.14	18 718.44	8 150.43	9 068.24	353.72	248.10
2009	267 700	1 419.17	21 043.14	8 702.22	48 830.78	1 430.20	863.82
2010	339 260	1 460.04	21 512.89	8 961.95	45 603.69	1 400.97	1 502.20
2011	388 350	1 544.21	25 664.90	10 913.85	40 384.39	1 573.55	1 178.19
2012	453 680	1 460.04	21 512.89	8 961.95	45 603.69	1 400.97	1 502.20
2013	545 292	2 903.83	35 518.63	12 934.00	49 745.64	1 454.73	1 703.59

数据来源：《中国渔业统计年鉴》2007—2013 年，《浙江省统计年鉴》2007—2013 年

二、实证检验

对以上表 6-6 浙江省 GDP 和关联产业数据采用均值法进行无量纲化处理，并求出对应差数列。计算公式为：

$$\Delta_i(k) = |\ X_0(t) - X_i(t)\ |\ (i = 1,\ 2,\ \cdots,\ m;\ k = 1,\ 2,\ \cdots,\ n) \quad (6-2)$$

由对应差数列可知，$\Delta\max = \max_i \max_k \Delta_i(k)$，$\Delta\min = \min_i \min_k \Delta_i(k)$。

求关联系数 $\zeta_i(k)$。取分辨系数 $\rho = 0.5$。计算公式为：

$$\zeta_i(k) = \frac{\min\limits_i \min\limits_k |\ x_0(k) - x_i(k)\ | + \rho \max\limits_i \max\limits_k |\ x_0(k) - x_i(k)\ |}{|\ x_0(k) - x_i(k)\ | + \rho \max\limits_i \max\limits_k |\ x_0(k) - x_i(k)\ |} \quad (6-3)$$

其中，$\zeta_i(k)$ 表示 k 时刻比较数列 x_i 与原始数列 x_0 的相对差值，即 x_i 对 x_0 的关联系数。计算结果如下所示：

表 6-7　对应差数列

年份	$\lvert X_0(t)-X_1(t)\rvert$	$\lvert X_0(t)-X_2(t)\rvert$	$\lvert X_0(t)-X_3(t)\rvert$	$\lvert X_0(t)-X_4(t)\rvert$	$\lvert X_0(t)-X_5(t)\rvert$	$\lvert X_0(t)-X_6(t)\rvert$
2007	0. 249 810 660	0. 139 635 457	0. 197 944 402	0. 185 582 425	0. 079 034 857	0. 145 689 652
2008	0. 224 807 279	0. 150 396 94	0. 220 545 179	0. 244 127 329	0. 068 767 746	0. 189 632 54
2009	0. 166 479 236	0. 107 888 26	0. 174 109 824	0. 440 775 627	0. 021 373 701	0. 152 698 34
2010	0. 093 754 613	0. 105 373 11	0. 143 267 17	0. 035 317 72	0. 107 528 875	0. 095 617 83
2011	0. 018 829 477	0. 052 065 852	0. 026 280 792	0. 429 977 686	0. 157 244 800	0. 032 574 16
2012	0. 181 422 707	0. 157 177 136	0. 182 962 26	0. 246 930 990	0. 044 208 066	0. 145 269 82
2013	0. 310 149 303	0. 106 490 788	0. 246 989 183	0. 158 632 030	0. 221 601 889	0. 254 793 14

表 6-8　关联系数数列

年份	$E_{01}(t)$	$E_{02}(t)$	$E_{03}(t)$	$E_{04}(t)$	$E_{05}(t)$	$E_{06}(t)$
2007	0. 505 389 103	0. 650 194 195	0. 564 581 787	0. 521 435 097	0. 771 838 870	0. 685 234 225
2008	0. 532 292 30	0. 634 293 003	0. 737 166 623	0. 456 313 98	0. 797 098 726	0. 601 236 950
2009	0. 607 765 986	0. 708 705 257	0. 596 697 70	0. 340 310 811	0. 738 979 512	0. 652 321 473
2010	0. 738 284 894	0. 960 628 479	0. 664 128 137	0. 598 801 880	0. 709 429 701	0. 685 214 795
2011	0. 948 038 276	0. 849 304 70	0. 921 988 02	0. 716 459 13	0. 621 722 432	0. 642 369 852 1
2012	0. 584 620 71	0. 621 870 62	0. 784 351 79	0. 852 369 50	0. 768 414 419	0. 785 214 896 32
2013	0. 450 447 851	0. 711 524 979	0. 708 287 926	0. 750 527 66	0. 535 949 820	0. 702 547 851 43

计算关联系数。参考序列 $X_0(t)$ 与相关因素行为序列 $X_i(t)$ 之间的灰色关联度为：

$$\gamma_{0i}=\frac{1}{n}\sum_{i=1}^{n}E_{0i}(t) \tag{6-4}$$

其中，$i=1，2，3，\cdots，n$，$t=1，2，3，\cdots，n$，分别计算海洋捕捞业、海水养殖业、水产品加工业和休闲渔业对浙江省 GDP 的关联度，结果为：$\gamma_{01}=0.6234$，$\gamma_{02}=0.7018$，$\gamma_{03}=0.7069$，$\gamma_{04}=0.7356$，$\gamma_{05}=0.7029$，$\gamma_{06}=0.6958$。

三、结果评析

在灰色关联模型中，关联系数的大小与观测数值的大小和各数据对于始点的变化速率有关。从计算结果可以看出，浙江省“蓝色牧场”关联产业对浙江省 GDP 关联程度大小依次为：水产品加工业、冷链物流业、海洋捕捞业、休闲渔业、海水养殖业和海水种苗业。海产品加工业上接水产养殖业，下连水产品物流业，是实现第一产业和第三产业高效发展的重要关联产业。水产品加工业的发展如果与优势水产品生产基地建设和流通市场建设紧密结合，实行加工带基地、流通促加工，这样深层次、多系列的水产品精深加工，不仅能够加快初级水产品转化，拉动水产养殖业的深度发展，优化水产品区域布局，而且通过提高水产品的综合利用、提高增值水平，为第三产业的发展提供了具有较好市场前景的营销产品，延伸渔业产业链条，有助于渔业产业结构的优化整合。同时，水产品加工业作为"蓝色牧场"的支柱产业，不仅产值所占比重最大，而且增长速率较为明显，所以水产品加工业与浙江省的产值的增加系数较大。

海水养殖业近年来的产值和增产速率，也比"蓝色粮仓"其他产业更加明显，所以关联系数也比较大。由于浙江省拥有宁波—舟山港，港口物流相对较为发达，冷链物流业每年增加的速率是最大的，所以其关联系数要大于海洋捕捞业的关联系数也是合理的。对于海洋捕捞业来说，近年来产值保持稳定，增加速率不大，和冷链物流业和海水种苗业的产值差异也不断缩小，所以该产业的关联系数仅高于海水种苗业的数据。海水种苗业在浙江省也是近年来才逐渐发展起来，虽然增长速率比较高，但是产值依然很小，关联系数稍微低于其他产业也是合理的。

浙江省作为国家海洋经济示范区是发展海洋经济的重点省份，而发展海洋休闲渔业又是推动海洋经济发展的新型经济增长点，对解决当前海洋渔业资源衰退问题，海洋生态环境破坏问题都起着积极且重要的助力作用，是海洋渔业由传统生产结构向现代经济环保型海洋渔业转变的重要形式。同时，浙江省还具备丰富多彩的滨海旅游资源，相较于其他沿海地区浙江省具有特色鲜明的海洋文化。因此，休闲渔业的关联系数相对较高。

四、存在问题

（一）海洋捕捞业粗放化发展

通过上部分实证分析，可以看出浙江省海洋捕捞业的关联程度没有达到预期数值，其在浙江省"蓝色牧场"建设过程中属于比较低效的产业，也在另一方面说明浙江省"蓝色牧场"产业结构并不协调。通过对海洋捕捞业结构偏离度分析①发现，海洋捕捞业的产业结构偏离度大于零，但是有逐年降低的趋势，而且，为保护海洋生态环境，国家实施"双控"措施，说明该产业存在一定隐形失业问题，吸纳劳动力的空间不大。

长期以来，浙江省形成海洋捕捞业以拖网和张网为主的生产格局，传统的海洋捕捞结构已经无法适应海洋渔业资源结构变化。新中国成立后，浙江海洋捕捞业迅速发展，其显著标志是渔船的大型化和作业方式的改变。20 世纪 50—70 年代实现了渔船的机动化，在捕捞力量的布局上，沿岸、近海面积约占渔场总面积的 55%，而投产渔船马力就占总马力的 90% 以上，外海面积约占 45%左右，投产马力不到 10%，资源利用很不平衡，沿岸和近海主要鱼种的压力过大，超过了资源的增长能力，而外海渔业资源利用不足。20 世纪 70 年代以后，以发展大功率渔船为主，产量的提高与捕捞力量持续增强相关。捕捞强度的提高不仅是因为捕捞力量增加，还包括作业方式改变

① 为保持文章结构完整，本部分并未在文中体现，由作者自行完成。

和作业时间延长。20世纪70年代以前，对网是浙江传统主要作业，产量所占比例为5%~7%，作业时间以季节性的渔汛为主，拖网作业产量比例仅5%~10%。20世纪80年代后，拖网作业比例逐步取代对网作业占主要地位，拖网产量所占比例超过60%。作业时间也延长为长年作业，外海渔场得到较充分开发。20世纪90年代初，随着渔业股份合作制的大力推行，海洋渔区掀起了“造大船，闯大海，赚大钱”的浪潮，海洋捕捞业发展得红红火火，进一步拓展了外海捕捞生产，效益也相当不错，很多渔民成为先富起来的一部分，也使浙江的海洋捕捞力量逐年快速增长，捕捞强度过大造成资源密度不断下降，主要经济鱼类群体结构小型化、低龄化、性早熟等种群退化现象越来越明显，渔业资源陷入全面衰退的困境。

浙江省的海洋捕捞量已是“零增长“和“负增长”，相对于可持续捕捞量，捕捞力度明显过度。近海渔业资源的衰竭、捕捞渔船小型化是浙江海洋捕捞业作业效率逐年下降的主要约束。同时，捕捞业的发展还面临海域生态环境退化，渔业基础设施投入不足、科技含量低等方面挑战。保护近岸海洋生态环境，优化海洋捕捞业结构，大力开展“蓝色牧场”建设，加大增殖放流力度，增加浙江省海域海洋资源的产量，能够极大促进浙江省海洋渔业的发展。

（二）海水养殖业养殖空间和环境约束加剧

近年来，浙江省海水养殖得到了较快的发展，虽然海水养殖总产量增幅并不明显，2014年较2005年仅仅增长了1.9%，但海水养殖总产值从2005年的915 800万元一举跃升至2014年的1 508 520万元，增长64.7%，单位面积产量从2005年的每公顷7.84吨上升至每公顷10.18吨，说明海水养殖业养殖效率得到了一定提升。虽然如此，海水养殖业仍然面临着诸多的问题，主要表现在以下几个方面。

1. 养殖空间受到挤压

浙江省可用土地资源较为缺乏，土地供需矛盾较为突出。随着社会经济的快速发展，不可避免地占用大量耕地作为建设用地。滩涂围垦可以部分缓解浙江省人多地少的矛盾，是达到占补平衡的重要途径之一。而滩涂在占用之前的主要开发方式是海水养殖，随着工程的进展，该范围内的海水养殖将被迫退出。浙江省经济发达，民间资本雄厚，投资机制灵活。随着城市化、工业化迅速发展，社会经济发展与土地资源、水资源矛盾更加尖锐，为谋求新的发展空间，实施了陆海联动发展战略，发展中心逐步向沿海转移，一大批重点产业项目正加紧向临港布局，以沿海电力工业、船舶修造业、港口海运业等为代表的临港产业呈蓬勃发展态势。沿海电厂的码头、取排水口、厂址、灰库、船舶修造的船坞、船台，港口海运业的码头、堆场、储罐等设施都要依赖一定的水域和滩涂而建设，这些工程海域主导功能大多数属于港口航道区、临港产业区、深水岸线资源保留区，但在工程实施前基本是按其兼容功能，作为海水养殖业来开发利用的。随着围涂造地和临港产业的发展，现有海水养殖的空间受到严重挤压，部分海水养殖场所将被迫退出。

2. 养殖海域环境污染严重

随着城市化和工业化程度不断提高，先进制造业基地建设大力推进，工业主导产业得到重点培育，一批规模企业和产业集群崛起壮大。与此相伴的是工业污水、生活污水等陆域污染物入海量也大量增加，对沿海水域的渔业生态环境造成了不同程度的破坏，导致一些重要经济种类的产卵场和幼鱼、幼体索饵场所遭到破坏，使渔业资源遭受严重危害。同时，海水养殖自身也是环境污染源之一。养殖过程中的残饵、化肥、消毒药品等，特别是残饵中的蛋白质、氮和磷未经科学处理就直接排放到水环境中，易引起海水的富营养化，滋生病原。在一些放养过密的网箱区，在潮流、风浪等搅动下，富含氮、磷的营养物质会悬浮或溶出继而进入水体，使局部水域出现富营养化或过营养化。对于水体交换较差的养殖海域，残饵对底质环境影响尤为明显，如浙江象山港3年以上网箱养殖的海域，其底部柱状采样可见到近1米厚的黑臭淤泥，生物几近绝迹。

（三）水产品加工业附加值低

从灰色关联度的分析结果来看，浙江省的水产品加工业发挥“蓝色牧场”支柱产业的作用，与社会产值增加的关联系数最大。但是，与海洋经济的高新产业相比，差距无疑是巨大的。

1. 从销售市场上看

浙江省水产品销售形式主要集中在活的水产品、冷鲜产品、加工水产品、礼品，鲜活产品消费量所占比例较高。但是从节能减排角度来看，未来水产品消费趋势市场应该是鲜活水产品比例逐年降低，加工水产品比例逐年上升。因为鲜活水产品与加工水产品相比，在能源的消耗上浪费很大，同时由于鲜活水产品保质期短，因此容易造成生物资源浪费。浙江省近来部分企业虽然通过技术改造，提高装备、工艺和技术水平，开发出一些精工产品，但从总体上看，科技含量高、附加值高的精深加工产品的份额仍很少，保鲜和初级加工水产品仍占绝大多数，精深加工产值所占比例很小。

2. 产品流通不畅

水产品作为易腐品没有形成专门的冷链来保障生产及配送体系，因为水产品耐寒度高，对新鲜度的要求比较高，所以在生产和配送过程中很容易造成有效的产品变成无效的产品，这点在海洋捕捞中表现得最为明显，在船上是新鲜的，拉到岸上可能已经不能够作为食用的水产品，还有一个配送环节，在产地质量是好的，到了销地质量已经变差了，这样就造成了资源的严重浪费。贮运阶段，主要存在以下几方面问题：缺少贮运标准，环境间温差是最大贬值因素；缺少产销储运档案，笼统保质期缺乏依据；缺少冷链专业物流支持，棉被车运货普遍；装卸缺少冷链对接环境；销地缺乏冷库，或温度不够，影响品质；销地市区冷链物流存在盲点；终端交接产品环境无温度和卫生保证；分装、再加工渠道环境卫生存在盲点。另外，鱼贩和配送经纪人的管理缺失也是造成产品流通链条不够畅通的原因之一。保活、保鲜、贮存第三方物流较为落后，第三方物流一直是我们国家想要强调发展的重点，但是一直也是我国的整个产业中最薄弱的环节，主要是我国进入产供销的大的公司比较少，小的公司比较多，所以影响了整个第三方物流产业的发展。

3. 水产品加工企业规模小

产业集中化低，很多水产品加工企业仍以小作坊生产为主，加工设备落后，很多加工程序需要人工完成，机械化水平低，整个产业急需规模较大的龙头企业。

（四）冷链物流业成本居高不下

通过关联系数分析可知，冷链物流业作为现代服务业，对“蓝色牧场”的组成产业的关联系数均较高，说明冷链物流业对“蓝色牧场”的建设和发展，起着重要的作用。通过比较劳动生产率和产业结构偏离度分析可知，冷链物流业的劳动效率和吸纳劳动力均起着重要作用。近年来，浙江省冷链物流业快速发展，在推动经济总产值方面也起到了较大作用。冷链物流业的问题主要在于：水产品的特殊性质，对运输设备的要求也较高，但是从目前浙江省冷链物流业发展现状来看，冷链物流的设备陈旧落后。冷藏保温车的市场占有量仅为 0.3%左右，与发达国家和地区相比有较大差距。另外，仓储面积小和仓储网点分布不合理也是导致冷链物流业成本居高不下的原因。水产品的长距离运输不是成本巨大，导致市场终端价格上涨，就是设备标准不符，导致途中产品变质，影响食品安全。浙江省冷链物流供应链主要存在以下弊端：

1. 批发商主导产品流通量

由于渔户区域目前处于不集中状态，必须通过批发商与城市市场建立稳固的运营关系，然而都是渔户自身控制了水产品的运送板块，导致商流与物流呈现分离状态，这样市场就缺乏调节能力，流通环节繁多，现货交易的方式也很落后。又因为现货交易自身就是短期性质交易，很难达到行业间合作和互动交流，只存在眼前的利益关系，不适宜长远的发展目标。

2. 主体繁杂缺乏统一性制度

水产品冷链物流受国家大力弘扬发展以来，社会中参加水产品冷链物流建设的各种新型主体不断涌现，如水产品代理商、经纪人等越来越被人们广泛认知了解。加剧了原本就分散且主体多元化的情况。虽然有批发市场、直销配送、代理和个体商贩等多种营销方式开辟水产品运营道路，但是缺乏统一性的运营机制体系保护，所以这些繁杂的经营主体暴露出来的问题严重影响并放慢了未来水产品发展的脚步。水产品供应商、生产商、分销商、零售商之间严重缺乏组织化和专业化程度，水产品流通信息无法及时准确反馈，导致经营不稳定。

3. 储存和加工技术落后

中国物流与采购联合会在 2014 年发布了一组令人震惊的数据：果蔬损失率达 30%，如果将果蔬损耗率降低到 5%，每年可减损 1 000 多亿元。如果换算成土地可节省约 1 亿亩耕地，而 1 亿亩耕地可以提供 1.8 亿人一年的口粮。由于鲜活或生鲜水产品自身营养特性，跟其他食品相比水分含量更高，更容易腐烂变质，保质期会更短，所以在冷链物流运输中必须以快速流通和效率冷冻冷藏为目标进行。不同鲜活和生鲜水产品在流通过程条件要求和温度控制方面也会有差异，根据属性不同分为常温、低温、冷冻等运输储藏方式。水产品冷链物流自身发展缓慢会导致水产品附加值低，存储消耗大等问题。

第三节　浙江蓝色牧场产业链分析

长期以来，浙江省海洋渔业产业发展处于极度分散、无序状态。“蓝色牧场”建设对海洋渔业资源统筹利用，合理构建海洋渔业产业链，强调各相关产业之间、产业内企业之间的协调和合作，站在纵向一体化角度来考虑整个渔业产业发展问题。“蓝色牧场”产业链贯穿整个产业环节，包括从海洋渔业捕捞、海洋渔业养殖等海洋第一产业，到海洋渔业产品加工、水产品冷链物流业和相关金融支持产业等海洋第二、三产业。产业链上各个环节与其他产业有着千丝万缕的联系，因此，“蓝色牧场”产业链不是简单的链状结构，而是相互交织的网状结构。

一、产业链属性与构成要素

“蓝色牧场”产业链是由海洋捕捞业、海水养殖业、海产品加工业、水产品冷链物流业和休闲渔业等主导部门、渔具和渔船销售制造等辅助部门，所构成的一个比较复杂的产业网链。以海洋渔业产品深加工企业为主导，所构成的海洋渔业产业链，如图 6-5 所示。

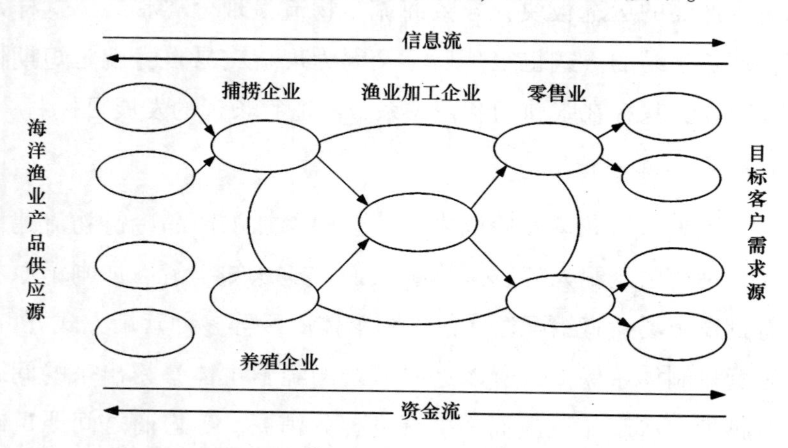

图 6-5　“蓝色牧场”产业链示意

从上图可以看出，“蓝色牧场”产业链不是单纯的直线式链条，而是存在错综复杂关系的多链条结构。在“蓝色牧场”产业链中，海洋渔业产品深加工企业发挥着组织协调作用。在产业链中，除了从产业上游至下游的物流存在，还有资金流、信息流的双向流动，从而使得整个产业企业息息相关，共同促进，协同发展。“蓝色牧场”产业链的发展模式因主导企业发展模式不同而异，主要存在以下形式：

（一）以增养殖企业为主导的“蓝色牧场”产业链

随着浙江省海洋渔业结构的调整，以及生产方式和养殖技术的不断进步，同时受制于渔业资源日益匮乏，浙江的海洋渔业生产逐步从以海洋捕捞为主，转变为以增养殖为主的发展模式。增养殖企业大力发展，不仅可以保护已经遭受过度开发的海洋渔业资源，保护海洋生态环境，而且还可以保持水产品品种、质量、数量的永续充足供应。从而，使人们生活水平的改善与渔业生产、自然生态环境和谐共存，协调发展。以增养殖企业为主导的产业链条构造如图 6-6 所示。

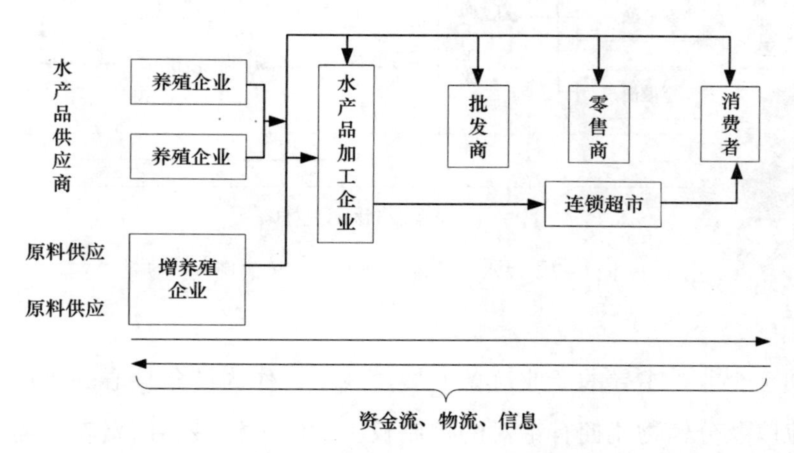

图 6-6 以增养殖企业为主导的产业链

在以增养殖企业为主导的产业链条构造过程中，增养殖企业起着举足轻重的作用，它规定产业的走向和产业发展。在这种发展模式中，增养殖企业是产业链的物流、资金流、信息流的中心，同时它也是管理中心。作为链条核心的增养殖企业规定养殖基地的规模、养殖品种、水产品价格等。它将原料供应商、科研机构、加工企业、批零企业凝聚在自己身边，根据目标顾客的需求来管理产业链，降低成本，满足产业链条上其他企业的经营目标和发展规划。增养殖企业的行业影响力越大，对产业链的掌控能力就越强，这种发展模式就越能保证产业链的稳步协调发展。

（二）以水产品加工企业为主导的"蓝色牧场"产业链

在"蓝色牧场"产业链中，水产品加工企业是主要的价值增值活动，是海洋渔业生产的延续。在长期的发展过程中，浙江海洋渔业产业的加工能力相对比较弱，多数属于粗加工，价值增值数量较低。但是考虑到浙江海洋渔业产业丰富的渔业资源和具体的产业发展状况，以及目标顾客对深加工水产品需求的日益增长，以水产品加工企业为主导的产业链条有利于提高浙江海洋渔业产业的发展层次以及产业整体竞争力的增强。

以水产品加工企业为主导的产业链条构造，要由某一个水产品加工企业来承担组织、实施任务，成功的关键是水产品加工企业的整体素质和对产业链的影响力。作为产业链条主导的加工企业要根据市场需求特点和需求规模来决定对水产品进行初级加工还是深加工，并利用自身行业影响力建立物流中心、信息中心和管理中心，同时向批零企业发出供货指令，确保下游企业都能获得数量合适、质量合格的水产品，避免库存积压和成本上升。作为主导的水产品加工企业还要规定不同企业所承担的责任和义务，并根据不同环节增殖数量的比例来进行利益分割，处理好各方面的协调和控制。以水产品加工企业为主导的产业链条构造如图 6-7 所示。

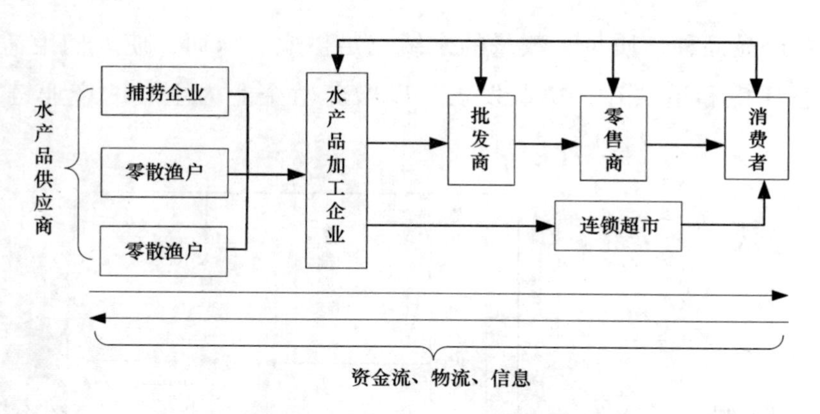

图 6-7 以水产品加工企业为主导的产业链

在以水产品加工企业为主导的产业链条发展模式中，作为链条核心的水产品加工企业要对供应物流、加工物流以及分销物流拥有绝对的控制权，能够根据最终消费者的需求变化趋势以及顾客信息反馈来优化产业链，并进一步改善顾客服务。另外，水产品加工企业的强大生产能力也会拉动产业上游企业的发展，尤其是养殖企业的发展水平。在水产品加工企业对水产品需求拉动下，养殖企业必然在养殖技术、养殖规模、种苗培育质量管理等方面做出努力，保证把足量、高质水产品供应给加工企业。而水产品加工企业对目标顾客需求信息的把握，又会推动分销商更好地营销以服务于目标顾客。水产品加工企业的规模越大、行业影响力越强，对产业链的驱动力就会越大，就越能保证整个产业的平稳发展。

（三）以水产品销售企业为主导的“蓝色牧场”产业链

浙江省渔业产业在长期的发展中，更多地将其定位包含农、林、牧、渔在内的第一产业，主要产业责任是生产，保证供应足量的海洋渔业产品，对市场触及很少。进入市场经济阶段，海洋渔业产业企业也面临市场开拓的问题，但是由于传统经营思想的影响，很多渔业企业采取等客上门的经营模式，缺乏对市场的开发力度，不了解顾客需求的变化。这种发展模式显然不能适应新的市场环境对企业的需求。根据国外海洋渔业产业的发展历程，营销环节不仅是产业链中重要的增值环节，也是顾客价值得以实现的主要步骤。因此，根据实际情况，构造以水产品营销企业为主导的产业链是浙江海洋渔业产业发展的必由之路。在这种形式的链条中，水产品营销企业由于其在市场的影响力以及巨大营销能力，担负起组织、构造产业链的责任。以水产品销售企业为主导的产业链如图 6-8 所示。

以水产品营销企业为主导的产业链构造，需要行业内一个具有市场掌控力的相关企业发挥组织、协调、管理的功能，能够把行业内其他相关企业有效地组织起来，为追求共同的目标而协调一致地进行运营。该核心企业对目标顾客有充分了解，解决了养殖企业或者水产品加工企业由于远离市场而使供需脱节的问题，并且能够利用自己在市场调研、市场开发营销战略和策略方面的专长，来使生产、供应环节与市场需求更好地衔接起来，从而更好地实现顾客价值和企业经营目

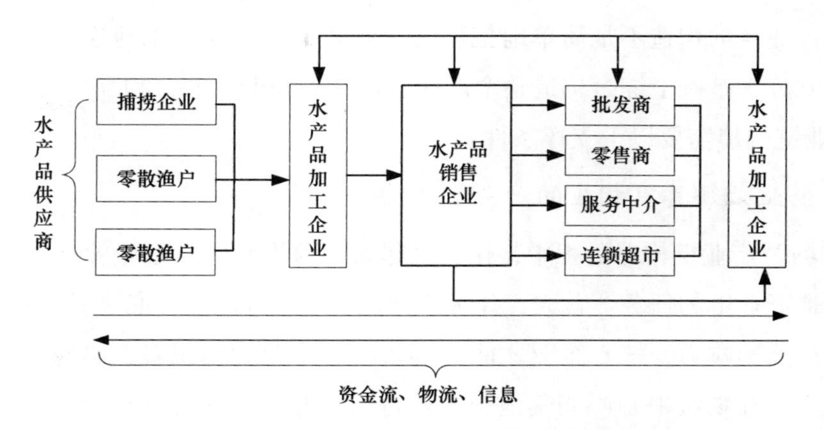

图 6-8　以水产品销售企业为主导的产业链

标，保证产业的持续、稳定发展。在以水产品营销企业为主导构造产业链条时，作为核心的营销企业要具有强大的行业影响力和市场号召力，使产业环节的各个企业都愿意以其为核心进行运作，并实现高于单兵作战的盈利水平。因此，该水产品营销企业要能够运用现代化大工业生产的原理，并结合水产品市场营销的具体特点，在流通领域进行规模化经营。

一般而言，多数水产品属于快速消费品，在快速消费品的购买决策过程中，很多顾客的购买属于即兴采购，购买与否取决于顾客的个人偏好、具体的购买场景，产品的外观或者包装、广告促销、价格、销售点等对顾客最终购买起着重要作用。这些特征决定了以水产品营销企业为主导的产业链条可以利用自己的市场影响力和顾客的信任感，构造与目标顾客需求更为贴近的高效产业链。水产品营销企业对市场变化趋势的了解，以及对目标顾客喜好的准确定位，可以使以水产品营销企业为核心的产业链更加有效地贯彻顾客导向，提高成功的几率。

在以水产品营销企业为主导的产业链发展模式中，发挥关键作用的是营销企业的营销能力。掌握市场的企业才具有发言权。作为核心的营销企业所构造的是以目标顾客为导向的产业链。通过市场调研获得关于目标顾客的需求信息，以此来组织产业链价值创造活动，包括组织、协调水产品供应商的行为和活动，影响水产品加工企业的生产规模和生产情况，组织、协调、管理批零企业、服务中介，以及连锁超市的市场活动，使整个产业链的活动都指向最终消费者。这种产业链发展模式具有迅速的市场反应能力，产业链直接受动于顾客需求变化，从而减少了资源浪费，提高了产出效率，保证了产业链条的活力和竞争力。

二、产业链支撑条件

“蓝色牧场”产业链把产业整体利益作为产业链构造首先考虑的因素，产业链每一个环节的企业都是整个产业不可缺少的必要组成部分。产业链上不同环节的企业更多的是合作关系，而不完全是竞争关系。汉德菲尔德、尼奇斯（Handfield & Niches，1998）认为，产业链包括从原材料供应阶段直到最终产品送到顾客手中与物品流动以及伴随信息流动有关的所有企业活动。从这个概念本意来看，产业链的构造不是简单地把不同产业环节的企业简单地连接在一起，而是要在构建密切合作、科学分工基础上综合构造整个产业，以达到和谐共存、相互促进、共同发展的目标。“蓝色牧场”产业链构建需要以下支撑条件：

（一）核心企业必须具有相应的产业影响力

在“蓝色牧场”产业链构造过程中，作为发起者和组织者的核心企业必须具备几个条件才能担当起整合、构造产业链的任务。首先，作为产业链构造主导的企业必须具有相当的产业影响力。因为，只有具备产业影响力，核心企业才能在链条构造中起到组织者、协调者的作用，才能作为行业的信息集成中心和物流中心协调其他企业的行为，并对产业链进行管理。另外，核心企业具有相应的产业影响力，还表明其拥有一定的行业美誉度和亲和力。产业链内的企业之间在多数时候是一种比较松散的合作关系，而不是必然的契约关系，只有核心企业具有市场美誉度和亲和力，才能与其他企业建立信任关系，并促使产业链条的形成和持续发展。

（二）核心企业必须具备某种具有竞争优势的核心能力

核心企业必须具有先进的产品研发能力或者市场开拓能力等。例如，增养殖企业作为核心企业进行产业链构造时，养殖技术和养殖品种类型在很大程度上决定了企业是否能适应目标顾客新的需求变化，能否在市场竞争中占据有利地位，并带动行业养殖水平的提高。产品研发能力也会对其他企业产生重大的吸引力，使其乐于与核心增养殖企业培育一种长期稳定的合作关系，有利于产业链的良性发展。

（三）产业链的构建必须具有一定的技术保障

产业链的构建离不开现代科学的支撑，尤其是高度发达并广泛普及的科学技术和计算机网络平台。在此基础上形成发达的物流、信息流，才能保证产业内各个企业之间的畅通沟通，信息、资源、市场等共享，使得产业链不同环节得以联系在一起。利用技术手段把企业联系在一起，产业链追求的是整个产业利益的最大化，而不是单个企业的最大利益。在合理分工、科学管理下，产业链不同环节企业的协调、组织与合作既有自主形成的自律、自我管理的成分，也是产业内某一个核心企业发挥行业领袖的主导作用，积极组织、协调的结果。

（四）产业链的构建必须获得政府政策支持

浙江“蓝色牧场”产业链构建，政府主管部门应该发挥倡导者、支持者的身份，为海洋渔业产业链的构造提供政策、资源、资金、技术等方面的支持，使产业链发展模式构建成为促进我国海洋渔业产业结构调整和优化的最佳途径。政府要重点扶持具有优势的海洋渔业企业，特别是那些能够担当产业链构建主导的核心企业，应该给予优惠政策鼓励产业链的构造。海洋渔业产业链的构建不是单一一个企业就能承担的事情，产业、企业、政府等各个方面共同努力才能在一个地区，甚至是一个国家构建科学、高效的产业链。

三、产业链演进规律

根据产业升级理论，经济发展的过程必然是产业升级的过程。当渔业经济发展到一定程度的时候，必然也是进行渔业升级的时候。因此按照渔业演变的一般规律和渔业发展的内在要求，渔业的发展过程必然是渔业生产不断地向水产加工方向演进。因此根据产业升级的含义，在按照要素密集型来划分的各产业中，高位资源占有更大比重的产业更快发展，使整个国民经济当中产业结构变化更能体现现代化的变动。比如，自然资源密集型与劳动密集型产业相比，后者比重增大，就是产业升级；劳动密集型产业与资本密集型相比，后者比重增加，就是产业升级；资本密集型产业与知识、技术密集型产业相比，后者比重增大，就是产业升级。在目前浙江省的渔业中，水产加工业属于劳动密集型产业，水产生产属于自然资源密集型，而水产加工产业中的资本资源和技术支持又都大于水产养殖和捕捞业。因此，渔业升级的方向是向水产加工业方向发展。

实现渔业产业结构的高度化是提高浙江渔业经济整体效益的关键。产业结构的高度化是指产业结构随着需求结构的变化与技术进步逐步向更高一级演进的过程，通过产业结构的高度化使渔业由不加工或低加工度化、低附加值化、低技术集约化向高加工度化、高附加值化、高技术集约化方面转化。从产业链的角度来看，渔业产业结构高度化的实质就是产业链的延伸和整合的过程。

（一）渔业结构的高度化表现为产业链的延伸

产业价值的提升来自于加工环节的深化。工业活动总是对于某一生产环节的产品进行某种形式的加工和再加工，这种加工和再加工改变商品形态，提升商品价值，随着加工环节的逐步深化，商品价值不断地增值，经济效益不断得到提高。从渔业经济活动多种加工环节的深化来看，由于内在的经济技术联系，对最初的原料和材料进行逐级加工、深加工和精深加工，其产业经济活动表现为各个经济活动在产业环节上的环环相扣，在形式上形成一条具有内在经济技术联系的产业链条。随着加工和再加工的深化，产业链条沿着产业价值链不断扩展和延伸，从低利润区不断向高利润区扩展。

（二）渔业产业结构的高度化还表现为产业链的整合

产业链的整合通常表现为两个步骤。第一步是在某一地区内对分别隶属于各个行业部门的产业资源和产业活动开始进行整合，将在经济技术上存在一定前后相关联关系的产业环节合理地组织起来，通过资产重组重新构建产业链。第二步是产业链的进一步整合。通过资源的有机整合而形成的产业链条通常都只是一些短链，或者是以一定稳定化技术为基础的低价值产业链，在科技进步和竞争激烈的市场条件下，为了提高产业附加值和区域竞争力，必须进行产业链的重新整合，使产业链的关联突破行业的束缚，在更大的范围或者更高的产业层次上重新整合产业链，在新的地域空间和产业空间上重新构建与调整产业链的联结状态，为经济效益的提高提供产业链基础，这实际上就是产业链各环节实现技术升级的过程。

（三）渔业产业链的延伸和整合具有双重经济效应

一方面，产业链的延伸和整合促进了渔业结构的高度化，使渔业结构由低价值区进入到高价值区，由单一的产业结构演变为多元化的产业结构，为渔业经济效益的提高奠定了基础。另一方面，产业链的整合促进了渔业经济效益的提高，使渔业经济增长方式由粗放型的规模扩大转变为以技术集约而形成的高质量和高效率。由于产业结构高度化源于技术进步和市场需求的变化，而根本的动力来自于产业附加值的提高诱导产业链延伸和产业链整合，因而促进渔业经济结构高度化的经济动因就是引导渔业产业链在产业空间和地域空间上的延伸。

四、产业链延伸与整合

由以上分析我们可以看出，浙江渔业经济的运行效益之所以不高，从根本上讲，是由于浙江渔业产业链不够完善。因此，要提高浙江渔业经济的运行效益，必须要针对以上薄弱环节，从延伸和整合浙江渔业产业链入手。

（一）延长浙江渔业产业链要从延长主产业链和辅产业链两条链同时入手

延长主产业链主要是大力促进鱼产品加工业的发展，以大宗产品、低值产品、废弃物的精深加工和综合利用为重点，促进加工业规模的扩大和链条的延长。其中，对低值水产品的综合利用，重点要在加大传统水产品开发力度的基础上，大力开发精制食用鲜鱼浆，进而以鲜鱼浆为原料生产各式方便食品、微波食品及色香味俱佳的合成水产食品；对鱼内脏、鱼鳞等废弃物的综合利用，要重点发展通过这些产品特殊提炼加工，再配合其他辅料制成鱼油产品、鱼鳞产品、低胆固醇补脑产品等各种保健品，从而提高这些产品的附加值。延长辅产业链主要是要促进为主产业链提供支撑的各环节的发育，其重点是要提高渔业科研的发展水平。要以市场为导向，以解决当前水产养殖和加工业发展中存在的一系列重大难题为核心，组织渔业科研攻关，针对当前育苗和养成技术比较落后、水域环境控制能力较差、养殖病害日趋严重、养殖品种种质退化、高产抗逆的优良品种缺乏等问题，研发出一大批有较大现实意义和较高水平的科研成果，为渔业产业链的延长提供支撑。

（二）整合浙江的渔业产业链要提高浙江渔业经济的运行效益

仅仅靠延长渔业产业链是远远不够的，通过延长形成的渔业产业链，往往都是一些短链，并且都是一些低级形式的产业链，链中企业之间仅限于单纯的市场交易行为，联系还比较松散，在一些关键领域难以有效合作，导致形成的产业链质量不高。因此，要从根本上提高浙江渔业经济的运行效益，在延长产业链的同时还必须进行产业链的整合。渔业产业链的整合存在低级和高级两种形式。低级形式的产业链整合是在延长产业链的基础上，通过加强链内和链间企业间的联系来提高渔业经济的运行效益的。结合浙江实际，当前该形式在浙江又有三种实现途径。一是加强主产业链内各环节的整合。其重点是加强鱼产品生产单位（捕捞、养殖户和捕捞、养殖企业）、鱼产品加工企业和鱼产品销售企业三者之间的战略合作，充分发挥各类中介组织的作用，将三者紧密联系在一起，开展联合攻关，一头连接鱼产品供应，一头连接市场，保证主链条的整体协调。二是加强渔业产业链主、辅两条链的整合。其重点是建立渔业科研单位与主产业链的密切联系，充分发挥其对主产业链各环节的支撑作用，为主产业链的健康发展打下良好的基础。主辅两条链的整合将会降低水产养殖业面临的各种风险，促进养殖业规模的扩大、生产方式的转变和养殖品种的多样化，从而促进主产业链在质量方面大大提升。三是加强渔业与其他行业的产业间整合。加强这种行业间整合将会极大地拓展渔业的空间范围和产业范围，促进新兴产业部门的产生，而新兴的产业部门往往会具有更高的效益和更高的技术含量，从而为渔业经济效益的提高寻找新的空间。如目前方兴未艾的休闲渔业就是这种行业间整合的结果。休闲渔业既不以鱼产品本身作为经营对象，也不为主产业链各环节起支撑作用，因此，从严格意义上来讲，它并不属于渔业产业链上的一个环节。但是它之所以能够对渔业经济效益的提高产生影响，就是通过渔业与传统服务业之间的整合产生的。实际上从另外一个角度来看，渔业与其他行业之间的这种行业间整合也可以看作是一种更广泛意义上的渔业产业链的延长。高级形式的渔业产业链整合是通过产业链各环节企业间的一体化实现的。这种一体化的主体是鱼产品加工企业。随着这类企业实力的增强，为了降低交易成本，他们将会把产业链上的诸多环节内部化，例如科研、生产、销售等，从而形成一个融产业链多环节或者所有环节为一身甚至跨行业经营的、具有多种功能的综合性渔业龙头企业。从长远来讲，高级形式的产业链整合要比低级形式的整合在解决产业链上存在的各种问题方面具有更好的效果，但是这种整合往往会伴随着渔业资本有机构成的提高，从而在短期内导致众多渔民的失业。当前浙江面临着众多捕捞渔民需要转产转业的巨大压力，在这种情况下，高级形式的产业链整合在浙江当前不具有较大的可行性，为了缓解这种压力，当前浙江还是要以低级形式的产业链整合为主要形式。

（三）为渔业产业链的延长和整合创造良好的政策环境

渔业产业链的延长和整合需要一个良好的政策环境。政府应该从以下几个方面为渔业产业链的延长和整合提供政策支持：一是为渔业龙头企业提供相应的优惠政策，促进其规模的扩大和技术水平的升级，同时加大招商引资的力度，引进一批具有较高知名度和较高技术水平的渔业龙头企业，开展鱼产品的精深加工，大力发展外向型渔业经济，为渔民的转产转业创造条件；二是要理顺渔民和龙头企业的关系，充分保障渔民的经济利益，促进渔民和渔业龙头企业的有效合作。

第七章 浙江蓝色牧场空间布局分析

第一节 空间布局理论与实践

一、空间布局理论基础

在产业布局的一般理论中，与“蓝色牧场”相关的理论主要有以下几种。

（一）产业区位理论

区位理论的思想始于17—18世纪政治经济学对于区位问题的研究，而系统的区位理论则形成于19世纪。区位理论是从特定的经济单元利益最大化出发，分析其空间布局的主要影响因素，从而为区位决策提供依据。

1. 农业区位论

德国经济学家杜能在他的名著《孤立国同农业和国民经济的关系》中提出了孤立国农业圈层理论。这一理论论证了农业生产方式的空间配置，后人称之为“农业区位论”。杜能的理论揭示了农业生产的空间分异的最优布局，这种布局即使是在完全相同的自然条件基础上也会出现。杜能论证了这种空间分异源自于生产区位与消费区位之间的距离，这种距离带来的成本差异致使各种农业生产方式在空间上呈现出同心圆结构。杜能理论的另一个重要结论是距离市场越近，单位面积收益越高的农业生产方式的布局是合理的，由此而形成的农业生产方式布局，从农业地域总体上看收益最大。虽然杜能的理论存在一定的缺陷，但是其研究方法对后来的韦伯以及克里斯塔勒的区位理论产生了很大影响和启发。

2. 工业区位理论

韦伯是古典区位理论的杰出代表人物，工业布局理论的创始人，他在总结前人研究成果的基础上于1909年撰写了《工业区位论》，创立了“工业区位论”。韦伯的理论利用古典经济学的基本原理和严谨的数理推导论证了市场价格与投入成本是影响工业区位的重要因素，通过分析这些因素，工业布局应该寻求最低费用的区位。韦伯试图建立一个具有普遍适用性的纯理论，这一理论能够解释任意工业部门、任意经济制度的空间布局问题。他着重分析了运输费用、劳动力费用和集聚力这三种主要区位因素，他把运费和劳动力费用看作影响工业区位的一般区域性因素，其中运费对工业的基本定向起决定作用，劳动力费用是对运输定向的工业区位的第一次偏离。集聚则是一种一般地方性因素，使运输定向的工业区位发生第二次偏离。

韦伯在他的工业区位论中提出了指向性原理：运费指向、劳动力指向和集聚指向。其中，运费指向利用最小运费原理，结合原料指数将工业区位选在原料地、消费地和两者皆可三种布局方案。劳动力指向强调当节约的劳动力大于增加的运费时，工业区位应该选在低廉劳动力地点布局。集聚指向论是在考虑集聚因子和分散因子相互作用的情况下，当集聚节约额比运费（或者劳动费）指向带来的生产费用节约额大时，便产生集聚指向，工业区位应该选在发生多数工厂集聚的区域布局。

韦伯理论建立在简单化的假设基础上，仅对少数区位因素（运输、劳动力和集聚因素）作了纯理论的分析，虽然其理论存在不少缺陷，但他所建立的工业区位理论对后来的区位理论、产业布局理论都产生了深远影响。

3. 中心地理论

德国城市地理学家克里斯塔勒于1933年发表了《德国南部的中心地》一书，在书中系统地阐明了中心地的数量、规模和分布模式，建立起中心地理论。中心地理论是以古典区位理论的静态局部均衡理论为基础，进而探讨静态一般均衡的一种区位理论，它主要回答了“决定城市的数量、规模以及分布的规律是否存在，如果存在，那么又是怎样的规律”这一问题，在对城市空间结构规律进行总结研究的同时，这一理论也对零售业和服务业的产业空间布局进行了研究，对区域内公共服务和基础设施的空间布局规划具有重要意义。

4. 市场区位论

德国经济学家廖什把市场需求作为空间变量来研究区位理论，进而探讨了市场区位体系和工业企业最大利润的区位，形成了市场区位理论。廖什认为大多数工业区位是选择在能够获取最大利润的市场地域，区位的最终目标是寻取最大利润地点。最佳区位不是费用最小点，也不是收入最大点，而是收入和费用的差最大点，即利润最大点。市场区位理论将空间均衡的思想引入区位分析，研究了市场规模和市场需求结构对区位选择和产业配置的影响。

由此可见，产业区位理论经过多年的研究，逐步从静态到动态，从单一因素到多因素，从局部均衡到一般均衡，从微观角度到微观与宏观相结合等的改进与完善。

（二）产业集聚理论

产业集聚理论是指关于在一定的区域内，基于其产业的发展规律，相互关联的企业或产业出现集中分布而形成具有一定规模的产业群的理论。

1. 外部经济理论

马歇尔从新古典经济学的角度首先提出了外部经济理论并于1890年出版了《经济学原理》一书。他认为对于经济中出现的生产规模扩大可以区分两种类型：第一类是生产的扩大依赖于产业的普遍发展；第二类是生产的扩大来源于单个企业自身资源组织和管理的效率。将前一类称作“外部经济”，后一类称作“内部经济”。他还阐述了存在外部经济与规模经济条件下产业聚集产生的三个动因：一是聚集能够促进专业化投入和服务的发展；二是企业聚集于一个特定的空间能够提供特定产业技能的劳动力市场，从而确保工人较低的失业率；三是产业聚集能够产生溢出效应。外部经济理论认为，在自由竞争的市场中，私人生产成本和社会生产成本、私人经济福利和社会经济福利并不完全吻合。自由放任的经济政策不能消除外部不经济现象，政府必须对市场进行适当干预。

2. 竞争优势理论

美国管理学家迈克尔·波特通过对德国、法国、日本、美国等国家的产业集聚现象，从企业竞争优势的获得角度进行了研究，提出了产业群的概念，同时还利用钻石模型对产业群和产业聚集进行了分析。他认为，竞争不是在不同的国家或产业之间，而是在企业之间进行，而且贸易的专业化并不能通过要素禀赋状况而得到合理的解释。因此，他将分析的重点放到了企业上，并且从创新的角度来探讨产业的聚集现象。

3. 交易费用理论

1937 年，科斯在《企业的性质》一文中首次提出了“交易费用”的思想，直到威廉姆森才系统地研究了交易费用理论。该理论认为，企业和市场是两种可以相互替代的资源配置机制，由于存在有限理性、机会主义、不确定性与小数目条件使得市场交易费用高昂，为节约交易费用，企业作为代替市场的新型交易形式应运而生。交易费用决定了企业的存在，企业采取不同的组织方式最终目的也是为了节约交易费用。不管企业内部还是企业之间，都存在着一种“社会关系”，一方面可以降低管理费用，另一方面又可以提高企业的创新活力。这种“社会关系”是形成产业聚集的出发点之一，也是产业聚集能够带来竞争优势的条件之一。

4. 报酬递增理论

以保罗·克鲁格曼、藤田昌久等人为代表的新经济地理学派从全新的角度来研究聚集经济和产业聚集的现象，该理论从一般性的角度研究聚集并提出了一个普遍适用的分析框架，建立了描述产业聚集的“中心—外围”模型，进一步解释了在不同形式的递增报酬和不同类型的运输成本之间的权衡问题，并对企业聚集现象提出了经济学的解释。在考虑收益递增、垄断竞争和贸易成本的一般均衡分析框架之中，通过劳动力的跨地区流动来探讨聚集发生的机制。

由于本章探讨“蓝色牧场”布局的相关理论实践，需要从实现利益最大化的角度考虑影响布局的相关因素，所以需要利用产业区位理论来分析“蓝色牧场”布局的影响因素。同时本书的“蓝色牧场”是指在特定海域通过投放人工渔礁等渔业设施并进行现代系统化管理，利用海洋天然水域环境为海洋生物营造适宜其繁衍栖息的可人工控制的生存空间，在持续高效地产出高品质水产品的同时带动休闲渔业等相关产业发展的生态型渔业模式。因此“蓝色牧场”涉及的关联产业较广，需利用产业集聚理论进行分析。

二、布局实施步骤

“蓝色牧场”的布局属于空间管理范畴，不仅需要考虑生态学、海洋学、水文学、海洋动力学特征，而且也要考虑对投资者及渔民等相关利益方的社会经济影响。因此，“蓝色牧场”布局在满足生态学和海洋学标准的同时，也必须考虑拟建设“蓝色牧场”的类型、建设目的，尽可能使其综合效益最大化。

“蓝色牧场”布局是一项复杂的系统性工作，梳理给出一个明确的操作流程有利于提高工作的效率，同时确保布局工作的准确有效。目前，针对布局一类的问题一般都分为两个阶段：一次阶段和二次阶段。一次阶段主要依据布局工作的原则和目的，结合可利用的数据及材料，粗略地评选出相对适宜的若干个方案；二次阶段是通过建立相应的模型，运用适合的研究工具和方法以及专家评价结果对各方案进行定性和定量的分析，得出各方案的评价结果并排序，最终选取最优化的结果。两个阶段的工作具体包含以下内容：

（一）分析布局意义

“蓝色牧场”布局是指在正式实施海洋牧场建设前，根据“蓝色牧场”建设的目的，综合分析目标区域的各种条件，对最适宜的区域进行选取、论证和决策的过程，其涉及的要素较多，方法也较为多样。科学有效的布局区域对于实现“蓝色牧场”功能，以及统筹海洋事业发展具有极其重要的作用。

1. “蓝色牧场”布局是实现“蓝色牧场”目标物种产出的环境保证

“蓝色牧场”的最终目标是实现高效安全的综合产出，这种实现与目标物种的确定及其产出途径密切相关，因此，必须考虑目标物种适宜的生境海域。如以鲍鱼、海参等海珍品底播增殖为目标产出的“蓝色牧场”建设，应考虑适宜大型海藻生长的海域，以便营造鲍鱼和海参等生物的饵料环境，这些环境条件包括海水清澈利于光合作用、海水交换充分利于海藻吸收营养盐等。

2. “蓝色牧场”布局是实现“蓝色牧场”生产可控性的重要条件

“蓝色牧场”的主要特点是“放流—生长—回捕”各个环节的可控性，其实现途径有二：一是运用工程学及生态学等手段对目标生物进行诱导或驱赶，达到控制其行为的目的；二是选择受外界因素影响较小的水域，形成相对封闭的环境，便于控制目标物种的行为。以音响投饵驯化为代表的鱼类行为控制技术在现阶段尚未达到商用化程度。因此，通过选择合适的环境相对独立水域并辅之以人工鱼礁建设等手段，来实现“蓝色牧场”的生产可控性是较为现实可行的方法。

3. “蓝色牧场”布局是实现各技术要素发挥协同作用的必要载体

各国的“蓝色牧场”实践表明，其技术体系的构成可以分为栖息地改造、海域资源增殖、目标种类行为控制、回捕与产出管理等技术。“蓝色牧场”建设手段主要包括人工鱼礁、增殖放流、生态养殖等，这些建设具有较为明显的工程特性，要求“蓝色牧场”建设在布局的过程中要从工程的角度出发，重点考虑海区的物理环境要素，特别是水深、流速等水文要素，以确保建设的安全性和有效性。

（二）确立布局原则

“蓝色牧场”布局的基本原则是知道“蓝色牧场”布局工作最根本的基础，在正式开始“蓝色牧场”布局工作前，应根据布局问题的一般原则，结合“蓝色牧场”的概念及特征，确立具有针对性的“蓝色牧场”布局原则，以指导接下来的牧场布局工作。

1. 科学有效的原则

为实现“蓝色牧场”建设的预期收益，在进行“蓝色牧场”布局之前要明确“蓝色牧场”建设类型，牧场布局的全过程应时刻围绕建设目标，确保布局为目标服务。其次，“蓝色牧场”布局必须因地制宜，结合地区实际情况开展布局工作，最终确保“蓝色牧场”布局的科学有效。具体而言，应与4个方面相适应：

（1）布局在合理合法的海域。“蓝色牧场”的投礁区选择应符合海洋功能区划、海洋经济发展规划和水域滩涂养殖规划。海洋渔业是整个海洋经济领域中的一个重要组成部分，对相关行业也有着重要影响，因此“蓝色牧场”建设规划要与港口、通信、油气田、航道等其他行业的规划相衔接，不在海底管道、电缆等海洋工程设施附近及其施工的影响范围内投放人工鱼礁；确保各类船只海上交通航道的运行不受影响；不在海洋倾倒区及其排污区附近及河口等易产生淤积区建礁。

（2）与海洋物理环境相适应。海洋物理环境是决定“蓝色牧场”投礁建设效果的重要环境基础。在“蓝色牧场”建设初期的海域使用论证时，牧场设计建设单位应尽可能多地收集海域现有的海洋生物、水质、海底底质、气象水文等方面的物理环境资料。选定的投礁区一般应设在水文条件良好的区域，水交换畅通，温度、盐度适宜，风浪小，海底平缓、最好以沙质为主，附近有自然礁区或沿岸的地形地貌条件优良，不易淤积的区域最佳。

（3）与海洋生物环境相协调，重叠互补。各区域板块功能互相协调是海洋开发规划的基本原则，“蓝色牧场”的生态属性、社会属性决定了其建设规划既要与选划海域功能相协调，还要对现有板块功能进行互补，在不影响其他合理功能的开发利用的前提下，最终达到修复和保护海洋生态环境，促进沿海经济繁荣的目的。所以“蓝色牧场”的布局还应考虑以下几个方面：

第一，海区水质没有被污染而且将来不易受到污染。“蓝色牧场”建设初期往往投入较大，其作用的显现也需要比较长时间，选择建造人工鱼礁的海区，应考虑在未来相当长时间内，海区不会受到污染。

第二，“蓝色牧场”设置的位置应位于鱼类洄游通道上或栖息的场所。选定区域应具备较好的渔业资源条件；具有一定数量的原生经济生物种类，最好是仍存有相当数量的苗种资源或拥有育苗场，能够通过“蓝色牧场”的建设，显著改善海底生态环境，资源能得以较好恢复的区域。海洋经济生物资源的产卵场和有利于保护幼鱼、幼虾、幼贝的海区优先。

第三，为了避免破坏原有海域的生态环境，“蓝色牧场”的布局应尽量避开存有大量珊瑚礁的海床以及水草与贝类等底栖生物着生的海床。“蓝色牧场”的增养殖效果主要体现在能否提高软体动物和鱼类的增养殖能力，建造之前应该明确其增养殖对象。不同的增养殖对象对海水的温度、盐度、含氧量、透明度、污染物的敏感程度各不相同，对食物和栖息地的要求也有一定的差异，在确定投礁范围时这些因素都应予以综合考虑。

（4）与社会环境相适应。选择“蓝色牧场”建设区域时，还应考虑当地的社会经济条件和科研力量配备的因素。应优先选择海域使用权分化清晰、海域管理高效科学的区域；对于旅游休闲型“蓝色牧场”，在有关法律法规允许的情况下可考虑设置在海洋自然保护区等有利于开发垂钓渔业和海上观光旅游的区域。

综上所述，由于海域开发具有多功能的属性，每一单项开发都应与其他项目相互协调。所以在进行“蓝色牧场”建设规划的同时，要根据不同类型“蓝色牧场”其不同的作用特点，以及拟牧场布局区域的资源与环境功能特点，同时考虑到“蓝色牧场”的增养殖效果与其他行业结合程度以及从修复和保护海洋生物资源产生效果等方面，因地制宜地规划出具体建设布局范围，挖掘区域特性，避免功能区划之间的冲突，实现海洋资源的综合利用。

2. 方便管理的原则

“蓝色牧场”是一项投入巨大的基础性建设项目，尤其是其涉及的人工鱼礁和资源增殖放流工程，都不同程度地耗费大量的人力物力，其建设后仍需不断加以管理才能使其持久发挥作用。因此，在考虑“蓝色牧场”布局时，必须充分考虑方便管理的原则：一是提高管理的可操作性；二是降低“蓝色牧场”的管理成本。可以重点考虑交通便捷，周围基础设施相对完善的区域。

3. 长远发展的原则

目前，我国“蓝色牧场”建设尚处于起步阶段，对于“蓝色牧场”内容拓展、发展规模、类型整合等问题尚缺乏研究。因此，在“蓝色牧场”布局时必须遵循长远发展的原则，充分考虑今后一段时期内可能出现的相关问题。

（三）分析影响因素

“蓝色牧场”布局过程是布局限制因素与布局目标实现相匹配的过程，全面科学地分析影响“蓝色牧场”布局的因素有利于科学合理地确定最优礁址。影响因素的选取应注意全面、科学、可行。结合“蓝色牧场”的概念和特点，结合前人对“蓝色牧场”的研究，大致可以将“蓝色牧场”布局的影响因素总结为社会经济环境、海洋物理环境和海洋生物环境三方面的因素。

1. 社会经济因素

社会因素对于定性的分析“蓝色牧场”布局具有较为重要的指导意义。当前，人工鱼礁选址技术相对不够完善，礁址选取的实际操作重点考虑社会经济因素，具体包括鱼礁建设目的、海洋功能使用、建设基础、规划与政策等。系统分析社会经济因素对“蓝色牧场”布局的影响，有利于从宏观上把握布局原则，确保布局环节不发生关键性失误。

（1）蓝色牧场建设的类型与目的。“蓝色牧场”的核心内容——人工鱼礁其功能较多，因此我国人工鱼礁项目的建设目的也是多种多样的，总结我国当前“蓝色牧场”建设实践，并结合我国沿岸海域的生态系统特点，大致可将我国人工鱼礁的建设划分为以下三种类型，每种类型有对应的建设目的，人工鱼礁选址必须充分考虑“蓝色牧场”的建设目的，以确保人工鱼礁建设能达到预期的效果。从我国“蓝色牧场”的建设实践总结分析，我国当前“蓝色牧场”主要依据海域特征及目标生物的不同分为以下三种类型：

第一种是寒系海珍品“蓝色牧场”：以海参、鲍鱼、扇贝等海珍品为生产对象，以投石造礁、藻场移植等为栖息地改造技术，以海珍品种苗的底播放流配合增殖礁设置为海域资源主要增殖手段，并通过贝藻套养、海参网箱养殖等充分利用海域立体空间，形成可控生态增养殖模式，该种类型的“蓝色牧场”重点发展海珍品增养殖。

第二种是岛礁性鱼类“蓝色牧场”：利用岛礁散布特点，以石斑鱼、褐菖鲉等恋礁性鱼类及叫姑鱼、真鲷、大泷六线鱼等感礁性鱼类为生产对象，通过设置集鱼礁、诱导礁、育成礁、增殖礁等延伸岛礁基架结构，整合贝藻类养殖筏和鱼类养殖网箱等，兼作浮鱼礁或中间暂养设施，并结合种苗放流等技术手段，增殖并诱集目标鱼种，形成立体式、生态型调控模式，该种类型的“蓝色牧场”重点保护岛礁生态系统，同时推进休闲渔业的发展。

第三种是内湾型鱼类“蓝色牧场”：选择闭锁性较好之内湾海域，以黑鲷、平鲷、紫红笛鲷等内湾定居或来游型鱼类为生产对象，通过人工鱼礁群建设扩展内湾上升流和背涡流区域形成良好栖息环境，整合鱼类养殖网箱和贝藻类养殖筏等兼作浮鱼礁或中间暂养设施，设置导流堤并结合种苗放流等营造饵料及仔稚鱼苗汇集滞留区，增殖并诱集目标鱼种，形成立体式、生态型调控模式，该种类型的“蓝色牧场”重点保护岛礁生态系统，同时推进潜水观光、休闲海钓等产业的发展。

除了以上三种海洋牧场类型外，“蓝色牧场”还可依照其他不同的标准分为若干种类型，如表 7-1，总结了目前海洋牧场的各种类型。

表 7-1 “蓝色牧场”类型的划分

分类标准	“蓝色牧场”类型
效益主体	1. 商业化“蓝色牧场”（商业化运作、追求经济效益）
	2. 生计化“蓝色牧场”（满足渔民捕捞，以维持渔民基本生活为目的）
主要用途	1. 渔获型“蓝色牧场”（“放流—回捕”的捕捞型）
	2. 休闲型“蓝色牧场”（增殖和诱集海钓资源、服务休闲渔业）
	3. 增养殖型“蓝色牧场”（以海水养殖为主，追求农牧化经济效益）
	4. 研究型“蓝色牧场”（海洋牧场科学研究、服务海洋牧场自身完善和建设）
	5. 综合型“蓝色牧场”（包含捕捞、养殖、休闲渔业等多种渔业产业形式，强调综合效益产出）
增养殖品种	1. 经济鱼类“蓝色牧场”（以经济鱼类为主要收获目标）
	2. 贝藻类“蓝色牧场”（以贝藻类为主要收获目标）
	3. 虾蟹类“蓝色牧场”（以虾蟹类为主要收获目标）
底质类型	1. 泥地底质型“蓝色牧场”（牧场底质以泥地为主）
	2. 泥沙底质型“蓝色牧场”（牧场底质以泥沙混合质为主）
	3. 礁石底质型“蓝色牧场”（牧场底质以礁石为主）

（2）可接近性。该要素描述“蓝色牧场”区域距离一般海岸的距离，以及“蓝色牧场”距离特定渔港、码头的距离，表征了“蓝色牧场”可接近的程度。“蓝色牧场”区域距离海岸或特定渔港、码头的距离较近，容易受到人类活动的过分影响，距离较远一方面不利于建设实施，另一方面也不利于人类达到牧场区域从事渔业生产活动，因此适宜的距离是较为重要的考虑因素。

（3）海洋功能区划。海洋使用功能众多，海洋功能区划是海域开发利用与管理的综合体现。“蓝色牧场”是长期以来渔业发展的产物，是海洋使用功能的重要内容之一。目前，我国海洋功能区划中没有针对“蓝色牧场”单独划分的海洋功能类型，但作为渔业综合开发利用与管理的新型渔业方式，可以将其功能定位于渔业发展的区划。如海洋捕捞区、浅海养殖区、深水网箱养殖区、定置拖网区、增殖放流区等，尤其是一些已具备人工鱼礁、增殖放流和海水生态养殖基础的海域，更可列为“蓝色牧场”的建设备选区。针对一些具有排他性的功能区，如航道、军事训练、海底管线等功能区，在进行“蓝色牧场”建设选址时，应特别注意与这类海域保持一定的距离，避免海洋功能使用上的冲突。

（4）渔业发展规划与管理政策。“蓝色牧场”作为一种综合性、系统性的渔业生产模式，其发展基础是现有的渔业产业，当前渔业相关核心规划是影响“蓝色牧场”发展的重要因素。“蓝色牧场”布局需要考虑既有的或即将出台的渔业规划和政策，做到渔业产业发展的政策导向适宜，避免发展政策导向冲突，否则既不利于“蓝色牧场”的发展，同时又会对既有的产业政策形成阻碍。

2. 海洋物理环境因素

海洋物理环境是实现人工鱼礁安全稳定，以及确保鱼礁功能发挥的重要因素，主要包括底质、水质、水深、坡度、波浪和海流等。

（1）底质情况对“蓝色牧场”布局的影响。“蓝色牧场”布局区域的底质情况将影响“蓝色牧场”的人工鱼礁礁体的整体稳定性和使用寿命。有浅层细沙覆盖的坚硬岩石质海床是建设“蓝色牧场”、投放人工鱼礁的理想场所。应避免在黏土、淤泥质和散沙上建造“蓝色牧场”，因为人工鱼礁的礁体很可能整体下沉，过多的淤泥还会覆盖甚至掩盖着生在礁体上的生物，阻碍光线的到达，影响所投放人工鱼礁功能的正常发挥。“蓝色牧场”的人工鱼礁的具体投放点要选择不会因风浪、海流或底质松软而导致礁块被掩盖、侧翻、移动的区域，尤其要注意避开那些有严重漂沙、流沙现象的严重底质松软、基础承重力差的地方。

（2）水质情况对“蓝色牧场”布局的影响。“蓝色牧场”布局区域的水质对于牧场区域投放生物的生长和繁殖有重要的影响。例如，若将“蓝色牧场”建在水深较大的海域，则会导致水体含氧量很低，使所投放人工鱼礁难以汇聚水生物，从而无法充分发挥其功能。在考虑水质因素时还要注意周围海域的污染情况，分析鱼礁使用期内礁区水质的变化趋势。

（3）水深情况对“蓝色牧场”布局的影响。大多数海洋生物的光合作用和呼吸作用都受控于温度和光照，而温度和光照又受到海水深度的影响，因此水深是“蓝色牧场”布局的一个重要参数。徐汉祥等认为“蓝色牧场”布局的合适水深应根据“蓝色牧场”的类型和周围的环境及生物资源条件来决定，但不能浅于15米，否则会影响航行和易受风暴潮冲击。建造“蓝色牧场”所选的海区一般水深在20~30米之间，不超过100米。具体水深根据所设“蓝色牧场”类型和放养对象而定：如果放养的对象是浅海水域的海珍品，应选择水深10米以内的海区，而以放养鱼类为主的“蓝色牧场”则应在水深20米左右的海区投放人工鱼礁为好。

（4）坡度情况对“蓝色牧场”布局的影响。坡度描述了海底地形的起伏程度，是影响鱼礁投放后安全性与稳定性的重要因素。海底坡度较大，地形较陡，则不利于鱼礁的稳定性，容易导致鱼礁在海流和波浪的作用下倾覆和漂移，从而失去相应的功能。研究表明，海底坡度在小于5度时能够较好地确保鱼礁的稳定性。

（5）波浪和海流情况对“蓝色牧场”布局的影响。波浪对“蓝色牧场”内的人工鱼礁有较大的冲击影响（尤其在大风浪的情况下），主要表现在两方面：一是波浪力对所投放鱼礁整体稳定性的冲击影响；二是波浪力能够引发鱼礁周围底质的起动效应。一般而言，在20~30米水深的海域中投放礁石，“蓝色牧场”受到的波浪影响较小。

“蓝色牧场”内的人工鱼礁礁体能够改变围绕在其周围的海水的流态，在其后方（所谓人工鱼礁的投影区）产生涡流和流影，从而形成一个低压区。低压区与周围的压差产生了上升流，从而使低温而营养丰富的深层海水与温暖的表层海水混合，提高了“蓝色牧场”投礁区域海水的含氧量，促进浮游生物和底栖生物的生长，使“蓝色牧场”中的人工鱼礁区域成为鱼类索饵的好去处。但是，人工鱼礁礁体周围流态的变化容易引起海底的冲淤，流速越大这种影响越显著，因此“蓝色牧场”不宜设置在流速过大的海域，其人工鱼礁投放的海域海水流速一般以不超过0.8米/秒为宜。

3. 海洋生物环境因素

（1）目标种及其生活史。人们在建设“蓝色牧场”前，一般都会明确“蓝色牧场”需要养护或增殖的目标生物，例如“北方寒系海珍品蓝色牧场”，其目标生物为鲍鱼、扇贝等移动能力弱，且需要岩礁硬质底质的生物，在进行“蓝色牧场”布局时就要根据目标种的这一特征进行针对性的操作。除此之外，目标种的生活史也是影响“蓝色牧场”布局的重要因素，它具体包括繁殖阶段、保育阶段、索饵阶段、洄游阶段、避害阶段等，当考虑到针对具体目标种的具体生活史阶段时，布局工作就具有了特殊性和针对性。

（2）初级生产力水平。“蓝色牧场”以目标生物的产出为主体目标，要求海区有较高水平的初级生产力以满足目标生物的摄食。初级生产力是标志海域生物资源水平的重要指标，是关系“蓝色牧场”建设成败的关键因素。

（3）生物资源水平。生物资源是指具有开发利用价值的鱼、虾、蟹、贝、藻和海兽类等经济动植物的总体，生物资源水平一定程度上反映了海区的生态环境综合水平，资源水平较高的海域其生态健康程度一般较高，因此，通过对生物资源水平的判断能够有效查明海区是否适宜通过建设“蓝色牧场”实现生态环境的保护和水生生物资源的养护和增殖的目的。此外，对海区生物资源水平的考察也能够帮助分析海区与目标种生活史阶段的匹配程度，有利于针对性地开展布局工作。例如，某海区调查发现目标种仔稚鱼资源量较高，则可初步判断该区域可能为目标种的繁育场所或索饵场所，则可根据判断针对性选取该区域开展养护型的“蓝色牧场”建设。

（四）数据搜集与整理

数据、资料收集与整理工作是任何布局工作不可或缺的一部分，是实现对目标海区作为礁址的适宜性分析的基础和支撑。在布局工作前期应全方位、多角度、深层次地发掘、搜集和整理数据。这些数据一般包括目标海域的各类社会、经济、生态环境的信息，能够从宏观上反映海区的基本特征，并从微观上用于布局工作的技术实现。

（五）确定初选方案

确定“蓝色牧场”布局的原则，分析特定“蓝色牧场”的类型和目的，以及收集和整理目标海区的数据资料后，对数据进行初步分析，排除典型不适宜区域后，定性地评价出适宜的布局，确立若干初步方案。

（六）资料再收集

针对初步方案对应海区进行资料再收集，重点收集可从技术上实现布局评价的数据。

（七）建立评价体系

根据初选方案对应海区的特点，从可行性的角度出发，选取具有代表性的若干特征因素，层次分明地建立起评价体系。

1. 聚类分析法

聚类分析就是依据某种方法及准则对一组样本或变量进行分类的多元统计分析方法。在聚类分析中，首先通过对原始数据的处理，确定原始数据的测量尺度，对数据进行无量纲化和无量级化；第二步对处理的数据进行相似度测度，先进行分类将相似的样本归为一类，把不相似的样本分成不同的类，然后将各类中最相似的两类合并成新类，再按照某种求新类相似性的方法，计算新类与其余各类间的相似性，再将其中最相似的两类合并，重复这一步，直到最后聚成一大类为止。

2. 主成分分析法

主成分分析法就是把反映样本模型特征的多个指标变量转化为少数几个综合变量的多元统计方法。在区域经济比较研究中，描述区域经济状况的指标通常很多，而这些指标常常相互相关，这给研究带来不便，同时在具体研究中如果选择的指标过多会增加研究的难度，过少有可能将重要的指标去除了，而影响结果的可靠性，应用主成分分析方法就可以解决上述问题；另外可以通过计算主成分的方差贡献率减少变量个数，简化数据结构，同时在进行综合指标计算时还可以用来计算主成分的权重。

3. 模糊综合评价方法

由于综合经济实力的概念本身具有的模糊性，使模糊综合评价法成为评价区域综合经济实力的一种适宜的工具。模糊综合评价的实质是模糊变换。模糊变换实质上是一种论域的转换，它把一个在论域 U 上出现为模糊向量 A 的某一模糊概念转换到论域 V 上表现为模糊向量 B，而这种变换又是通过 U 和 V 之间的模糊关系矩阵 R 来实现的。模糊综合评价的主要优点是通过模糊综合评价能够综合评价对象所蕴含的各种不相同性质因素，从而可以作出较为客观的评价，在适用范围上，模糊综合评价方法不仅可以应用于线性问题，而且也可以在非线性问题的评价上使用，应用范围较为广泛。其评价标准也可以避免人为划分等级的主观方法，因此使得该方法具有较强的科学性和实用性。

4. 灰色关联分析方法

灰色关联分析综合评价方法是根据灰色系统理论的关联分析方法改造后提出来的一种综合评价方法。灰色理论提出的关联分析方法是一种因素分析方法，是对发展变化着的系统进行发展态势的量化比较分析。发展态势的量化比较分析是对诸系统时间序列几何关系的比较，从其思路看，源于直观几何。因此，关联分析实质是诸曲线间形状的比较分析，几何形状越接近，则认为两者发展趋势越接近，关联程度就越大，反之，关联程度就越小。关联分析不仅是一种简单的时序系统分析方法，而且还可以进一步推广为关联度空间，对系统非时间序列进行关联分析，这样就大大拓宽了关联分析的应用范围，而灰色关联分析运用于地区综合评价正是它在应用上的一种延伸。

5. 层次分析法

层次分析法（Analytic Hierarchy Process，AHP）是一种多目标、多准则的决策方法，该方法由美国著名运筹学家萨蒂（T. L. Saaty）首先提出。层次分析法的主要核心是通过对相关大量专家经验判断的综合与整理，从而量化专家们对同一事物的主观看法。该方法的基本思路是首先将待评价的事物根据性质分为若干要素，并按照支配关系将这些要素形成有序的递阶层次结构，然后根据专家对每一层次上各指标的判断比较，确定各指标间的重要程度，从而可以构成判断矩阵，通过对判断矩阵特征值与特征向量的计算就可以确定每一层次指标对其上层要素的贡献率，最后利用层次递阶技术，就可以求得基层指标对总体目标的贡献率。

针对上述几种评估方法，利用聚类分析法能使结论形式简明，但在样本量较大时，要获得聚类结论有一定困难；而主成分分析法利用降维技术用少数几个综合变量来代替原始多个变量并且对客观经济现象进行科学评价，但当主成分的因子负荷的符号有正有负时，综合评价函数意义就不明确；模糊综合评价方法具有结果清晰，系统性强的特点，能较好地解决模糊的、难以量化的问题，但是评价指标较多，评价过程具有较强主观性；灰色关联分析法能够对于一个系统发展变化态势提供量化的度量，非常适合动态历程分析，但是在对影响因素的选择存在较大难度，过程较为繁琐；层次分析法能够统一出决策中的定性定量因素，具有实用性、系统性、简洁性等优点，但也存在着合理性缺乏论证的缺点。因此，综合评价这几种方法的利弊，本文采取层次分析法对“蓝色牧场”布局进行实证分析。

（八）确定最优方案

依照已建立的评价体系，选择适宜的评价方法，对初选方案进行评价，并依次排序，确定最优礁址区域，实施牧场建设。

三、牧场布局存在的问题

我国有关人工渔礁礁址布局的研究滞后于国外，整体上停留在理论分析的阶段，尤其缺乏对具体案例采用具体方法的实证研究。笔者在对现有的“蓝色牧场”资料分析的过程中发现，各个“蓝色牧场”布局所采用的研究方法、分析手段、评价方法还很不完善、成熟，导致布局决策主观性、随意性、片面性现象较严重，政府和民间投资综合效果欠佳。同时，全国沿海范围内的“蓝色牧场”的布局和选址也存在一定的问题，具体可分为以下几个方面：

（一）选址布局不合理，建设发展不平衡

我国沿海海区总体上可分为北部黄渤海海区、中部东海海区和南部南海海区，从已统计的20个“蓝色牧场”情况看，黄渤海海区9个，占总牧场面积的31.5%；海域面积较大的东海海区6个，仅占总牧场面积的5.6%，其中江苏省未涉及独立的“蓝色牧场”建设；南海海区占7个，占总牧场面积的62.9%，且选区较为集中在广东省。由此可见，我国“蓝色牧场”的发展呈现南北旺盛，中部衰弱的局面。当然，这与我国中部海区水质状况一般，海况条件恶劣等因素有关，但诸如资源丰富、经济发达、交通便利等优势条件应成为发展东海“蓝色牧场”的有力支撑。

（二）布局主要依赖人工鱼礁区

理论上讲，“蓝色牧场”建设包括栖息地改造、资源增养殖、目标生物行为控制、渔业环境监测、渔业现代化管理五大方面的内容。但从实际统计情况看，“蓝色牧场”建设内容较为倾向于栖息地改造技术中的人工鱼礁建设，以及资源增养殖技术中的增殖放流建设，并且百分之百比例的“蓝色牧场”布局依据人工鱼礁区，着重考虑建设海区的自然条件而忽略了其他因素，这使得“蓝色牧场”布局的综合性和全面性受到影响，不利于“蓝色牧场”的充分和全面发展，也不利于“蓝色牧场”概念的拓展。

（三）布局工作缺乏有效的评价手段

当“蓝色牧场”确立拟选地址后，由于缺乏对周边影响因素的定量分析，导致对于布局的优劣不能作出有效比较和评价。此外，当一个地区出现较多适宜“蓝色牧场”布局的海区时，无法有效地定量比较彼此的优劣程度，致使布局工作产生分歧。这不仅会对布局工作的科学性、正确性产生影响，也会对于其后的经济效益和可持续发展造成影响。

第二节　浙江蓝色牧场空间布局的实证分析

一、布局概况

（一）宁波市

宁波市政府依据《宁波市海洋经济发展“十二五”规划》《宁波市海洋功能区划》《宁波市人工鱼礁建设规划》等，在今后十年间以象山港和韭山列岛海洋自然保护区、渔山列岛海洋特别保护区的资源保护与增殖为重点，实施“蓝色牧场”建设“123 工程”（“一港两岛三区”）。通过人工鱼礁建设、大型藻类移植、贝类底播增殖、资源增殖放流等方式，在海洋中建立高效碳汇的生态系统，改善和再建渔场环境，最终形成集海洋环境保护、渔业资源增殖、农牧化养殖、海上休闲游钓等功能于一体的“蓝色牧场”。

宁波市海洋牧场建设始于 2004 年 4 月，截至 2016 年底，全市建设海洋牧场海域有 4 处，包括象山港海洋牧场示范区、韭山列岛海洋牧场实验区、三门湾海藻综合示范区，以及国家级海洋牧场·渔山列岛海洋牧场综合示范区。已投入各项建设资金 6 252 万元（不包括增殖放流资金和获批后“渔山列岛海洋牧场综合示范区”建设资金），其中，中央财政资金 1 790 万元、各级地方财政资金 4 362 万元、企业类投资资金 100 万元。投放人工渔礁 12. 37 万空方，海藻场 785 公顷，紫菜增殖场 40 公顷。年增殖各类鱼苗 2 800 万尾、贝类 2 亿颗、甲壳类 2. 5 亿尾以上。

1. 象山港“蓝色牧场”

象山港从宁波市域的中部沿东北—西南走向楔入内陆，海域面积 563. 3 平方千米，岸线总长约 270 千米，有大小岛屿 50 余个，沿岸岸滩淤涨缓慢，大小港湾发育，海岸线曲折，基岩岬角与潮滩相间分布，港域纵深，主湾中心线长 60 余千米，口门宽度约 20 千米，港内宽度在 3~8 千米之间。水深变化较大，最深处可达 40 多米。象山港自然环境优越，各种有经济价值的水产资源集中分布，是浙江乃至全国海水增养殖的重要基地，海域生态类型繁多，既有典型的海洋洄游性鱼类，又有定居性鱼类，是多种海洋生物繁殖、索饵、生长栖息的优良场所，海水水质多数指标符合二类水质标准。

象山港因其资源和环境条件优势，在“蓝色牧场”建设中作为试验区先行建设，通过投放人工鱼礁、规模化移植大型海藻、底播增殖经济贝类，实现该海域的“农牧化”生产，保护和改善整个象山港的生态环境，建设集资源增殖保护、农牧化增养殖、资源增殖保护研究、海上休闲游钓等功能于一体的宁波市首个“蓝色牧场”区。

2. 渔山列岛“蓝色牧场”

渔山列岛位于浙江省沿海中部，隶属于宁波市象山县石浦镇，位于象山半岛东南、猫头洋东北，距石浦镇 47.5 千米，有岛礁 54 个。2008 年 8 月渔山列岛被列为国家级生态特别保护区，2015 年获批 20 个国家级海洋牧场示范区之一。渔山列岛位于浙江沿海中部，独特的自然环境以及丰富的岛礁资源，使得列岛及其周围海域成为多种海洋生物资源的集聚地。受台湾暖流控制，海水透明度较高，海底地貌主要为水下斜坡和水下缓坡，一般水深在 20~40 米。渔山列岛及邻近海域自然条件优越，海洋生物资源丰富，有石斑鱼、鲷科鱼类、褐菖鲉、鲈鱼以及多种的贝类和藻类，是宁波海域海洋资源最丰饶、生物多样性最丰富的海域之一，渔山列岛岛礁众多，风光独特，海钓资源丰富，具有较高的海洋旅游开发价值。

渔山列岛附近海域水质、底质、水深、流速、地形、生物适宜，可建区域较多，是宁波“蓝色牧场”的重点建设区，将建设规模化人工鱼礁区、海珍品底播养殖区、海藻移植区，并进行规模化增殖放流，使之成为资源保护与增殖、海珍品农牧化养殖、休闲垂钓于一体的“蓝色牧场”综合示范区。

（二）舟山市

2009 年至 2010 年，舟山市组织相关人员，在调查研究的基础上，编制了《舟山市海洋牧场建设规划 2011—2025 年》（以下简称《规划》），《规划》提出，舟山市将在今后的 15 年间，选取马鞍列岛海域、岱山东部列岛海域、东极海域，以及洋鞍猫头洋海域，利用岛礁散布，以石斑鱼、褐菖鲉等恋礁性鱼类，及叫姑鱼、真鲷、大泷六线鱼等感礁性鱼类为增养殖对象，通过设置集鱼礁、诱导礁、育成礁、增殖礁等方式延伸岛礁基架结构，整合贝藻类养殖筏和鱼类养殖网箱等设施，结合种苗放流等技术手段，增殖和养护岛礁性生物资源；重点推进休闲渔业的发展，同时兼顾传统捕捞业。

1. 马鞍列岛“蓝色牧场”

马鞍列岛“蓝色牧场”位于嵊泗县马鞍列岛海域，海洋特别保护区中心地段，水深 10~40 米，生态环境优良，渔业资源丰富，现已具备良好的人工栖息地改造基础和增殖放流条件。规划区内已建设有人工鱼礁区 2 个，增殖放流点若干，生态养殖区 2 个。该海域作为“863”课题人工鱼礁海域生态调控示范区，一直有科研和资金的持续投入，前期积累了较为丰富的渔业资源和海域环境状况的数据资料。依据《规划》，马鞍列岛“蓝色牧场”被规划为集栖息地改造、渔业资源增殖放流和鱼类行为控制于一体的试验性“蓝色牧场”。

2. 东极岛“蓝色牧场”

东极岛“蓝色牧场”位于普陀山中街山列岛庙子湖岛和青浜岛之间海域，水深 15~20 米，常年水清，贝、螺、藻类资源丰富，传统网箱养殖和贻贝养殖具有一定规模；海区是舟山市著名的天然乌贼产卵场，拥有固定增殖放流点若干个；该海区还是舟山市重点发展的旅游观光地区之一，现已形成多个海钓点和体验型休闲渔业平台，配套设施相对完善。依据《规划》，东极岛“蓝色牧场”将开展人工鱼礁和人工藻礁建设，扩大贻贝养殖和网箱养殖规模，以及加强乌贼、黑鲷、大黄鱼等经济鱼种的放流工作，以达到增强海区生产力，养护海区生态环境，调整地区渔业结构的目的。

3. 洋鞍—猫头洋“蓝色牧场”

洋鞍—猫头洋“蓝色牧场”位于普陀区白沙岛、六横岛、桃花岛以东及其周边一带海域，水深10~30米，水色稍差，但海钓资源和旅游观光资源十分丰富，基础设施优良，交通条件较为优越；海区拥有数个增殖放流点，同时具备人工鱼礁建设基础。依据《规划》，洋鞍—猫头洋“蓝色牧场”将开展人工鱼礁建设，增加增殖放流数量和品种，特别是海钓品种，结合海区海钓基础设施和旅游观光资源重点发展休闲海钓事业；进一步建设海上浮式和固定式海钓平台，增设钓点，扩大海钓规模；适当开展贝藻类养殖，净化水体。

（三）台州市

台州市政府在《浙江省国民经济与社会发展第十二个五年规划纲要》、《浙江省海洋功能区划》、《关于加快海洋经济发展的若干意见》等若干文件的引导下，加大了对“蓝色牧场”的建设力度。台州市选取大陈岛建设“蓝色牧场”，大陈岛主要是恢复海域渔业资源及生态系统。

大陈海域位于台州市椒江区境内，包括大陈海洋生态特别保护区和大陈岛附近海域。椒江区海域面积约占台州市的四分之一，地处浙江海岸线中段，海岸线长51.44千米，滩涂面积58.04平方千米，拥有面积500平方米以上岛屿97座，海岛陆域总面积14.96平方千米。气候属中亚热带季风气候，具有冬暖夏凉、雾多风大等特点。大陈海域为浙江省第二大渔场，生物种类丰富。游泳生物有鱼类59种、甲壳类25种、软体类5种。大陈岛紧靠南北海上交通线，海面宽阔，水深良好，航道顺直，水深在22~24米之间。大陈岛“蓝色牧场”实施人工放流和底播增殖，修复岛礁性鱼、贝类品种，恢复优势种群，保护海洋生态环境。建设休闲型人工鱼礁，再投放岛礁性鱼、贝苗种，达到保护自然苗种、放流增殖的目的，促进休闲渔业的发展。

（四）温州市

温州市政府在《浙江省国民经济与社会发展第十二个五年规划纲要》《浙江省海洋功能区划》《关于加快海洋经济发展的若干意见》等若干文件的引导下，加大了对“蓝色牧场”的建设力度。温州市则选取了南麂列岛、洞门海域作为“蓝色牧场”的选址，发展重点为生态保护与滨海旅游等基本功能。温州首个生态海洋牧场——白龙屿生态海洋牧场工程2013年在洞头县鹿西乡开工奠基。

南麂列岛分布在浙江省平阳县东南海域，由52个面积大于500平方米的岛屿组成。南麂列岛总面积达201.6平方千米，陆地面积11.4平方千米。该海域所处自然地理位置优越，具有热带、亚热带、温带3种区系，存在地域上的断裂分布现象，且远离大陆。海域内多种水系的交汇使水体交换良好，在多种水流交替影响下的物种资源十分丰富。南麂列岛海域内共有1851种不同门类的海洋生物，其中包括421种贝类、178种大型底栖藻类、459种微小型藻类、379种鱼类、257

种甲壳类和157种其他海洋生物。南麂列岛“蓝色牧场”有利于该海域内水生生物资源的养护和增殖，促进渔业资源增加和生态系统的健康发展，达到海域内资源可持续利用的目的。

二、实证分析

（一）分析方法介绍

随着层次分析法（AHP）的广泛应用和发展，人们逐渐发现在实际使用过程中AHP方法还存在一些不足。例如在进行两两比较中往往会出现不确定性的主观判断，针对这类情况，后来发展出模糊层次分析法（Fuzzy AHP）以及区间层次分析法（I-AHP）。除此之外，在采用AHP解决复杂问题时，由单个专家的判断来建立矩阵往往具有一定的片面性，为确保决策的科学性和民主性，后来发展出群体AHP（Group AHP），与一般AHP和模糊AHP、区间AHP结合使用。本文涉及的决策问题相对简单，因此采用一般AHP方法。

运用层次分析法进行决策时，其分析步骤与内容主要包括：

1. 明确问题，建立层次结构模型

在明确问题时将问题抽象化、概念化，包括明确属性，分解因素并将这些因素归并为不同层次以形成层次结构，明确目标层、子目标、方案层之间的上下衔接关系。一般分为三个层次，分别为目标层A，准则层C，方案层P，有时候准则层又会细分为多个层次（当准则层元素过多，例如多于9个时，应进一步分解出子准则层）。

2. 构建两两判断矩阵

通常采用专家调查问卷法，获得层次结构中各要素两两比较的值，两两因素之间进行的比较取1~9尺度。用a_{ij}表示第i个因素相对于第j个因素的比较结果，则有$a_{ij}=1/a_{ji}$，可得到两两判断矩阵：

$$A=\begin{bmatrix} a_{11}=\frac{W_1}{W_1}=1 & a_{12}=\frac{W_1}{W_2} & \cdots & a_{1n}=\frac{W_1}{W_n} \\ a_{21}=\frac{W_2}{W_1} & a_{22}=\frac{W_2}{W_2}=1 & \cdots & a_{2n}=\frac{W_2}{W_n} \\ \cdots & \cdots & a_{ij}=\frac{W_i}{W_j} & \cdots \\ a_{n1}=\frac{W_n}{W_1} & a_{n2}=\frac{W_n}{W_2} & \cdots & a_{nn}=\frac{W_n}{W_n}=1 \end{bmatrix}$$

表 7-2　两两比较法的标度与定义说明

标度	a_{ij} 定义
1	因素 i 与因素 j 相同重要
3	因素 i 比因素 j 稍重要
5	因素 i 比因素 j 较重要
7	因素 i 比因素 j 非常重要
9	因素 i 比因素 j 绝对重要
2，4，6，8	因素 i 与因素 j 的重要性比较值介于上述两个相邻等级之间
倒数 1，1/2，1/3…	因素 j 与因素 i 比较得到判断值为 a_{ij} 的互反数

3. 层次单排序及一致性检验

通过软件对判断矩阵进行计算，获得各要素的权重向量，得到层次单排序。采用一致性指标 CI，随机一致性指标 RI 和一致性比率 CR 进行一致性检验。其中 $CR=\frac{C*I}{R*I}$

若 $C*R<0.1$，或 $C*I<0.1$，则一致性检验通过；若 $C*R<0.1$ 不成立，则需重新构造成比较矩阵。

4. 层次总排序及其一致性检验

利用单层权向量的权值 $\vec{W}_j=\begin{pmatrix}W_1\\ \vdots\\ W_n\end{pmatrix}$，其中 $j=1$，…，n 构成组合权向量表；并计算特征根，组合特征向量，一致性，同样进行检验。

5. 结果分析

根据最终的排序结果，选择出最佳方案。

（二）指标选择与体系构建

1. 构建原则

（1）科学性原则。“蓝色牧场”评价指标体系必须从客观上遵循生态规律和符合经济社会现状，采用的方法必须科学且合理，确立的指标必须是能够通过考察、测评等方式得出明确结论的定性或定量指标，各指标对应的数据容易获取，指标体系要能够较为客观和真实地反映客观实际。

（2）系统性原则。“蓝色牧场”类型较多，建设的目的也不尽相同，建设过程中侧重的技术手段和目标要素有所差别，但从整体上看，“蓝色牧场”建设是一个大的系统，而“蓝色牧场”

布局工作是为这个大系统下一个相对独立和完整的小系统，是一个受多种因素相互作用、相互制约的整体。“系统性”原则要求在进行“蓝色牧场”布局工作时，要全面、系统地分析指标体系，做到不遗漏、不累赘。

（3）层次性原则。层次性是指“蓝色牧场”指标体系自身的多重性。“蓝色牧场”布局涵盖的内容本身具有多层次性，因此在指标的选择上，以及指标体系的构成上要注重层次分明，以反映各层次的关联。这主要体现在以下两个方面：一是指标体系应选择一些能够从宏观角度把握评价目标的要素，使评价工作全面可靠；二是按照指标间层次递进的关系设置次级指标，尽可能做到层次分明，梯度明显，各层次间支配关系明确，同一层次指标间相对独立，以确保指标间的相容性和整个体系的全面性与科学性。

（4）针对性原则。虽然“蓝色牧场”布局具有相对统一的概念，其影响因素相对确定，但是我们在实际操作过程中，应针对具体类型的“蓝色牧场”，结合目标海区的实际情况，从数据获取可行性的角度，针对性地选取具有代表性的、可操作强度高、方便快捷的指标作为评价要素。

（5）可测性原则。评价目标通过对评价体系中各指标要素的测量评价实现，这要求评价体系中的各个子指标具有实际观察和可测的特征，以使评价工作量化。这里提及的可测具体包括两种类型：一是能够用数据直接表达的指标，例如水深、流速、坡度等数据；二是能够以特定的属性赋值的指标，例如海洋功能区划等。

（6）简易性原则。所建立的指标体系从整体上讲，在满足系统性、综合性和层次性的基础上，应尽可能地做到简明扼要，易于操作，以减少工作量和提高效率。

2. 评价指标体系

根据评价指标体系的布局原则，以“蓝色牧场”科学建设为评价目标，依据浙江省区域特征，结合海区渔业概况，并从数据获取可行性、经济性、适用性的角度选取海洋功能区划、可接近性、水质、水深、坡度、底质、初级生产力水平、生物多样性，共 8 个因子。依照影响蓝色牧场的因子，设计蓝色牧场建设类型的 AHP 结构模型，如图 7-1。

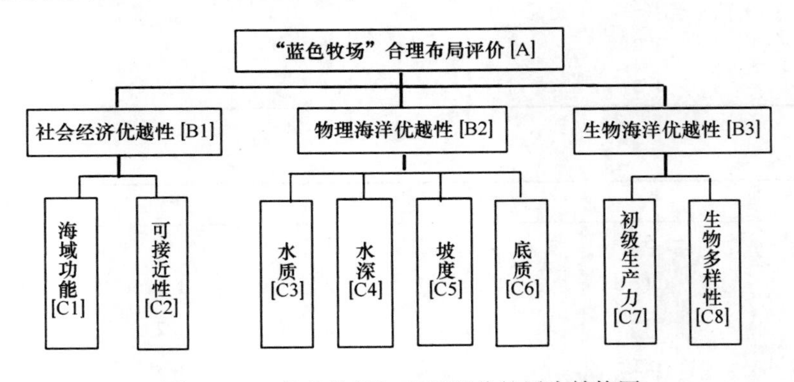

图 7-1　“蓝色牧场”布局评价的层次结构图

（三）计算结果与评析

1. 判断矩阵

运用“两两比较法”在每一个层次上，对该层指标进行逐对比较，构成判断矩阵。本文采用专家问卷调查的形式，以浙江省实际数据为基础，由“蓝色牧场”领域专家及相关科研人员对布局的影响因素进行打分，依照表7-3中的标度标准，对每个层次中各元素的重要性进行两两比较，最后对评分结果做简单的统计。准则层（C）对目标层（A）建立的判断矩阵见表7-3，方案层（P）对准则层（C）建立的判断矩阵见表7-4。

表7-3 准则层（C）对目标层（A）的判断矩阵

A	C1	C2	C3	C4	C5	C6	C7	C8
C1	1	7	3	3	4	2	4	3
C2	1/7	1	1/2	1/3	1/2	1	1/3	1/4
C3	1/3	2	1	1/2	2	3	1	1/2
C4	1/3	3	2	1	3	4	2	1
C5	1/4	2	1/2	1/3	1	1	1/2	1/3
C6	1/2	1	1/3	1/4	1	1	1/2	1/3
C7	1/4	3	1	1/2	2	2	1	1/2
C8	1/3	4	2	1	3	3	2	1

表7-4 方案层（P）对准则层（C）各评价准则的判断矩阵

C1	P1	P2	P3	P4	P5	P6	P7
P1	1	3	1	3	5	3	5
P2	1/3	1	1/3	2	3	2	3
P3	1	3	1	3	3	3	3
P4	1/3	1/2	1/3	1	3	1/2	3
P5	1/5	1/3	1/3	1/3	1	1/3	1/2
P6	1/3	1/2	1/3	2	3	1	3
P7	1/5	1/3	1/3	1/3	2	1/3	1

C2	P1	P2	P3	P4	P5	P6	P7
P1	1	5	2	5	1	2	5
P2	1/5	1	1/3	2	1/5	1/3	2
P3	1/2	3	1	2	1/2	1	2
P4	1/5	1/2	1/2	1	1/3	1/2	1
P5	1	5	2	3	1	2	3
P6	1/2	3	1	2	1/2	1	2
P7	1/5	1/2	1/2	1	1/3	1/2	1

C3	P1	P2	P3	P4	P5	P6	P7
P1	1	1/2	1	1/2	3	3	4
P2	2	1	2	1	5	5	6
P3	1	1/2	1	1/2	3	3	4
P4	2	1	2	1	5	5	6
P5	1/3	1/3	1/5	1/5	1	2	3
P6	1/3	1/3	1/5	1/5	1/2	1	2
P7	1/4	1/5	1/6	1/6	1/3	1/2	1

C4	P1	P2	P3	P4	P5	P6	P7
P1	1	2	1	1	2	2	3
P2	1/2	1	1/3	1/3	2	3	3
P3	3	3	1	1	2	5	5
P4	3	3	2	1	2	4	4
P5	1/2	1/2	1/3	1/2	1	3	3
P6	1/3	1/3	1/5	1/4	1/3	1	1
P7	1/3	1/3	1/5	1/4	1/3	1	1

C5	P1	P2	P3	P4	P5	P6	P7
P1	1	1	1	1	1	1	1
P2	1	1	1	1	1	1	1
P3	1	1	1	1	1	1	1
P4	1	1	1	1	1	1	1
P5	1	1	1	1	1	1	1
P6	1	1	1	1	1	1	1
P7	1	1	1	1	1	1	1

C6	P1	P2	P3	P4	P5	P6	P7
P1	1	2	1	1	3	2	3
P2	1/2	1	1/2	1/2	2	1	2
P3	1	2	1	1	3	2	3
P4	1	2	1	1	3	2	3
P5	1/3	1/2	1/3	1/3	1	1/2	1
P6	1/2	1	1/2	1/2	2	1	2
P7	1/3	1/2	1/3	1/3	1	1/2	1

C7	P1	P2	P3	P4	P5	P6	P7
P1	1	1/2	2	2	2	2	1
P2	2	1	3	3	3	3	2
P3	1/2	1/3	1	1	1	1	1/2
P4	1/2	1/3	1	1	1	1	1/2
P5	1/2	1/3	1/3	1	1	1	1/2
P6	1/2	1/3	1/2	1	1	1	1/2
P7	1	1/2	1/3	2	2	2	1

C8	P1	P2	P3	P4	P5	P6	P7
P1	1	1/2	1	3	3	1/2	1/2
P2	2	1	2	3	3	1	1
P3	1	1/2	1	3	3	1/2	1/2
P4	1/3	1/3	1/3	1	2	1/3	1/3
P5	1/3	1/3	1/3	1/2	1	1/3	1/3
P6	2	1	2	3	3	1	1
P7	2	1	2	3	3	1	1

利用 Yaahp V7.5 软件对各判断矩阵进行计算，并进行一致性检验，检验引入一致性指标 *CI* 和一致性比率 *CR*。其中，$CI=\frac{\lambda_{max}-n}{n-1}$，$CR=\frac{CI}{RI}$，*RI* 为 *n* 阶矩阵的随机指标，其值见表 7-5。当 $CR \geqslant 0.1$ 时说明判断矩阵一致性太差；当 $CR \leqslant 0.1$ 时说明判断矩阵基本一致。

2. 判断矩阵计算与一致性检验

（1）准则层（C）对目标层（A）构成的判断矩阵计算及检验（见表 7-6）。

表 7-5　*n* 阶矩阵的随机指标 *RI*

N	1	2	3	4	5	6	7	8	9	10
RI	0	0	0.58	0.9	1.12	1.24	1.32	1.41	1.45	1.49

表 7-6　准则层（C）对目标层（A）构成的判断矩阵计算结果及一致性检验

Wi	C1	C2	C3	C4	C5	C6	C7	C8	*CR*
A	0.311 7	0.042 5	0.102 5	0.164 1	0.059 4	0.060 3	0.097 3	0.162 2	0.034 6

（2）方案层（P）对准则层（C）构成的判断矩阵计算及检验（见表7-7）。

表7-7　方案层（P）对准则层（C）构成的判断矩阵计算结果及一致性检验

Wi	C1	C2	C3	C4	C5	C6	C7	C8
P1	0.283 6	0.283 5	0.149 3	0.190 4	0.142 9	0.212 5	0.172 9	0.143 2
P2	0.140 7	0.072 0	0.272 4	0.124 6	0.142 9	0.115 8	0.293 9	0.190 3
P3	0.253 9	0.136 8	0.149 3	0.241 3	0.142 9	0.212 5	0.090 0	0.129 3
P4	0.099 1	0.061 6	0.272 4	0.226 6	0.142 9	0.212 5	0.090 0	0.065 9
P5	0.046 7	0.247 8	0.068 9	0.113 9	0.142 9	0.065 5	0.090 0	0.053 6
P6	0.118 4	0.136 8	0.052 1	0.054 0	0.142 9	0.115 8	0.090 0	0.208 9
P7	0.057 7	0.061 6	0.035 5	0.049 1	0.142 9	0.065 5	0.172 9	0.208 9
CR	0.048 0	0.026 0	0.016 7	0.030 7	0.000 0	0.002 5	0.001 7	0.022 1

3. 层次总排序及一致性检验

方案层（P）对目标层（A）构成的判断矩阵计算及排序（见表7-8）。

表7-8　方案层（P）对目标层（A）构成的判断矩阵计算结果及排序

Wi	P1	P2	P3	P4	P5	P6	P7
A	0.208 4	0.170 2	0.190 9	0.139 4	0.080 7	0.115 0	0.095 4
排序	1	3	2	4	7	5	6

从准则层（C）对目标层（A）构成的判断矩阵计算结果可以看出，在所选取的8个“蓝色牧场”布局因素中，权重值较大的分别是海洋功能区划（0.311 7）、水深（0.164 1）和生物多样性（0.162 2），从类别上划分，这三个因素分属于“社会经济要素”、“海洋生物要素”和“物理海洋要素”。权重值相对排后的因素主要是可接近性（0.042 5）、坡度（0.059 4）和底质（0.060 3）。分析产生以上结果的原因，主要是海洋功能区划、生物资源状况和水深为大范围的表征要素，其在不同海区的表现差异较为明显；坡度和底质由于涉及的范围较小，在7个海域均可以找到适宜的区域，海区间条件差异性不明显，因此权重值相对较低；可接近性则由于地区整体交通水平的优势，导致7个海区间的细微差异不明显。

从方案层（P）对目标层（A）构成的判断矩阵计算结果可以看出，浙江省主要“蓝色牧场”布局的评价成绩（权重）依次是象山港蓝色牧场（0.208 4）、马鞍列岛蓝色牧场（0.190 9）、渔山列岛蓝色牧场（0.170 2）、东极岛蓝色牧场（0.139 4）、大陈岛蓝色牧场（0.115 0）、南麂列岛蓝色牧场（0.095 4）和洋鞍—猫头洋蓝色牧场（0.080 7）。浙江省政府及地方政府可以参考以上结果分类、分阶段、有主次地开展蓝色牧场的建设工作。

三、结论启示

根据上述排序结果可知。

（一）象山港蓝色牧场布局排名在所有七个“蓝色牧场”中位列第一

这是由于从社会经济条件来看，象山港海域的功能区划主要为生态保护等基本功能，兼具海洋渔业、海洋旅游和临港产业等功能。并且位于穿山半岛与象山半岛之间，是一个由东北向西南深入内陆的狭长型半封闭型海湾，距离象山、宁海距离较近，交通便利，可接近性较为优越。而从物理海洋条件来看，其海域海水水质多数指标符合二类水质标准，海水含沙量小，中、底部三分之二时间保持清澈，并且海域海底地貌主要为水下斜坡和水下缓坡，总体来说坡度相对平缓。不过水深变化较大，最深处可达 40 多米。从海洋生物条件来看，象山港海域叶绿素 a 的含量大致为 3. 1~4. 6 毫克/升，而叶绿素 a 是浮游植物生物量最重要组成部分以及进行光合作用的主要色素。并且象山港海域生物资源丰富，既有典型的海洋洄游性鱼类，又有定居性鱼类，还包括蟹类、虾类、藻类等多种生物，生物多样性丰富。因此，宁波市政府对象山港海洋牧场试验区主要应该以公益性投入为主，可以通过投放人工鱼礁，规模化移植大型海藻、底播增殖经济贝类，开展“农牧化”生产。通过象山港蓝色牧场试验，获取海洋牧场养殖水域养殖容量等各种技术指标，建立管理模式，进而研究探索适合宁波海域乃至整个浙东沿海岛屿型蓝色牧场建设模式。

（二）马鞍列岛蓝色牧场排名第二

从其社会经济条件方面来分析，马鞍列岛海区是属于“嵊泗马鞍列岛国家级海洋特别保护区”，地处舟山渔场核心区域，海洋功能规划主要包括海洋特别保护区、浅海养殖区、增殖区、风景旅游区等。但是距马鞍列岛海域最近的是嵊泗县（主要的海运枢纽）大约 25 海里，海区多为原始捕捞渔民，渔业生产方面较为方便，因此从牧场建设和管理的角度讲相对较难。而从物理海洋条件来分析，马鞍列岛海域则属于较清洁海域，海底地形较为平缓，底质以礁岩质为主并且水深分布为 40~60 米。从海洋生物条件来分析，马鞍列岛海域叶绿素 a 的含量大致为 1. 3~1. 9 毫克/升，并且其海域生物资源丰富，有保护鱼类石斑鱼、带鱼、乌贼以及贻贝、羊栖菜等贝藻类资源。针对马鞍列岛蓝色牧场的特征，舟山市政府对马鞍列岛蓝色牧场主要可以发展成为集栖息地改造、渔业资源增殖放流和鱼类行为控制于一体的试验性蓝色牧场。

（三）渔山列岛蓝色牧场位列第三

究其原因，从社会经济条件方面来考虑，渔山列岛海域则主要为海洋渔业资源养护、海珍品增养殖功能，同时发展休闲垂钓渔业等功能。不过渔山列岛海域距离象山石浦大约 27 海里，距大陆较远，不便管理。而从物理海洋条件来考虑，渔山列岛海域水环境质量状况相对较好，满足一类海水水质标准，海水透明度 10 米以上，最高可达 25 米。渔山列岛海域一般水深在 20~40

米，其海底地貌主要为水下斜坡和水下缓坡，总体来说坡度相对平缓。从海洋生物条件方面来考虑，渔山列岛海域叶绿素 a 的含量大致为 2.5~8.5 毫克/升，并且其海域海洋生物资源丰富，有石斑鱼、鲷科鱼类、褐菖鲉、鲈鱼以及多种的贝类和藻类，是宁波海域海洋资源最丰饶、生物多样性最丰富的海域之一。因此渔山列岛蓝色牧场建设应在海洋特别保护区建设的基础上，主要依托人工鱼礁建设和自然海藻场，继续加大栖息地改造，扩大人工鱼礁建设规模；调整优化深水网箱养殖规模和品种；加大放流力度，优化放流技术和品种；开展规模化底播增养殖，建设海珍品增养殖基地；强化基础设施建设，积极发展休闲垂钓渔业。

（四）东极岛蓝色牧场在七个蓝色牧场中排名第四

从社会经济条件来看，东极列岛海域是属“中街山列岛海洋特别保护区”，海区较为靠近外海，主要海洋功能区划包括浅海养殖区和风景旅游区。由于东极列岛海域最为靠近外海，距离最近的交通枢纽——沈家门 35 千米，海区虽有专门航线到达，但班次较少且航时较长，总体交通不便。而从物理海洋条件方面来看，东极列岛因靠近外海，水质最好，属于清洁海域范畴，并且海底坡度相对较为平缓。其海域的水深分布为 40~60 米，其中以 50 米左右水深为主。从海洋生物条件方面来看，东极列岛海域叶绿素 a 的含量大致为 0.6~2.2 毫克/升，并且海域生物资源较为丰富，尤其是贝、螺、藻类资源丰富，有乌贼、黑鲷、大黄鱼等经济鱼种。因此舟山市政府主要可以开展人工鱼礁和人工藻礁建设，扩大贻贝养殖和网箱养殖规模，以及加强经济鱼种的放流工作。将东极岛蓝色牧场主要定位为养护海区生态环境以及发展休闲渔业。

（五）排名第五位的是大陈岛蓝色牧场

从其社会经济条件方面来分析，大陈岛海区则主要为放流增殖，恢复海域渔业资源及生态系统的功能。由于大陈岛海域离大陆最近点（黄琅乡同头咀）23.6 千米，因此可接近性一般。而从物理海洋条件来分析，大陈岛海域也属于较清洁海域，但部分海域出现富营养化现象。其海底地形较为平缓，底质以岩礁质为主并且海域水深一般在 22~24 米之间。从海洋生物条件方面来分析，大陈岛海域叶绿素 a 的含量为 0.9~2.6 毫克/升，而且其海域渔业资源丰富，是浙江省第二大渔场，有黑鲷、梭子蟹、七星鳗、虎头鱼等鱼类生物种群。根据上述分析，台州市政府可以根据大陈岛自然条件、生物资源及社会经济状况与特点，合理规划，实行定向改造和适度开发相结合，建设生物资源保护区、人工鱼礁增殖区、鱼类养殖区、贝藻类养殖区和休闲渔业区，建成若干个颇具规模的水产养殖基地，建成具有大陈岛特色的蓝色牧场。

（六）南麂列岛蓝色牧场位列第六

从社会经济条件方面来考虑，南麂列岛海域主要为生态保护、滨海旅游等基本功能，兼具工业与城镇用海、港口航运和农渔业等功能。但是其海域距大陆最近的苍南县炎亭镇 20 海里，也属于远离大陆，因此可接近性较差。而从物理海洋条件方面来考虑，南麂列岛海域由于受到人类活动的影响，海域内水体呈现出富营养化状态，无机氮含量超标，因此属于轻度污染海域。其海域海底地形自西向东南下倾，坡度较为平缓，且由于距离大陆较远，含沙量低，海域底质以粉砂质黏土为主。南麂列岛海域水深一般在15~25米之间。从海洋生物条件方面来考虑，南麂列岛海域叶绿素a的含量为1.1~3.1毫克/升，并且其海域海洋生物资源丰富，贝类和藻类数量均占中国海洋贝藻类总数的20%以上，还有黄鳝、鲈鱼、黄姑鱼、黑鲷等渔业资源。因此温州市政府可以通过对海域内底质、水质和当地物种的综合分析，确定人工鱼礁的投放地点、海洋生物的投放种类、鱼礁的规模，从而使南麂列岛海域形成布局合理的蓝色牧场。

（七）蓝色牧场中排名最后的是洋鞍—猫头洋蓝色牧场

究其原因，从社会经济条件来看，洋鞍—猫头洋海区海洋功能区划较为复杂，类型较多，东北部海域以捕捞区和风景旅游区为主，局部海域为浅海养殖区；西南部海域多以锚地、港口和滩涂养殖区为主，局部海域为浅海养殖区。并且其海域最为靠近舟山本岛，可接近性相对较为优越。从海洋生物条件方面来看，洋鞍—猫头洋海域部分属于较清洁海域，部分属于轻度污染海域，且其海域水深分布为15~40米。其海底地形相对平缓，但由于其海域最为靠近大陆，其受大陆径流的影响最为严重，导致海区水质泥沙类悬浮物较多，从而导致海区底质以泥沙质较为明显。从海洋生物条件方面来看，洋鞍—猫头洋海域叶绿素a的含量为0.7~2.6毫克/升，而且其海域生物资源较为丰富，特别是以海钓品种为主，贝藻类资源相对较少。因此舟山市政府针对洋鞍—猫头洋蓝色牧场应开展人工鱼礁建设，增加增殖放流数量和品种，尤其是增加海钓的品种。同时可以将洋鞍—猫头洋蓝色牧场定位为重点发展休闲渔业以及净化水体的功能。

浙江省政府应针对各地区的实际情况，综合考虑各地区海洋渔业资源承载力、环境容量、生态类型和发展基础等因素，将浙江省蓝色牧场建设划分为优先发展区和适度发展区。按照因地制宜、梯次推进、分类施策的原则，确定不同区域的蓝色牧场的发展方向和重点。

浙江省政府可以将象山港蓝色牧场、马鞍列岛蓝色牧场以及渔山列岛蓝色牧场列为优先发展区。由于这三个蓝色牧场自然条件好、发展潜力大，能够较好发挥蓝色牧场的功能，实现渔业资源和生态环境协调发展，同时带动关联产业的快速发展。并且对优先发展区成立专门的领导小组进行指导，设立蓝色牧场建设专项资金，并给予相应人才与科技的支持。而将东极岛蓝色牧场、大陈岛蓝色牧场、南麂列岛蓝色牧场以及洋鞍—猫头洋蓝色牧场列为适度发展区。由于蓝色牧场适度发展区的资源环境承载力有限，相应的基础设施相对薄弱，因此应充分考虑资源环境禀赋，发挥优势，适度挖掘潜力。蓝色牧场适度发展区可借鉴优先发展区的建设经验，发挥各自特色。总体而言，浙江省政府应建立产权清晰的管理体制，运用市场化运作模式，按照“政府推进、行业联动、市场运作、社会参与”的运作方式，让政府、企业、渔民三者共同参与，调动各方参与建设的积极性。在以上几个试点基础上，及时总结蓝色牧场建设和管理经验，有序推开杭州湾海域、宁波—舟山近岸海域、象山港海域、台州海域、三门湾海域、瓯江口及洞头列岛海域、南北麂列岛等海域蓝色牧场的建设工作，全面打造富有浙江特色的品牌蓝色牧场。

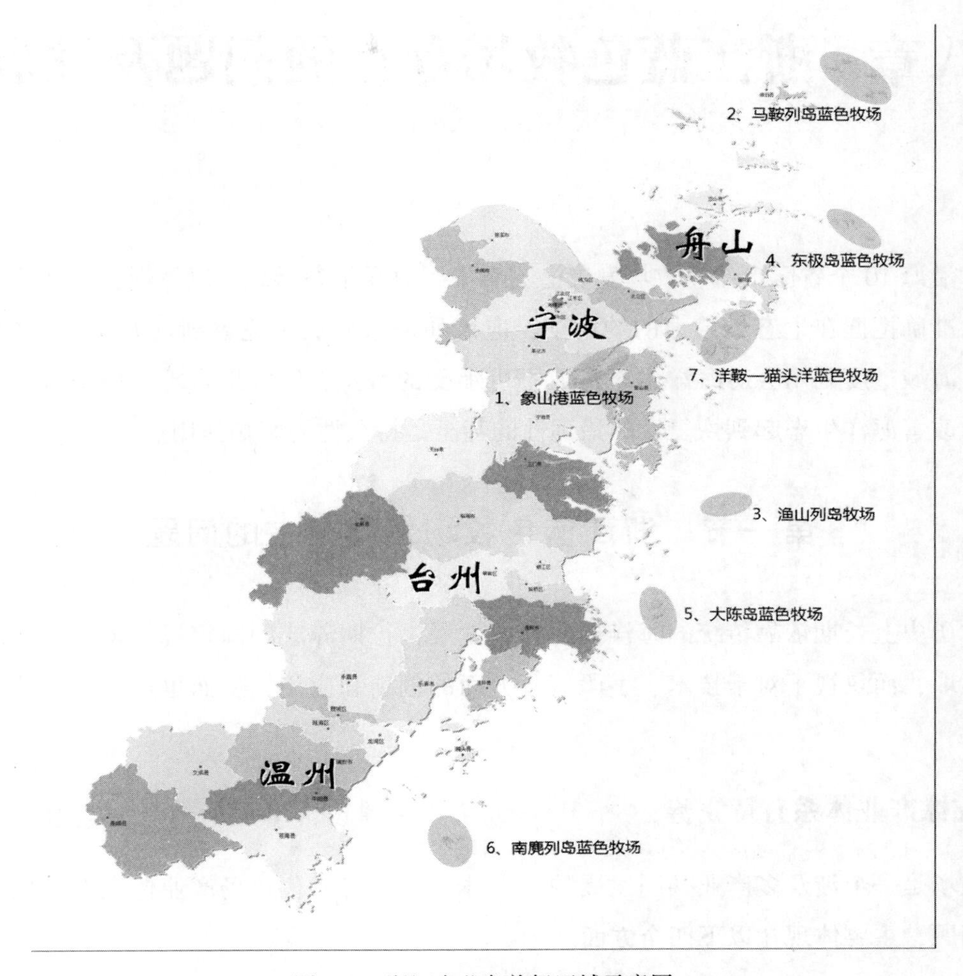

图 7-2　浙江省蓝色牧场区域示意图

注：1. 象山港蓝色牧场：位于宁波市域的中部沿东北—西南走向楔入内陆

2. 马鞍列岛蓝色牧场：位于嵊泗县马鞍列岛海域，海洋特别保护区中心地段

3. 渔山列岛蓝色牧场：位于浙江省沿海中部，隶属于宁波市象山县石浦镇，位于象山半岛东南、猫头洋东北

4. 东极岛蓝色牧场：位于普陀山中街山列岛庙子湖岛和青浜岛之间海域

5. 大陈岛蓝色牧场：位于台州市椒江区境内，包括大陈海洋生态特别保护区和大陈岛附近海域

6. 南麂列岛蓝色牧场：位于浙江省平阳县东南海域

7. 洋鞍—猫头洋蓝色牧场：位于普陀区白沙岛、六横岛、桃花岛以东及其周边一带海域

第八章　浙江蓝色牧场存在的问题及发展路径

通过对沿海 10 个省区市蓝色牧场发展潜力和中国海洋生态承载力以及浙江海洋生态承载力的评估，可以准确把握在生态承载力的约束下，应该如何来发展和完善浙江乃至全国的蓝色牧场。如前所述，海域过度利用会对海洋生态造成不可承受的负担，但如果合理适度正确利用，蓝色牧场又可以对改善海洋生态起到恢复性的治理性的甚至是持久性的影响作用。

第一节　浙江蓝色牧场发展存在的问题

浙江省历史上长期依靠传统的海洋捕捞渔业发展，长期养成的固定思维模式形成对海洋资源的掠夺式索取，而忽视了对于技术、手段等各方面的创新和应用，从而也造成了一些仍待解决的问题。

一、支撑产业体系有待完善

蓝色牧场是一个涉及多产业共同发展的集合体，浙江省蓝色牧场产业体系在发展过程中均存在一定的问题，主要体现在以下四个方面。

（一）粗放发展的海洋捕捞业

长期以来，浙江省形成海洋捕捞业以拖网和张网为主的生产格局，传统的海洋捕捞结构已经无法适应海洋渔业资源结构变化。新中国成立后，浙江海洋捕捞业迅速发展，其显著标志是渔船的大型化和作业方式的改变。20 世纪 90 年代初，随着渔业股份合作制的大力推行，海洋渔区掀起了“造大船，闯大海，赚大钱”的浪潮，海洋捕捞业发展得红红火火，进一步拓展了外海捕捞生产，效益也相当不错，很多渔民成为先富起来的一部分，也使浙江的海洋捕捞力量逐年快速增长，捕捞强度过大造成资源密度不断下降，海洋捕捞业呈现粗放型的发展方式。

（二）受养殖空间和环境约束的海水养殖业

浙江省可用土地资源较为缺乏，土地供需矛盾较为突出。随着社会经济的快速发展，不可避免地占用大量耕地作为建设用地。滩涂围垦可以部分缓解浙江省人多地少的矛盾，是达到占补平衡的重要途径之一。而滩涂在占用之前的主要开发方式是海水养殖，随着工程的进展，该范围内的海水养殖将被迫退出。与此同时，随着城市化和工业化程度不断提高，先进制造业基地建设大力推进，工业主导产业得到重点培育，一批规模企业和产业集群崛起壮大。与此相伴的是工业污水、生活污水等陆域污染物入海量也大量增加，对沿海水域的渔业生态环境造成了不同程度的破坏，导致一些重要经济种类的产卵场和幼鱼、幼体索饵场所遭到破坏，使渔业资源遭受严重危害。

（三）附加值低的水产品加工业

一方面，总体上看，浙江省科技含量高、附加值高的精深加工产品的份额仍很少，以保鲜和初级加工水产品仍占绝大多数，精深加工产值所占比例很小。另一方面，水产品作为易腐品没有形成专门的冷链来保障生产及配送体系，因为水产品耐寒度高，对新鲜度的要求比较高，所以在生产和配送过程中很容易造成有效的产品变成无效的产品。

最后，水产品加工企业规模小，产业集中化低，很多水产品加工企业仍以小作坊生产为主，加工设备落后，很多加工程序需要人工完成，机械化水平低，整个产业急需规模较大的龙头企业。

（四）成本居高不下的冷链物流业

水产品的特殊性质，对运输设备的要求也较高，但是从目前浙江省冷链物流业发展现状来看，冷链物流的设备陈旧落后。冷藏保温车的市场占有量仅为 0.3%左右，与发达国家和地区相比有较大差距。另外，仓储面积小和仓储网点分布不合理也是导致冷链物流业成本居高不下的原因。水产品的长距离运输不是成本巨大，导致市场终端价格上涨，就是设备标准不符，导致途中产品变质，影响食品安全。

二、空间布局不够合理

蓝色牧场空间布局是指在正式实施蓝色牧场建设前，根据蓝色牧场建设的目的，综合分析目标区域的各种条件，对最适宜的区域进行选取、论证和决策的过程，其涉及的要素较多，方法也较为多样。科学有效的布局区域对于实现蓝色牧场功能，以及统筹海洋事业发展具有极其重要的作用。浙江现有蓝色牧场布局存在以下两点问题：

（一）依赖人工鱼礁区

理论上讲，蓝色牧场建设包括栖息地改造、资源增养殖、目标生物行为控制、渔业环境监测、渔业现代化管理五大方面的内容。但从实际统计情况看，蓝色牧场建设内容较为倾向于栖息地改造技术中的人工鱼礁建设，以及资源增养殖技术中的增殖放流建设，并且 100%比例的蓝色牧场布局依据人工鱼礁区，着重考虑建设海区的自然条件而忽略了其他因素，这使得蓝色牧场布局的综合性和全面性受到影响，不利于蓝色牧场的充分和全面发展，也不利于蓝色牧场概念的拓展。

（二）缺乏评价手段

当蓝色牧场确立拟选地址后，由于缺乏对周边影响因素的定量分析，导致对于布局的优劣不能作出有效比较和评价。此外，当一个地区出现较多适宜蓝色牧场布局的海区时，无法有效的定量比较彼此的优劣程度，致使布局工作产生分歧。这不仅会对布局工作的科学性、正确性产生影响，也会对于其后的经济效益和可持续发展造成影响。浙江省政府应针对各地区的实际情况，综合考虑各地区海洋渔业资源承载力、环境容量、生态类型和发展基础等因素，将浙江省蓝色牧场建设划分为优先发展区和适度发展区。按照因地制宜、梯次推进、分类施策的原则，确定不同区域的蓝色牧场的发展方向和重点。

三、渔业资源亟需恢复

由于海洋捕捞目标生物有一定的分布区域或者洄游路线，有针对性的、高强度的海洋捕捞往往是目标生物迅速减少甚至趋于枯竭的重要原因。研究表明，东海曾经资源丰富的大黄鱼等渔业资源的消失正是由于几次大规模高强度的捕捞行动导致的，特别是1974—1977年对东海江外、舟外渔场越冬大黄鱼群体进行的残酷“围剿”，给东海大黄鱼资源造成了毁灭性打击。从1977年起，官井洋、猫头洋、大目洋均不能形成渔汛，20世纪80年代中期岱衢洋、大戢洋和吕泗渔场也形不成渔汛，至今大黄鱼资源仍未恢复。90年代初，随着渔业股份合作制的大力推行，海洋渔区掀起了“造大船，闯大海，赚大钱”的浪潮，海洋捕捞业发展得红红火火，进一步拓展了外海捕捞生产，效益也相当不错，很多渔民成为先富起来的一部分，也使浙江的海洋捕捞力量逐年快速增长，捕捞强度过大造成资源密度不断下降，主要经济鱼类群体结构小型化、低龄化、性早熟等种群退化现象越来越明显，渔业资源陷入全面衰退的困境。浙江省的近海捕捞主要来自东海海域的水产品生产，来源比较单一，对东海水产品捕捞依赖性较高。浙江海洋水产品产出严重依赖海洋捕捞，海洋捕捞占海洋水产品比重太高，直接影响了浙江海洋水产品的可持续发展。浙江省的近海捕捞产量已经出现了由于过度捕捞带来的“后遗症”，近海捕捞面临着捕捞环境的恶化带来的后果，浙江的近海捕捞业将会受到严重的影响。相比我国的水产品消费需求的不断升温，这在一定程度上会对浙江蓝色牧场的建设和发展带来不少压力。

四、缺乏创新人才和技术支持

“蓝色牧场”的建设是一个系统工程，需要工程建造学、海洋资源学、生物学、海洋物理学等相关技术的合作，同时也需要水产品冷链物流、精深加工、海洋生物功能产品开发等新技术的突破，加之更先进的产业规划和市场管理将整体提升产业的结构层级。然而总体看来，现阶段浙江省海洋科技的发展状况与发展海洋经济的要求不相匹配。目前，浙江省关于海洋牧场环境优化技术研究的资助力度尚且不足，建设海水种苗培育基地、研究人工海底构造结构、监测海湾环境系统、鱼类洄游观测系统和鱼群行为检测系统等方面的研究尚需加强。但同时由于产学研结合不密切，科技成果转化服务平台建设不完善等原因，使得很多最新科研成果只处于实验阶段，难以得到大范围的推广使用。

浙江省对科研机构投入颇为可观，但与海洋相关的研究机构及院校和海洋人才的缺乏仍旧是其发展海洋渔业的劣势。浙江省本省的海洋科研院校较少，仅拥有一家专门的海洋学院，其他科研机构仅有国家海洋二所、浙江省海洋水产研究所、海洋水产养殖研究所、浙江海洋大学、浙江大学海洋学院（在建）等单位，而且高等院校与海洋相关的专业教育不全面，海洋科技人才缺乏，顶尖的海洋科研团队更是甚少，况且没有建立多层次的人才培养机制，缺少完善的“海洋牧场人才引进计划”，应该完善相关政策，建立从先进国家引进相关人才的渠道和平台。因此，在发展海洋牧场的同时，必须要提高浙江省海洋牧场相关的技术研究，争取扫除海洋牧场的技术障碍，为发展浙江省海洋牧场奠定技术基础。而与之相反，上海、山东、福建等省市拥有的海洋院校数目及设置的与海洋相关的专业都比浙江省多。从事海洋渔业研究的科研人员数量和比例严重不足。海洋渔业科技人才的缺乏，严重影响了浙江省海洋渔业竞争力的提高。另一方面，海洋渔业从业人员的素质不高同样制约了浙江省海洋渔业的可持续健康发展。目前浙江省海洋渔业从业人员素质较低且文化结构不太合理。随着信息化水平的日益提高，当然对渔业从业者的知识和技术水平的要求也就越来越高。因此，为提高浙江省海洋渔业的竞争力，提高浙江省海洋渔业产业从业者中科技人才的比重和素质非常必要。

五、缺乏有利的生态环境

海洋生态环境直接影响“蓝色牧场”的产出效益以及可持续发展潜力，海洋物理环境是决定蓝色牧场投礁建设效果的重要环境基础。在选定投礁区时，除了考虑现有的海洋生物、海底底质、气象水文等方面的物理环境外，海区水质也是重要参考指标，水质对于蓝色牧场区域投放生物的生长和繁殖有重要影响，一般要求海区水质没有被污染而且将来不易受到污染。蓝色牧场由于建设周期长，建设初期往往投入较大，其作用的显现也需要比较长的时间，在选择建造人工鱼礁的海区时，应考虑未来相当长的时间内，海区不会受到污染。然而，由于受陆源污染，不合理的海洋开发和海洋工程兴建，传统的设施养殖业污染的影响，浙江省沿海海域环境问题严重影响蓝色牧场的健康发展。浙江省海洋环境问题突出表现在：氮磷超标严重，富营养化程度较高；生物多样性较差，海洋生态系统受损明显；海洋赤潮频发等。据2012年浙江省环境公报显示，浙江省的海洋环境不容乐观。2011年，浙江省近岸海域水质受无机氮、活性磷酸盐超标影响，海域水体呈中度富营养化状态，水质状况级别为极差。所监测的5.75万平方千米近岸海域中，53.0%为劣四类海水。在嘉兴、舟山、宁波、台州和温州5个沿海城市中，嘉兴的海水水质最差，全部为劣四类海水，水体处于严重富营养化状态。舟山、宁波、台州紧随其后，水质状况级别均为极差，四类和劣四类海水比例在57.2%~60.9%之间，水体均处于中度富营养化状态。而即便是五个城市中水质情况最为理想的温州，近岸海域水质中四类和劣四类海水所占比例也达45.2%，水体处于轻度富营养化状态。除此之外，杭州湾、象山港、乐清湾、三门湾4个重要海湾全部为劣四类水质，其中杭州湾水体处于严重富营养化状态，象山港和乐清湾处于重富营养化状态，三门湾处于中度富营养化状态。除海域水质污染外，浙江近海赤潮频发，2011年浙江近岸海域共发生17次赤潮，1次为有毒赤潮，累计面积约1 502平方千米。其中，有害赤潮发生次数和面积大幅上升，共有10次。大规模的海域污染会对蓝色牧场中投放的鱼类资源形成压力，甚至会导致牧场全部的工作努力被浪费。需要配合蓝色牧场的功能，就必须对浙江省近海海域的污染进行控制和治理。

六、政策支持有待完善

我国现行的相关法律、法规，缺乏蓝色牧场建设方面的相关规定，浙江现有的渔业生产经营以个体为主，其相关政策和管理办法存在一些难以适应蓝色牧场建设和管理需求的地方，主要体现在以下四个方面。

（一）税收与融资政策

政府和企业融资平台较少，政策扶持不够。“蓝色牧场”建设周期长的系统性工程，前期投入大，而且牧场建设在改善生态环境上有一定公益性，这决定了政府应当在建设前期投资中发挥主体地位。然而，随着浙江省“蓝色牧场”进入新的发展阶段，涉及的产业众多，环节复杂，纯粹的政府投资蓝色牧场建设并不能满足蓝色牧场实际发展需要，更重要的是政府的单一投资缺乏可持续性，不利于“蓝色牧场”后续建设的完整。“蓝色牧场”对资金的需求量较大，中央和地方政府应该尽快制定出符合周期长、收益慢等特点的支持政策，满足“蓝色牧场”建设的金融需求，对于参与建设“蓝色牧场”各个环节的企业，政府应当给予一定的税收优惠。企业建设是为了经济效益，政府应同时考虑到蓝色牧场带来的环境和生态效益，为了促进涉及的相关产业的企业各自领域的开发研究，应该向日本、美国以及山东、辽宁等渔业发达国家和地区学习，对相关企业主体给予一定的税收优惠。

（二）海洋立法

海洋立法由于长期以来不完善的规章制度使得各种违法行为有机可乘，周边海域捕捞作业船只数量无法限制，作业方式无法规范，牧场区还经常出现地笼网、张网等群众违法作业渔具，严重破坏了牧区海洋生态资源，牧场工作人员与当地渔民的摩擦不断，极易引发渔区社会矛盾。同时，虽然浙江省现行的《浙江省海洋环境保护条例》（简称《条例》）自颁布实施以来，对推进浙江省海洋环境保护工作起到了决定性的作用，在保护海洋环境、减少海洋环境的污染损害方面发挥了重要作用，取得了显著的成效，并对浙江省海洋环境保护产生了显著而深远的影响，但是随着浙江省海洋经济的不断发展，现行的《条例》已经不能完全适应海洋经济发展和海洋环境保护的客观需要，其存在的问题和不足也开始日渐显现出来。

（三）政府管理

现行管理体制导致各涉海部门职能交叉，权利分散。浙江省海洋环境保护实行的是统一监督管理与分工负责相结合的管理体制。其中，环境保护行政主管部门作为环境保护工作统一监督管理的部门，对所管辖海域的海洋环境保护工作实施指导、协调和监督，并负责防治本行政区域内陆源污染物和海岸工程建设项目对海洋污染损害的环境保护工作；海洋行政主管部门负责所管辖海域的海洋环境的监督管理，组织海洋环境的调查、监测、监视、评价和科学研究，负责防治海洋工程建设项目和海洋倾倒废弃物以及其他有关海洋开发利用活动对海洋污染损害的环境保护工作，组织海洋生态保护和修复；海事管理机构依法负责所管辖港区水域内非军事船舶和港区水域外非渔业、非军事船舶污染海洋环境的监督管理；并负责污染事故的调查处理，对在所管辖海域航行，停泊和作业的外国籍船舶造成的污染事故登轮检查处理；渔业行政主管部门负责所管辖渔港水域内非军事船舶和渔港水域外渔业船舶污染海洋环境的监督管理，负责保护管辖海域的渔业水域生态环境工作，并调查处理前款规定污染事故以外的渔业污染事故。虽然《条例》已经规定了涉海各部门的职能范围，明确了其职责分工，但各部门职能交叉的问题依然存在，形成了“群龙闹海”的局面，造成了一事多管，相互推诿的现象，这一管理体制弱化了海洋综合管理职能，导致信息不畅、效能低下、难以形成统一、高效、科学的协调管理机制。

七、统筹规划和科学论证有待加强

蓝色牧场建设是由粗放型、无序开发利用海洋资源向集约化、综合开发利用海洋资源转变，由掠夺性开发海洋资源的传统渔业向环境友好型、可持续发展的现代渔业转变的重要途径之一，能有效地同时解决渔业资源数量与质量问题，是渔业增长方式转变到当前历史阶段的必然产物。而科学的规划是实现这一转变的基本条件。

浙江省蓝色牧场的实验性建设虽然已经开展多年，各牧场所在市各自有部分建设规划，但一直缺乏系统的、统领全局的蓝色牧场发展规划，缺少对各海区蓝色牧场建设适宜性的统筹指导，能够综合考察全省海域优劣，对各个牧场定位、功能和大致安排进行全局性的指导规划。蓝色牧场建设涉及面广，需要大量的资金投入、较高的技术支撑和管理手段，需要尽早制定蓝色牧场建设系统规划。在规划前对拟选建设区进行系统调研，包括资源状况、水质环境、水深条件、底质及承载力、区域海洋开发利用等，通过研究分析，确定蓝色牧场的建设范围、规模、类型和时间，统筹建设方向、路径和目标。

浙江省蓝色牧场建设尚处于探索阶段，在人工鱼礁的选划和布局、礁区规模和数量及鱼礁建设类型的确定等方面尚缺乏科学的论证和统筹规划。现建的多数蓝色牧场还只停留在投石造礁的初期阶段，一些地方只是简单地通过投放石料、破旧船体、混凝土构件等，形成礁体。布局不合理，管理不全面。由于没有兼顾长期规划，所建礁体面积较小，布局分散，不容易管理。礁体缺乏维护会导致暗礁的出现，而影响航海安全。其次是人工鱼礁建设科技含量较低。目前对人工鱼礁材料选择、礁体设计及其最佳配置、鱼礁投放技术、效果监测评估和鱼礁安全性评价等方面，缺乏系统的研究，鱼礁建设的科技含量和支撑力度有待提高。

第二节　国内外蓝色牧场发展模式及经验借鉴

一、国外模式

随着陆地资源开发殆尽，多种资源总量也急剧下降，海洋资源的开发与保护越来越受到全世界国家的关注。发展“蓝色牧场”，不仅有利于增加海洋资源，改善海产品相关产业结构，还能够保护海洋环境，实现可持续利用，这在一定程度上加大了对海洋资源的开发力度，使其日益备受关注。从20世纪90年代以来，国内外许多海洋强国或具有雄厚海洋资源的国家都纷纷吹响海洋牧场研究和建立的号角，开始将农牧化的模式伸向海洋。国外尤其以日本、韩国和美国凭借其独特的地缘优势以及科技实力和综合国力在海洋农牧化方面发展较好，成绩较为突出。相比较而言，国内海洋牧场建设起步较晚，无论在技术还是人才以及管理方面都相对比较薄弱，但经过近30年的研究历史，我国“蓝色牧场”的建设也开始渐入佳境，其中主要在山东、辽宁、浙江这三个省份展开实验研究。

（一）日本蓝色牧场模式

1. 自然条件

日本处于北半球的中低纬度地带，属于北温带，为温带海洋季风气候，常年温和湿润。地处海洋包围中，东部南部临太平洋，西临日本海和东海，北接鄂霍次克海，其整个海岸线长达33 889千米。同时，虽然日本面临着陆地资源的匮乏问题，但是日本素有岛国之称，岛屿林立，有6 800多个小岛，是一个被海洋环绕的岛国，拥有丰富的海洋资源。日本这些地理优势和丰裕的海域资源都为其海洋牧场的建设提供了优越的自然条件。

2. 技术支持

日本的海洋牧场技术研究大致经历了三个过程，技术层层递进，不断深入和提高。初期研究是在1980年到1982年间，该时期日本将研究重点放在贝类上，主要研究贝类生活的生态环境，改善贝类成活率，包括海水流速、底质等。中期研究是在1983年到1985年间，日本结合初期研究成果主要研究海水和海底控制技术，以适应鱼类、贝类的生长，并涉足饵料管理技术。后期的研究则在前期综合成果基础上，研究复杂生物在空间和时间上的多种组合，形成一个复合型的资源系统，成为真正的高效海洋牧场。该进程至今还在继续。为了应对海洋牧场建设，海洋经济发展的需求，日本建立了一系列科研机构。包括：日本海洋科学技术中心，海洋政策研究财团，气象研究所，水产综合研究中心等。此外日本重视海洋科技的国际化合作，在技术研发方面达到世界领先水平，海洋环境监测方面有很大突破和领先，为海洋牧场的发展提供有力的技术保障。

3. 建设历程

日本的海洋牧场建设发展较早，早在1971年日本就建立了一个专门组织——国家栽培渔业中心，用于海洋牧场研究。1973年，日本在国际海洋博览会上提出渔业应在可持续状态下发展，人工控制和管理渔业被正式提出。到1977年，日本提出“渔业栽培项目”，将海洋牧场纳入海洋发展战略，黑潮牧场应运而生，成为世界上第一个海洋牧场。此后，海洋牧场建设作为其国家计划在不断发展，海洋牧场的规模和技术都在不断改进。渔业资源的管理的重要性逐渐被认识，1988年开启了“资源培训管理对策”，对多个鱼种开始放流调查、资源调查和渔业经济调查。到1994

年，日本渔业栽培对象有80多种，均以1 000万尾以上的规模放流。在技术开发和规模扩张的道路上，日本采用政府主导的实验基地方法，实现海洋牧场建设的扩张。长门海洋牧场开始于1978年，首先通过真鲷鱼、乌贼、日本对虾进行放流增殖，之后利用洄游资源以及诱导自然生物形成海洋牧场。1981年成立海洋牧场研究会，以政府和企业共同合作的形式，进行海洋牧场的开发建设。在仙台湾和山阴外海域进行人工鱼礁的投放并进行声响投饵的实验。1988年在长崎县周边海域进行海洋牧场的实验，除了人工鱼礁的建设外，进行声响驯化技术的应用，对放流的鱼苗进行驯化培养，也取得了不错的成效。1991年日本用于建设人工鱼礁的预算费用达到近590亿日元，放流费用48亿日元。1994年开启了鹿儿岛县加计吕麻岛项目，利用河口湾建立金枪鱼养殖基地，并养殖海上捕捞的鱼苗，长成后采卵培养，应对鱼苗紧缺问题。为了增大浮游植物的繁殖，在日本的富山湾进行海水提升实验，将海底富营养层提升表层，增大以浮游生物为食的鱼类资源量。此外还在明海海区进行电栅栏控制鱼群的实验。20世纪90年代初进行了海上浮漂站的建立，以驯化真鲷鱼幼鱼。在濑户海进行海洋牧场综合实验，实现主要鱼种、虾种10倍的增长量。2003年日本的海洋牧场已经颇具规模，并由水产综合研究中心专门负责。而今日本已经在海洋牧场的建设中取得了瞩目的成就。日本大部分海域都覆盖了人工鱼礁、藻礁和渔场，大小牧场107处，鱼礁藻礁5 000处，更拥有世界上最大的海洋牧场——北海道海洋牧场，成功实现了人工管理和控制，不仅保护了海洋生物资源，更取得了经济效益的明显提高。

4. 管理运营

早在1963年日本就设立濑户内栽培渔业协会和发展栽培渔业。在栽培渔业建设过程中，日本政府为确保建设工作顺利并且有效进行，在制定法律、管理渔场、投放资金等方面做了大量工作。1975年，日本颁布了《沿岸渔场修整开发法》，从而通过法律的形式使得人工鱼礁的建设敲定下来。为全面推进栽培渔业的发展，濑户内海栽培渔业协会发展为日本栽培渔业协会。随着渔业养殖和海洋牧场建设的扩张，为了提高效率，2003年日本对水产品机构进行了改革，出于对研发体制连贯性的考虑，将栽培渔业协会纳入日本综合水产研究中心，研究中心对机构内部进行了体制和机制调整，理顺了和各级政府的关系，加大和各方企业的合作。该机构重视海洋牧场建设项目的进程和建后评估，大大提升了海洋牧场建设的效率。

5. 模式总结

日本得以成功建设实施海洋牧场与以下几个条件分不开：一是日本拥有优越的自然条件，地理位置极佳，气候条件适宜，海洋资源种类丰富结构复杂；二是日本政府看到海洋牧场建设的长期利益，重视海产品开发利用，重视海洋资源可持续发展，重视海洋牧场建设的资金投入，在此意识下，进行长期规划和合理计划，纳入国家海洋发展战略成为国家事项；三是日本政府积极和国内外研究机构、相关企业合作，大力研究开发海洋牧场建设的技术，包括放流技术、声响控制、浮游站控制、鱼苗培育等等高精尖技术，很多技术达到国际领先。并且在大量资金的支撑下，重视专业人才的培养与合作；四是日本采用多地区、大面积、大规模实验的方法不断改进海洋牧场建设中的问题，从而实现真正意义上的海洋牧场，并取得了巨大的经济价值。

（二）韩国蓝色牧场模式

1. 自然条件

韩国东、南、西三面环海，属于半岛国家，海岸线全长约 1.7 万千米，拥有丰富的海洋资源和广阔的海洋范围。韩国陆地面积狭小，人口密度大，沿海城市人口密度更大，沿海城市人口占总人口的一半以上。韩国强盛海洋的意识和思路较早，朴正熙政府时代就已经有了“除了海洋，韩国就没有别的路可走”的名言。在此意识下，韩国海洋发展的相关技术也在不断突破，随着半导体、新材料和计算机的不断更新换代，韩国的海洋发展不仅仅局限在传统的海洋资源捕捞和利用，开始转向尖端技术和对海洋进行深层次的开发，资源节约、绿色环保的海洋意识也不断推进海洋牧场的出现和发展。

2. 技术支持

重视海洋的发展是韩国的传统，自 1994 年之后，韩国开始进行海洋牧场建设的可行性研究，随后就重点围绕区域地理和生态特征展开研究。主要包括四个方面：生态学特征与建设模式，鱼类增殖，环境改善，海洋牧场使用和管理。而海洋产业发展的各个方面都离不开技术的支持，需要投入大量的人才和资金到技术研发。韩国海洋牧场技术研发的核心为：人工鱼礁，放流技术，鱼种选择，鱼苗繁殖与培养。经过研究决定初步选定在韩国东部、南部海域和黄海的 4 处海域作为海洋牧场实验基地。主要鱼种为管理难度较小的定居性鱼类，随着技术和经验的积累，再逐步扩大鱼种范围。

3. 建设历程

韩国十分重视海洋资源的开发利用，很早就关注海洋资源的可持续利用项目，从 1982 年起着手海洋牧场的研究。1998 年开始执行海洋牧场建设计划，在韩国东部、南部海域和黄海建立 5 个海洋牧场试验基地，有针对性地培育特有品种，主要是定居性鱼类，并逐步推进技术的研发。首先建立的海洋牧场是在庆尚南道统营市，建立海洋牧场面积 20 平方千米，该牧场于 2007 年竣工，取得了不错的成效。据韩国数据可知，2006 年海洋生物资源量为 750 万吨，比 1998 年增长了近 7 倍。韩国渔民收入也有较大幅度的提高。海洋牧场建设受到了企业与渔民的支持。此后韩国正在推进建设其余 4 个海洋牧场，培育和放流的鱼种也从定居性扩大到洄游性。

4. 管理运营

韩国海洋牧场建设之初，首先建立了基金会和管理委员会，保证财政支持和管理的有效。韩国海洋研究院最初着手海洋牧场建设，为了提高建设效率，2007 年交由韩国国立水产科学院全权负责。该院成立了海洋牧场管理与发展中心，对项目执行进行监管、协调和评估。2005 年之前海洋牧场建设的主体是国家政府，2005 年之后，海洋牧场建设的主体逐渐由国家转为地方政府，海洋牧场建设进程加快。此间，韩国制定了 2000—2050 年的促进海洋可持续发展的海洋牧场 50 年计划，2015—2030年，计划建设主体由政府主导转为企业和个人主导政府辅助。在政府的大力支持和关注下，加大了海洋事业发展投入，出台了《韩国海洋水产部业务促进计划》，高度重视海洋资源的可持续发展与相关法律的完善。

5. 模式总结

韩国在海洋牧场建设过程中有很多成功经验值得借鉴。总结韩国成功建设海洋牧场的条件主要有以下四点：一是韩国高度重视海洋资源的可持续利用和强盛海洋发展战略，从国家到个人积极动员和联合，较早地实现了海洋牧场研究和建设过程；二是政府财政的大力支持，为其海洋牧场建设相关费用支出提供了坚强的财政后盾，随着建设规模的扩大，政府逐步放宽权限，让企业和个人看到海洋牧场建设的国际利益和长期个人利益，将建设主体逐步转移；三是在韩国政府的引导下，海洋牧场长期发展战略的实施和一系列法律及保障措施的出台，为韩国蓝色牧场的长期发展建立了保障，不会出现中间的脱节和停止；四是其科研和管理都有专门的机构进行研究和执行，从而高效地保障了其海洋牧场建设和运营的科学性。

（三）美国蓝色牧场模式

1. 自然条件

美国是一个气候温和、三面环海的国家，地处大西洋和太平洋之间，面临墨西哥湾和加勒比海，海岸线长达22 680千米，拥有丰裕的海域面积和丰富的海洋生物资源。美国这些得天独厚的自然条件以及其经济、政治等多方面的协调加上美国在“海洋软实力”如海洋科技、海洋教育、海洋文化和海洋意识等方面的注重与投入，这些都为美国作为世界上的海洋强国奠定了基础，从而使得美国牧场建设的萌芽崭露头角。

2. 技术支持

科学技术是第一生产力，美国拥有世界一流的海洋科技研发团队和研发机构，为其海洋产业的发展提供了力量支撑和不竭的动力来源。早在20世纪60年代，美国就加强了海洋技术和海洋教育方面的投入。美国主导和参加了世界级海洋研究计划，研究了海洋环境与全球气候变化、海洋生物多样性、海洋监测/观测、海洋生物资源开发利用技术等一系列高端先进技术，为海洋牧场提供了强有力的技术支持。除此之外，美国还颁布了如《全球海洋科学规划》、《21世纪海洋蓝图》、《1995—2005海洋战略发展规划》等推动海洋科技发展的各项规定计划，这些规划的颁布为美国海洋科技迅猛发展提供了强有力的政策支撑。同时美国还计划今后的海洋牧场规模将覆盖整个大陆架，实现真正的“蓝色牧场”。

3. 建设历程

人工鱼礁能够吸引野生海洋生物的最初发现者一般被认为是美国，1935年，一个海洋捕捞活动的组织者，投放了世界上第一座人工鱼礁，并顺利吸引了鱼群和生物。人工鱼礁的功能被认可，1936年里金格铁路公司建立了第二座人工鱼礁。当时人工鱼礁主要是用于垂钓和有助于捕捞，并没有大规模实施，也没有起到增产增殖的作用，更没有形成海洋牧场意识。随着垂钓规模海域的增大，研究人员慢慢发现，投放的人工鱼礁周边吸引了大量野生海洋生物，并有部分鱼类定居。人工鱼礁的其他功能也慢慢被研究，直至1968年，美国提出海洋牧场计划，在海洋牧场发展国家中起步较早，1972年开始建设，1974年在加利福尼亚通过投放碎石、周边养殖藻类等，建立起第一个小型海洋牧场，20世纪80年代，美国沿海海域人工鱼礁数量达到1 200处，人工鱼礁的形式也从最初的废弃的渔船汽车，逐渐发展壮大，游钓业发展迅速，海洋牧场也初具规模。到2000年，人工鱼礁数量有2 400处，带动游钓业人数近1亿，渔业资源量也大大增加。

4. 管理运营

美国在其海洋牧场建设过程中，不仅早在20世纪中叶就开始对海洋科技和人才方面加大了投入力度，进入21世纪之后，还加速了其海洋产业的顶层设计，并陆续出台多项法律法规政策来高效管理其海洋事业，充分调动政府、企业、社会团体以及渔民参与投资的积极性，在有关当局批准的条件下，形成了“有钱出钱，有物出物”积极参与投资管理的现象，并采用“谁投资，谁受益，谁管理”的方式对海洋牧场进行人性化的运营管理。此外，美国政府还采取了一系列措施建立了完善的海洋产业技术转移机制来加速海洋产业研究成果的商品化过程，通过提高科研成果上市的速度，为陆地产业涉海创造条件。

5. 模式总结

美国不仅在海洋军事还是在海洋探测开发技术方面都有优越的成绩。美国作为世界海洋强国，其牧场的建设能得以顺利实施，离不开其三面环海的地缘优势和其强大的海洋科技实力以及其雄厚的资金支撑。首先，美国拥有得天独厚的自然条件，海域广阔，海洋资源丰富，自然条件非常适合建设海洋牧场；其次，美国拥有世界上最强大的海洋科研能力，海洋牧场建设的技术力量雄厚；再者，美国的海洋牧场伴随游钓产业的发展，互相支撑，双生共赢，使普通公司和渔民看到海洋牧场的附加价值，并不断发现和渗透海洋牧场的深层意义，有助于海洋牧场意识的宣传和投资的引进。

二、国内模式

我国海洋牧场建设要晚于上述几个国家，还处于人工鱼礁建设的起步阶段，但我国的海岸线曲折漫长，海岸带类型丰富，海湾和海岛众多，这些都为建设海洋牧场提供了优越的自然地理条件。由于了解到可以根据不同的生态环境特点，建设不同功能类型的海洋牧场，最终达到我国的沿海成为一个大海洋牧场，彻底解决我国的海洋渔业资源可持续利用问题，于是我国这些优厚的自然条件使得牧场化建设近年来越发受到学者以及政府的关注。曾呈奎院士1981年就提出了海洋农牧化的设想，并提出农化与牧化的具体步骤。2006年国务院印发了《中国水生资源养护行动纲领》，海洋生物的放流增殖和海洋牧场建设提上日程。20余年来，我国积极投身海洋牧场研究和建设项目，东南沿海多个地市已经积极投入牧场化建设的热潮中，并不断取得阶段性成果和突破。

其中以山东、辽宁大连市的海洋牧场建设尤为突出。

（一）山东莱州湾

山东省位于我国东部沿海地区，自然条件优越，海岸线长达 3 100 多千米，拥有海域面积 17 万平方千米，山东半岛位于山东省东北部，三面临海地处中纬度地区，属暖温带湿润季风气候，温度适宜，降水量适中。年降水量 650~850 毫米，年降水量约 60%集中于夏季。山东半岛海岸线曲折，海湾、岛屿众多，拥有 200 多处海湾，299 个近海岛屿，约 16 万平方千米的海洋面积，几乎与陆地面积相当，近海海域面积占黄海和渤海总面积的 37%。滩涂广阔，海岛众多成群状分布并与海岸线距离较近。近海海域富营养饵料丰富，为鱼类的生存提供饵料。莱州湾等天然渔场的存在也为海洋牧场的建立提供帮助。优越的海域条件，丰富的渔业资源和饵料都为山东海洋牧场的建设提供了强有力的保障。

1. 自然条件

莱州湾是渤海三大海湾之一，位于渤海南部，山东半岛北部。西起黄河口，东至龙口的屺姆角，是山东省乃至中国重要渔盐生产基地，亦有石油和天然气蕴藏。其海岸线长 319. 06 千米，面积 6 966. 93 平方千米。莱州湾浅海水域离岸 6 千米，有一面积为 0. 35 平方千米的芙蓉岛。海底地形单调平缓，由于河流泥沙堆积，水深大部分在 10 米以内，海湾西部最深处达 18 米。由于潍河、胶莱河、白浪河、弥河，特别是黄河泥沙的大量携入，海底堆积迅速，浅滩变宽，海水渐浅，湾口距离不断缩短。莱州湾冬季结冰，冰厚约 15 厘米左右。莱州湾滩涂辽阔，河流携带有机物质丰富，盛产蟹、蛤、毛虾及海盐等。其沿岸潍坊、东营、龙口港和羊角沟港为山东省重要港口。莱州湾湾岸属淤泥质平原海岸，岸线顺直，多沙土浅滩。莱州属北温带东亚季风区大陆性气候，四季分明，光照充足，而且矿产资源也相当丰富。莱州湾这些优越的海域地缘条件，使其拥有天然渔场的称号。

2. 技术支持

海洋科技创新与技术应用，已成为海洋渔业养殖产业发展的重要支撑与核心动力。山东省拥有强大的海洋科研机构，海洋科技人才数量更是占到全国的五分之二。其中中国科学院海洋研究所、中国海洋大学和国家海洋局第一海洋研究所等研究机构和学校都积极投身海洋牧场建设的科研研究，在人工鱼礁、海洋环境监测等项目上取得突出进展。目前，山东省尤其重视构建新型渔业科技创新体系和渔业推广体系，积极开展渔民技术培训，组织实施“科技入户百千万计划”，全面提高渔民的科技文化素质和就业技能，加强渔业关键技术的研发，且其海洋科技研发转换率在 50%以上，名列全国前茅。山东省这些雄厚的海洋科技实力以及高的科研转化率为其蓝色牧场快速脱离人工鱼礁建设的初级阶段提供了很好的技术支撑。

3. 建设历程

山东省的海洋牧场建设在国内发展较早，发展历程也主要分为 3 个阶段。第一个阶段是在

1983 年到 1987 年，该阶段主要是人工增殖放流的研发期。最初研发的海洋生物对象是山东比较有代表性的海产品对虾，1983 年在威海乳山对对虾进行了放流实验并取得了成功。此后经过一系列实验，对虾的增殖放流技术已经稳定，并得到政府的认可，10 年间，政府投资 300 多万元进行支持。第二阶段是 1998 年到 2002 年的海洋牧场开发期。在该阶段不仅对对虾的增殖放流进一步扩大，也纳入了乌贼、海蜇等品种进行了增殖放流，并尝试了人工鱼礁的投放，海洋牧场迈出了代表性的一步。1998 年在建设海上山东工作会议上，提出了海洋牧场建设工程等四项海洋工程，同年年底在决议中提出了全面启动海洋农牧化建设工程，海洋牧场建设在山东正式拉开帷幕。2000 年开始，山东海域开始大规模的人工鱼礁投放。第三个阶段是 2002 年发展至今的海洋牧场快速建设期。该阶段在前期的研究和建设基础上，进行了大规模的扩张。2005 年适时启动了海洋资源修复行动计划，双向推进渔业资源的增殖放流和人工鱼礁的投放，为海洋牧场建设提供了坚实的基础。至 2006 年，山东建设人工鱼礁面积达一万亩。2005 至 2009 年，仅 5 年间就投入资金 2.9 亿元。2011 年，山东半岛蓝色经济发展成为国家战略，划定了莱州、青岛等多个国家级重点海洋牧场建设区。山东半岛海洋牧场建设正以飞快的速度蓬勃发展。

4. 管理运营

山东省自 2000 年开始，充分借鉴国外成功经验，结合本省的地缘特点，先后建立了众多人工鱼礁示范区，对多个海洋牧场项目进行适当的扶持，并引导和带动社会资本的投入。其渔政监督管理形成了“统一领导，分级管理”的模式。同时还建立了人工鱼礁管理体系，先后制定了《山东省渔业资源修复行动计划人工鱼礁项目管理暂行办法》、《山东省渔业资源修复行动计划人工鱼礁技术规程》、《山东省渔业养殖与增殖管理办法》等规章制度。此外，还通过电视、网络等媒体向众渔民进行人工鱼礁知识的宣传教育。虽然山东半岛渔业管理方面仍然存在不足，但如果能够充分落实各项计划规定，充分协调各部门职能的权限，使市场在其海洋事业管理运营中发挥其主导作用，会在一定程度上促进山东半岛的海洋农牧化进程。

5. 模式总结

虽然我国海洋牧场起步较晚，但山东省作为国内海洋资源丰富、海洋科研力量雄厚的大省，在海洋牧场发展道路上稳扎稳打，成果喜人。山东省海洋牧场建设从特殊品种的增殖放流开始，在不断的实验和研发中，逐渐提高技术丰富经验。从单一品种过渡到多品种，并在政府的大力支持下进行人工鱼礁的改建，达到放流和人工鱼礁投放同时进行，同时发展。在整个发展历程中可以看出，无论在政策上、财政上还是技术上，省政府对海洋牧场项目都给予足够的重视和支持，这也是山东海洋牧场快速发展的保障。

（二）大连獐子岛

大连市位于中国东北辽东半岛最南端，西北濒临渤海，东南面向黄海，包括大小岛屿 260 个。是中国的副省级城市、计划单列市，也是全国 14 个沿海开放城市之一。海岸线长 10 千米，近海水域面积10万亩，滩涂面积2 000多亩，具备海洋牧场建设的优越区位优势，大连市的海洋牧场建设起步较早，于20世纪80年代就投入建设人工鱼礁，此外，大连海域海洋物种繁多，有浮游、底栖、游泳多类生物，可以形成科学复杂的生物链，为牧场建设提供基础。大连市政府高度重视牧场建设，积极联合高校和研究单位投身技术研究，联合大连海洋大学、辽宁省海洋水产科学研究院、大连理工大学、大连海事大学等多所名校和研究单位进行海洋牧场科研工作，并不断取得成果。至2013年大连市已经投入建设110处人工鱼礁，投放各种鱼礁930万平方米，改造海底27万亩。增殖放流成效显著，水产鱼苗产业健康发展。大连市海洋牧场建设的初步成效得益于政府的重视，企业的合作以及各方的支持。大连市獐子岛是大连海洋牧场建设中的先进示范区，在牧场中耕耘多年，并取得一定的成果。

1. 自然条件

獐子岛是大连市长海县长山群岛中的一个岛屿，海岸线长57.7千米，海域面积1 000多平方千米，海域空间广阔，位于北温带季风气候区，海域环境被国家环境监测中心认定为非常适合养殖和生产海珍品，海水温度、海水盐度、海水透明度等指标均达到鲍鱼、海参等海洋珍品的生长要求。并且獐子岛位于海洋渔场范围，海洋生物资源丰富，鱼虾资源总量和品种都很多，主要的品种有：石鲽鱼、鲅鱼、黑鱼、牡蛎、蛤、刺参、鲍鱼、对虾、海带等。得天独厚的自然条件为獐子岛海洋牧场的建设提供了肥沃的“土壤”。

2. 技术支持

獐子岛的牧场建设正逐步向智能化、信息化迈进，其拥有“千里眼”和“CT机”以及海底“电子地图”等信息技术。此外，大连海洋大学、辽宁省海洋水产科学研究院等单位，通过科研立项及产学研合作开发等形式，承担了人工鱼礁与海洋牧场科研项目，系统开展海洋牧场关键技术研究，相继开展了人工鱼礁方面的科研工作。辽宁省水产苗种管理局、大连市海洋渔业指挥部等单位，在国家转产转业资金的支持下，在黄、渤海建设多个人工鱼礁示范区，为大连南部海域现代海洋牧场建设的全面开展积累了丰富经验。

3. 建设历程

獐子岛凭借优越的自然条件，良好的政策支持，海洋牧场研究和建设发展较早，并且发展迅速。1992年伴随獐子岛渔业集团的成立，獐子岛海洋牧场的建设也打响了第一炮，獐子岛渔业集团最初进行的是海底播种增殖的项目。1998年改制为獐子岛集团有限公司，正式投入建设海洋牧场项目。海洋牧场最初是渔业集团和政府以及银行的通力合作基础上建立起来的，之后的经营与管理也由该集团负责，成立了专门的运行和管理的部门，进行鱼苗养殖，加工和销售。并且和科研机构合作，提供最新的符合獐子岛海洋牧场需要的技术支持。至2010年，獐子岛海洋牧场面积达1 000平方千米，20多年来投入资金上亿，下一步的目标是建立2 000平方千米的大规模海洋牧场。多年来，獐子岛的虾和贝类以及海参的品质以及销量都居全国首位。獐子岛海洋牧场已经取得了巨大的价值。

4. 运营管理

目前，獐子岛海洋牧场建设逐步向智能化、信息化迈进，实现了依靠科技管控海洋牧场。獐子岛集团与中国科学院建立的“智本+资本”新型合作关系，使得海洋牧场拥有了“千里眼”，根据科研院所绘制的海底“电子地图”，就像牧场分块养护一样，科学规划底播海区，分成苗种暂养、藻类养殖、增殖底播、人工鱼礁等区域，严谨布局、精细管控；獐子岛集团还启动了“海洋牧场智能管理系统”，对涉及海洋牧场的苗种投放、养殖过程、海洋环境、船舶航迹等流程都进行预警管理，对于海洋牧场区域内的苗种长势、生产管理状况、海底产品存量、海洋微生物指标等提供实时数据，实现信息化管理。

5. 模式总结

大连海洋牧场建设经验丰富，人工鱼礁建设以及增殖放流的效果都比较显著，其较好的产业基础以及雄厚的科技实力使得獐子岛海洋牧场发展模式逐渐被外界认可和效仿。大连獐子岛蓝色牧场的建设形成了以龙头企业带头，并获得政府和银行的双向财政支持，同时又联合科研机构和渔民的模式，该模式被誉为“五位一体”、“五合一”模式。龙头企业带头不仅解决了资金融资问题，也充分发挥了龙头企业的管理和市场方面的优势，把海洋牧场的效益达到最大化。同时在政府和科研机构的支持下，政策和科研这两大关键要素也都得到倾斜。有了渔民的支持，海洋牧场建设可谓如虎添翼。海洋牧场在獐子岛真正实现了具有经济价值、生态价值和社会价值。

三、借鉴与启示

纵观国内外“蓝色牧场”建设模式，无论是从牧场建设的技术、建设历程以及其运营管理等各个方面都有许多浙江省在“蓝色牧场”建设中值得了解和借鉴的东西。首先，在自然条件方面，由于各国家或地区所处的地理位置不同，面临的气候条件也有差异，所以在这种客观条件上无法比较，但浙江省拥有具有“三面环海，一线穿陆”地理特征的象山，和海域面积辽阔、四面环海，拥有亚热带季风气候，冬暖夏凉，温和湿润，光照充足，具有较强地缘优势的舟山群岛等都为浙江省蓝色牧场建设提供了优越的自然条件。然而，在技术和运营管理方面还是存在很多值得借鉴和学习的地方。比如可以学习日本、美国等海洋强国培育适宜海域环境方面的技术、生物生境技术等，当然更要加大资金的投入以及科研投入，同时在运营管理方面，政府除了制定相关法律法规之外，还应该注重渔业高科技人才的培养，这样才不至于陷入“引进他国技术进行消化吸收然后再引进”的死胡同中。

第三节　浙江蓝色牧场发展定位与建设目标

浙江提出要建设“海洋经济强省”，这是一个长期的目标。作为建设“海洋经济强省”的一部分，合理适度利用海洋、构建“蓝色牧场”能够成为海洋经济发展的一个重要组成部分和经济来源。

在“蓝色牧场”的规划构建的较长时期内，应当坚持：以邓小平理论和“三个代表”重要思想为指导，认真贯彻落实党的十八大精神和以人为本、全面协调可持续的科学发展观，按照省委、省政府“八八战略”总体部署，以建设海洋经济强省为目标，以滨海城市和陆域经济为依托，坚持生态修复和资源利用相结合为重点，坚持社会效益和经济效益相统一，调整渔业产业结构，形成以海水养殖为中心的海洋捕捞、水产品加工、水产品流通和休闲渔业综合全面均衡的产业链发展，并通过实施生物技术引进工程、栖息地改造和增殖放流工程、增养殖品种更新优化工程，在相当长的时间内实现近海海洋环境的改善和海洋生态系统的稳定，建设规模化、新型化、生态化的“蓝色牧场”。在该指导思想下，坚持发挥优势、海陆联动，通过调整结构，优化布局，依托科技，以市场为主导，统筹兼顾，改变过去依靠资源过度消耗的局面，实现产业结构的升级和经济的健康发展。

一、浙江蓝色牧场建设原则

蓝色牧场建设必须坚持“生态优先、陆海统筹、三产贯通、四化同步、创新跨越”的原则，集成应用环境监测、安全保障、生境修复、资源养护、综合管理等技术，实现海洋环境的保护与生物资源的安全、高效和持续利用。

（一）坚持“生态优先”

在现有捕捞和养殖业面临诸多问题的背景下，蓝色牧场作为一种新的产业形态，其发展有赖于健康的海洋生态系统。因此必须重视生境修复和资源恢复，根据生态容量确定合理的建设规模，这是蓝色牧场可持续发展的前提。

（二）坚持“因地制宜”

“蓝色牧场”的中心环节——牧场养殖的区域选择要根据当地海域环境的特点和优势，确定适宜进行牧场化建设的海域规划，并评估海域的生物量、生物结构和可承受范围，确定养殖的方式、种类和数量，采取不同饲喂和管理方法。避免在“蓝色牧场”建设中采取生搬硬套、经验主义的做法，一切从当地实际出发。同时，针对不同的产业，充分考虑发展需求和资源的配置效率进行“量体裁衣”。

（三）坚持“陆海统筹”

蓝色牧场在空间上覆盖陆域和海域，陆域是苗种繁育、产品加工、牧场运行管理的基地，海域是开展人工鱼礁建设、增殖放流、生境修复、采捕收获的生产空间。因此，陆地和海上生产空间需进行合理统筹规划，海域应根据水深和离岸距离合理布局各类增殖模式和增殖对象，陆域应基于高效运行和方便管理的原则对各生产单元科学布局。

（四）坚持“三产联动”

蓝色牧场不仅包括水产品生产的产业链，还涉及礁体和装备制造、产品精深加工和储运、休闲渔业等产业。未来应打通一二三产业，使蓝色牧场成为经济社会系统和生态系统的一部分，特别是将休闲渔业和生态旅游等产业有机融入蓝色牧场建设中，充分发挥其对上下游产业和周边区域产业的拉动作用。

（五）坚持“四化协同”

工程化、机械化、自动化、信息化是现代海洋农牧业的发展方向。蓝色牧场要加强食品安全追溯技术，3S 技术、物联网和人工智能技术、牧场管理信息化、生物驯化、自动化采收等技术和装备的研发和应用，综合提升蓝色牧场的整体技术水平。

（六）坚持“科技创新引领”

科学技术在“蓝色牧场”的多个环节都发挥着重要的作用，先进的科学技术是建设“蓝色牧场”的基础。要组织科研力量针对海水种苗培育和遗传改良技术、养殖和捕捞技术、加工和流通设备升级、海洋船舶技术、海岸工程技术、海洋环境保护技术进行公关和研究，尤其是在蓝色牧场健康和承载力评估、海草床、海藻场修复技术、种群重建技术、牧场生物制御技术和牧场生态系统管理技术等方面，利用新技术提高海洋产品产量、改善品质、保护海洋环境资源。

（七）坚持“环境效益与经济效益兼顾”

在开发建设过程中要体现环境效益与经济效益兼顾的原则。“蓝色牧场”构建是以提高人们的生活水平为出发点和落脚点，不仅仅在于获得丰富海产品、满足人们需求，同时更要保护并进一步改善海洋环境，避免掠夺式的开发，使渔业产业实现可持续发展，既包括短期经济利益，也还包括人类长期生活的自然环境的优化，其最终是为了同时满足人类的短期需求和长远利益，实现人与自然的和谐相处。既不能为了短期利益对资源强取豪夺，又不能出于对自然的保护而因噎废食忽视人们的需求。二者地位相同，不可违背。

二、浙江蓝色牧场发展目标

“蓝色牧场”是海洋渔业发展的方向，浙江省目前在“蓝色牧场”方面仍然不完备，尚处于起步阶段，通过政府科学规划和布局，引导以海水牧场养殖为中心，完整的海水种苗、养殖、捕捞、加工、流通一系列的产业链的建立和联结，吸引公共资本和社会资本参与“蓝色牧场”建设，为渔民带来经济效益，满足广大市场对优质水产品的需求，改善浙江省海洋产业链的组织结构，改善海洋生态环境，保护和增殖渔业资源，减轻政府管理海区的负担，实现经济、社会和生态效益的最大化。

为了“蓝色牧场”的科学合理建设，浙江省至 2015 年底应确定相关海域内可以进行建设“蓝色牧场”或者示范区的海域区域，确定各个区域内的建设规模和建设规划。上述较为适宜建设“蓝色牧场”的两大区域——以甬舟和温台海域为浙江省发展“蓝色牧场”的主要海域。具体而言，在甬舟海洋渔业区，以象山港海洋牧场试验区、舟山嵊泗马鞍列岛国家级海洋特别保护区、渔山列岛海洋牧场综合示范区、东极海洋牧场为核心；在温台海域，以洞头海洋牧场、大陈海洋牧场示范区、白沙岛海洋牧场建设示范区、白龙屿生态海洋牧场、南麂列岛海洋牧场为主要立足点。考察各个区域的海洋海域情况，视具体情况确定各个区域的建设规模和建设模式，在此基础上展开投资、人工鱼礁投放、种苗放流等环节，形成牧场化养殖的初步规模。逐步通过海洋渔业生态屏障建设，水产种业提升，渔业战略性新兴产业培育，“产学研”一体化，渔业主体素质提升，渔业管理与公共服务建设等多方面提升浙江省“蓝色牧场”产业链的发展程度和发展水平。通过五年的努力，争取在“十三五”期间在浙江省重点海域甬舟和温台海域的牧场区形成规模性牧场建设，全面发挥牧场养殖和捕捞的生态效益、经济效益和社会效益，使浙江省重点海域乃至周边海域渔业资源衰退、生态环境恶化和海洋生物多样性下降的状况得到有效改善，渔业资源实现可持续利用；种苗业、加工业、冷链物流业、休闲渔业同步进行，成为海洋渔业生产、渔业资源增殖、农牧化养殖、水产品加工、海上休闲游钓等功能于一体的“蓝色牧场”。

（一）渔业资源目标

增加各牧场区内相宜的增殖放流规模，对适宜生存的鱼类、藻类进行规模化放流、养殖，尤其是目前资源数目过少的鱼类，对浙江省海域的诸如大黄鱼、小黄鱼、带鱼、墨鱼等传统鱼类进行科学合理规划保护和捕捞，严厉打击“三无”船舶和海上各种形式的对渔业资源的违法捕捞和获取，加强对增殖放流鱼类的检测和社会反馈调查，提高对于牧场区内水质的检测。同时出台相关扶持政策，建立专项资金鼓励研究机构和育苗企业开展土著品种种质开发，包括亲本驯养与苗种的规模化培育，为特定海域资源增殖服务。

到 2020 年，涉渔“三无”船舶全面取缔，非法捕捞全面杜绝，海洋捕捞渔船转产退出机制初步建立，浙江压减海洋捕捞产能 50 万千瓦以上，累计增殖放流水生生物苗种 60 亿尾（粒），牧场区的资源量可以快速恢复和增长，至 2020 年前浙江渔场渔业资源水平力争恢复到 20 世纪 90 年代末的水平，自然增长可以达到从初级生产力到三、四级生产力，种群、环境之间的平衡捕捞产量与资源再生量实现协调。

（二）海洋生态环境目标

重点解决沿海企业向海洋排污排废的污染问题，并在海域内建立科学的生态补偿机制，加强对污染破坏海域环境行为的管制，禁止任何途径、任何目的的非法捕捞等破坏生态资源的行为，明确分管部门，在防止违禁捕捞和监测体制上下工夫，以维持渔业秩序，切实保护牧场区内生态环境和业主利益。完善海洋环境监测、评估和污染应急保护体系，加强渔业资源保护队伍建设和能力建设，构建海洋环境与渔业资源保护体系。

完善污染治理制度，确定“谁污染谁治理”原则，辅助以“补偿+惩罚”双重保障机制，全面杜绝企业和个人对海洋环境的污染。在牧场区内部建立良性循环，人工辅助海洋生物链的完整，保护濒危物种，至 2020 年，水域生态退化状况得到明显改善，濒危物种数目增加趋势得到遏制，劣四等水质海域范围降至 10%，赤潮等灾害发生降至最低，污染海域面积占总海域面积 20%以内。水生生物多样性得到有效保护，渔业资源利用步向良性循环。

（三）科技与管理目标

“蓝色牧场”发展与科技支撑是分不开的，为此，要加快渔业科技创新，强化产业支撑力，需要先进人才不断投入到科学研究和实践前线，将知识转变为生产力。

政府一方面要组合多方面的科技人才，组建“蓝色牧场”研发机构（团队），支持多学科合作攻关的研究项目；同时在海域使用金、沿岸养殖用地转为旅游、工业用地的土地出让金中提出一定比例用于“蓝色牧场”建设，继续保持“蓝色牧场”建设和科研经费的投入增长比例，并出台相关扶持政策，把“蓝色牧场”建设过程中进行的技术研究以及技术开发纳入重大科研攻关项目，在基层渔业劳动从业者中开展实施渔业科技入户和渔民技能培训工程，同时升级改造现有的渔船和设备。争取至“十三五”后，在各牧场区内能够实现种质选育、设施养殖、疫病防控等技术的全面基本应用，取得优质种苗覆盖率再提升 5 个百分点，达到 90%；同时实现牧场内捕捞渔船“一更新、三改造”达到半数；建立一个研发中心，实现海洋微藻、鱼类规模化养殖新的突破，推进加工企业品牌建设，实现精深加工、海上保鲜、冷链物流的全面提高。

科学的“蓝色牧场”管理机制能有效保证牧场建设系统有序推进。浙江省“蓝色牧场”发展尚处于探索阶段，仍未形成科学、完善的管理机制。为了有效推进浙江省“蓝色牧场”发展，必须探索出一套适合浙江省情的“蓝色牧场”管理机制。鉴于当前浙江省海洋渔业发展现状，探索“蓝色牧场”管理机制的切实可行的路径是服务“蓝色牧场”建设，实现渔业捕捞、监测和风险控制的有效管理，为“蓝色牧场”发展扫清障碍。

完善渔业法制建设，提高渔业管理能力。坚持“依法治渔、依法兴渔”，进一步完善现行渔业法规和规章，加快形成与现代渔业发展相适应的法规体系，推进依法行政，严格执法程序，提高执法水平。坚决打击法律禁止的作业方式和无证非法捕捞，严格执行最低可捕标准和网具标准。坚决实行捕捞许可制度、养殖证制度、水产种苗许可制度。完善水产品质量安全应急预案，推行水产品质量安全信息发布制度。科学制定休渔期和禁渔期、休渔区、禁渔区、保护区，逐步实施“分作业、分时段”的休渔制度。加强渔业行政执法队伍建设，提高渔业管理能力。

加强资源增殖放流，开展资源基础调查与水域划型，完善增殖放流技术，建立增殖苗种种质资源数据库，构建效果监测与评价体系；科学规划与建设增殖放流区、水产种质资源保护区和海洋牧场，扩大放流规模，规范资源管理。加快发展“碳汇渔业”，支持建设海洋贝藻养殖、增殖区，探索推广贝藻复合、多营养层级的生态增养殖技术和模式；选择适宜海域和关键物种，探索“海洋森林”构建模式，积极发展底播增殖，推进牧场化建设。

三、浙江蓝色牧场功能定位

（一）蓝色牧场总体定位

1. 修复渔业资源

随着现代科技的应用范畴不断扩大，对渔业捕捞技术的改善作用也不容忽视，从而使得渔民加大了对目标生物的捕捞量。然而过度的捕捞，导致了渔业资源的衰退和枯竭，现代科学技术的应用大大改善了捕捞技术，提高了捕捞效率，具有不可推卸的责任。加上近年来人类加大了近海的活动和海洋工程项目，加剧了近海环境的破坏程度，也在一定程度上加快了渔业资源枯竭的速度。现代海水养殖业的飞速发展和超负荷养殖，在带来环境污染的同时，也导致了病害的频繁发生。同时，在养殖过程中大量喂养抗生素等化学药品，导致有毒物质大量残留在鱼虾体内，这不得不引起人们对海产品安全问题的担忧。“蓝色牧场”是在一个特定的海洋养殖系统中，对海洋牧场进行深耕，通过人为地制造适宜的海洋生态系统，为生物的栖息提供良好的生态环境，然后将人工选育和驯化的优良品种培养成幼体后放养到海域中，幼鱼以天然微生物为饵料，同时吸引野生的海洋生物资源，可以达到恢复甚至增加海洋渔业资源的目的。作为一种生态养殖模式，“蓝色牧场”可以在海域环境承载力不变的情况下，投放较少的人工饵料，充分利用海水中的微生物和无机盐作为目标生物的主要饵料，因此建立“蓝色牧场”不仅能够改善海洋的生态环境，且其在恢复渔业资源的同时，还可以保证和提高海产品的质量。

2. 保护海域环境

建设“蓝色牧场”是通过人工鱼礁的建设、藻类的移殖和增殖，建立“海底森林”，从而营造一个适宜海洋渔业资源栖息的生态环境的过程。传统海水养殖模式存在如工厂化养殖用水更换频繁，水体浪费，废水排放入海，造成了对海域环境的污染等弊端；加上近海网箱养殖由于经常使用药物防治疾病，严重污染了海水，同时为追求经济效益而大量投放饵料，以及鱼虾等的大量排泄物堆积在近海周围，加重了水体富营养化现象。“蓝色牧场”本身是一种生态养殖模式，它是利用海洋的自我净化能力，结合人为地进行环境监测和管理，在生态养殖过程中以海洋的承载力为限，达到实现合理利用海洋资源，保护海洋环境的目的。

此外，在已经受到污染的海域，通过建设“蓝色牧场”，还可以改善海域环境。海洋牧场周围有大量的藻类以及附着的微生物，藻类对水体具有显著的净化作用，微生物又可以消除污染水域的氮磷无机物，同时又为鱼虾提供食物来源，实现了消除污染、净化海域环境的功能。因此，从资源开发的视角看，“蓝色牧场”可视为以可利用海洋生物资源为劳动对象，以蓝色海域和近岸滩涂为主要作业场所，通过增养殖、人工放流、捕捞和加工海洋生物资源，除了为人类持续提供初级及加工类海产品之外，还可以保持生态效益与经济效益平衡的生态养殖场。

3. 优化产业结构

“蓝色牧场”建设不仅增加了海洋渔业资源，带动海洋第一产业发展，同时也带动了海洋服务业、旅游业等相关产业的发展。海洋牧场建成后，对近海生态环境修复和渔业资源的拓展作用效果明显，可以充分利用这些条件，开展海上观光旅游、垂钓、海底潜水采播等海洋第三产业。“蓝色牧场”的建设对于促进海洋第三产业发展有着非常重要的意义。从产业链的角度看，“蓝色牧场”建设的直接关联产业包括海水养殖业、海洋捕捞业和海产品加工业，此外，还包括在整个产业链条中与海水养殖、海洋捕捞和海产品加工具有紧密经济关联的上下游细分行业，如资源保护与增殖业、海水种苗业、海洋渔业物资业、海产品冷链物流业、海产品市场贸易等。但随着近海渔业资源的不断减少，许多以捕捞为生的渔民在就业方面受到了严重冲击，通过建立“蓝色牧场”可以有效缓解就业压力、减少捕捞量、控制陆源污染、降低水产养殖污染，从而能够高效缓解食品安全压力，增加渔民的收入，使渔业自身得到发展，同时通过入股方式，让渔民参与到“蓝色牧场”的建设中来，共同享用渔业资源恢复带来的经济效益，以至于最后发展成可持续性的生态渔业，从而提高综合国力。

(二) 人工鱼礁功能定位

牧场建设依赖于人工鱼礁，而人工鱼礁设置于海中，可以改变海洋生态环境，诱集鱼类前来索饵、产卵，同时也为鱼类提供避敌、栖息和繁育场所，既是保护、增殖海洋渔业资源的重要手段，也是改善、修复整个海洋生态环境的一项基础工程，还能带动滨海旅游等相关产业的发展。根据对人工鱼礁的研究观察，不同类型的鱼礁对蓝色牧场的建设所起的作用不尽相同，但这些鱼礁共同具有的作用大同小异。结合对鱼礁监测、效益评估和作用的研究结果，蓝色牧场的建设可以基于以下几个方面的功能定位：

1. 隐蔽场功能

鱼礁中有许多生物附着，鱼礁的间隙为多毛类、甲壳类、小型鱼类等的生活提供隐蔽的场所，而且具有复杂构造并形成复杂空间的鱼礁区的鱼类的存活率比其他区域的要相对更高一些。因此，蓝色牧场的鱼礁需要具有成为被捕食者的小型动物作为隐蔽场利用的“隐蔽场功能”，以便提高小型动物的存活率。

2. 休息场功能

鱼类在长时间移动后需要挨着鱼礁作较长时间停留，这种行动可以被视为是对水流等物理性自然环境的规避行为或者是为了恢复体力所进行的休息行为。在设有鱼礁的水域中，鱼类可以以鱼礁为中心做缓慢的游泳运动，而在不设鱼礁的水域中，鱼群需要沿着池壁或池角做活泼的移动，所以运动量与鱼礁区的鱼群相比大幅度增加，体重明显要小于鱼礁区的。人工鱼礁设计结构复杂，孔隙、洞穴繁多，具有空间效应，可供各种鱼类栖息，形成空间层次分布，成为洄游性或底栖性鱼类摄食、避难、定居、繁殖的适宜场所。礁体的孔隙、洞穴也是鱼类产卵的温床，而在礁体内孵化不久的鱼苗也可以在礁体的保护之下有较安全的空间，不致任意遭到大鱼吞噬，从而有效保护鱼类资源。基于此，蓝色牧场的鱼礁还需要具备为鱼礁性强的鱼类提供“休息场”的功能。

3. 摄饵场功能

人工鱼礁沉没于海底后，可在礁体周围形成涡流，促使浮游性水生物和附着性水生物在此繁衍生长，一些大型鱼类会为了捕食聚集到鱼礁的小型鱼类而向鱼礁聚集，不同的鱼群之间会围绕着鱼礁形成生物之间的食物链关系，从而吸引属于食物链较上层的鱼群聚集，扩展成一个小型的生态圈。因此可以说，鱼礁具有作为有效的摄饵场来利用的“摄饵场功能”。

4. 产卵场功能

一些鱼群在春季产卵期间会向鱼礁集中聚集，并产出仔鱼，这是因为在同一场所，同一时间产出的仔鱼形成群体，容易附随着藻类的漂动进行生活。另一些鱼群在光照低、水流充足的鱼礁部分产下附着卵，可有效防止卵表面的硅藻附着与繁生，确保氧的供给，同时避免卵被海星、蟹类等捕食，保护卵不被流沙损伤或埋没等，确保卵孵化所必要的环境条件。投放形体特殊的礁体后，可防止使用破坏性渔具的渔船，尤其沿岸近海底拖网渔船进入礁区或禁渔区内滥捕，避免破坏渔业资源。因此，鱼礁还应该具备可以保护卵及仔鱼产出的“产卵场功能”。

5. 观光游钓功能

人工鱼礁投放后，不但诱集、培育了大量的鱼群，而且经过数年后又形成一个新的天然礁场，这无疑是平添了一个新的观光游钓景点。人工鱼礁区可以作为休闲游钓业的理想场所，为人们提供更多的休闲娱乐活动，并能带动滨海观光旅游业及其相关产业的发展，促进渔业繁荣昌盛。

6. 开发渔场功能

人工鱼礁一方面能诱集鱼类，发挥副渔具作用，方便渔民找到渔场，增加渔获量，节省时间和成本，并且人工鱼礁聚集的鱼类大多数都是岩礁性优质高值鱼种，从而能够增加渔民的经济收益，另一方面，人工鱼礁还可以改造、修复海洋生态环境，增殖渔业资源，使原本生产力较低、鱼种较少的沙泥底质环境改变成生产力较高、鱼种较多的岩礁渔场，有助于渔民开发新渔场，有益于捕捞渔业可持续发展。

7. 延伸产业功能

人工鱼礁事业的发展使得许多相关产业应运而生，为沿海渔民及其家庭提供了许多新的就业机会，有利于引导长期以捕鱼为生的渔民平稳转产转业。蓝色牧场建设在带动旅游产业的同时，也带富了一大批转产转业的渔民。蓝色牧场不是一家企业、一户渔民能干成的事，但它却能带动千家万户转产转业的渔民。

（三）人工鱼礁建设注意问题

根据国内外关于人工鱼礁的研究论文、调查报告、工作总结报告以及相关评论，人工鱼礁对于诱集鱼类和改善海洋生态环境方面的效果是肯定的。但是也存在一些必须引起注意的问题。

1. 投礁位置不当

投放点如距离主航道不甚远，一般应选择海浪主要方向的下方，或迎浪面有海岛作为屏障的区域。在航道附近特别考虑礁体的稳定性和抗浪强度。

2. 礁体的选型不当

礁体的选型应根据地点和用途因地制宜。按布礁的用途可分鱼礁、鲍礁、海胆礁等等。鲍礁、海胆礁一般在岸边浅水区布设，低潮时可干出。礁体与水面之间的距离应考虑在最低潮情况下，可供船只航行运作，包括在礁区作业的渔船、游艇等，如果礁区设在主航道附近，应避开主航道1海里以上。

3. 鱼礁移位、失落或损毁

由于选点或礁体选用时忽视了区域的海洋动力学条件，对台风浪和海流的巨大作用力估计不足，鱼礁被投放以后几个月甚至更短的时间内就已经消失或者损毁，甚至被移到航道附近，影响船舶的正常通航。旧船改造的礁体可采用前后抛锚的方式减少礁体移位。

4. 鱼礁被淤泥掩埋失效

有些鱼礁投放后不到一年就被淤泥掩埋一半甚至被淹没而失效。因此鱼礁工程的选点投放，不应只为了避免上述第一个问题的发生而一味选择缓流区，要考虑到水体泥沙含量和海底淤积速度。大多数的人工鱼礁有效期应达到20年左右。

5. 礁区违法捕捞，破坏资源

人工鱼礁有十分明显的集鱼效果，有些鱼礁投放后几个星期甚至几天就能诱集到大量的鱼类在礁体周围，这就方便了捕鱼者的集中捕捞，一网打尽。更有甚者用大型围网把小型礁区包围起来，然后采用各种违法手段进行彻底歼灭。如果这样，人工鱼礁就完全失去了原有的意义，不但未能起到保护海洋生态环境和保护渔业资源的作用，相反地为破坏资源的行为提供了条件。

四、浙江蓝色牧场发展思路

良好的区位优势使浙江省成为我国经济发展重点省份，是我国经济快速增长的带头省份之一，在未来若干年内应该保持这种优势，加之长期港口经济的快速发展对浙江省沿海海域的影响作用使得浙江省发展“蓝色牧场”的先天优势大大削弱，所以，在未来一段时间内，浙江省“蓝色牧场”的功能重点应在于对渔业资源和海洋生态环境的修复，以生态效益为主，经济和社会效益为辅，全面统筹，促进浙江省海洋环境的恢复和海洋资源的利用。

浙江省“蓝色牧场”的建设，应当充分兼顾并重视浙江省海洋产业的关联和协同，在推进渔业结构的战略性调整的同时，实现海洋产业的跨越式发展。它是以科学开发海洋资源与保护生态环境为导向，以区域优势产业为特色，以经济、文化、社会、生态协调发展为前提，坚持因地制宜、科技兴海、统筹兼顾、以人为本和环境效益与经济效益兼顾的原则，通过产业优化布局提升整体竞争力的可持续发展的海洋资源利用和开发。浙江省海洋经济发展根据浙江省海洋资源分布和沿海区域经济特点，将浙江划为宁波舟山、温台沿海和杭州湾两岸三个海洋经济区域，逐步形成以宁波和舟山为主体、温台沿海和杭州湾为两翼，以港口城市和主要大岛为依托，以“三大对接工程”为纽带，海洋资源和区域优势紧密结合，海洋产业与陆域经济相互联动的形式，从空间上实现呼应互补。从“蓝色牧场”建设角度出发，其中，杭州湾依托一线城市，工业发展基础好，其自然条件以淡水养殖为宜，是淡水鱼传统渔区；宁波、舟山海洋经济区和温台沿海海洋经济区邻近海域，是浙江省重要的海洋渔业区，海岸线漫长，渔业资源条件较好，具有较强的海洋渔业生产能力，适宜发展近海海产品高效养殖、海产品深加工等。此外，在东部沿海还要注意渔业资源的养护。

（一）宁波、舟山海洋经济区

本区包括宁波市的滨海地区和舟山市的海岛及邻近海域，北至舟山本岛，南至镇海区澥浦镇，东至北仑区春晓镇，海域丘谷相间，岛屿交错、港湾纵横、水道深切，拥有港、渔、景、涂等优势资源。甬江口及其以北岸段受长江泥沙影响，含沙量每立方米高达0.5~5.0千克，泥沙运动活跃，属淤涨型海岸；甬江口以南至穿山半岛、梅山岛等岸段为潮流深槽型海湾。该区所属海域港湾岛礁众多，径流流入量大，海区水质营养盐丰富，渔业资源种类和质量都具有先天优势，是浙江省闻名的海洋渔场。宁波港和舟山港分别为全国第二、第九大港，地理位置优越，深水线漫长，海洋开发基础较好，海洋产业初具规模，海洋经济比较发达。尤其是工业基础好，交通便利，四通八达，与国内及国际交流都十分便利，接纳吸收新兴产业的能力较好。

1. 定位

在宁波市梅山岛周围海域、春晓镇沿岸海域、舟山本岛西北部及桃花岛、六横岛等邻近海域实行开放式养殖；舟山本岛及邻近岛屿沿岸作为渔港和渔用码头等渔业基础设施；六横岛的凉帽潭和台门海域用于围海养殖。尤其是在沈家门海港，设置人工鱼礁用海。

充分发挥渔港经济区作用，集聚海洋捕捞产业、海产品精深加工出口、远洋渔业和海水高效养殖等产业；保护、修复海洋资源和生态环境与拓展产业发展空间相结合，构建东部沿海渔业蓝色屏障。

2. 主要发展重点

充分发挥渔港经济区作用，利用良好的工业基础，以普陀、北仑、象山为重点，布局建设舟山、宁波两大综合加工基地和水产物流中心，发展水产品精深加工、海洋生物制品和现代物流业；以象山、宁海、定海、普陀为重点，布局海水高效养殖区，建设以大黄鱼、鲈鱼、滩涂贝类等为主的海水养殖综合产业群，以梭子蟹、南美白对虾等为主的海水养殖集约化养殖群。

（二）温台沿海海洋经济区

本区包括温州市、台州市的滨海地区和海岛及邻近海域，是浙江省重要的综合渔业区，也是浙江省海水名优产品的重要产区，深水岸线、风景旅游和滩涂资源也丰富。温州港是我国沿海枢纽港之一，台州港是浙东沿海的重要港口。本区体制、机制活力强，民营经济发达，海洋经济发展基础较好。尤其是海洋能源丰富，是浙江省重要的资源处所。

1. 定位

海水集约化养殖示范区，重点海洋捕捞区，海产品精深加工出口区；保护、修复海洋资源和生态环境与拓展产业发展空间相结合，构建东部沿海渔业蓝色屏障。

2. 主要发展重点

以“三门湾、乐清湾”沿岸为重点，建立以南美白对虾、青蟹、缢蛏、泥蚶、泥螺等名优水产品为主的海水集约化养殖示范区和高效生态养殖基地；以温岭、玉环、瑞安、乐清、苍南等为重点，布局建设以紫菜、海捕鱼虾、甲壳素为主的海水产品精深加工出口基地；积极发展海洋药物、海洋化工、海水淡化和海洋能开发等新兴产业；构建温台沿海滨海旅游带和海上特色旅游板块，在苍南、三门、温岭、瓯海等区域，布局建设黄金海岸型休闲渔业带，重点发展以渔港风光、渔村风情、海上游钓为主的休闲观光渔业。

（三）东部沿海渔业资源养护带

甬舟温台海域除了上述的主要作用外，仍有资源养护修复的重要功能，要保护修复海洋资源和生态环境，构建东部沿海渔业蓝色屏障。

主要发展重点：以“一港两湾”及嵊泗、苍南、洞头、椒江大陈等为重点，布局建设浅海鱼贝藻养殖产业带，发展新型网箱养殖和浅海贝藻类碳汇渔业；在甬舟温台海域，布局建设增殖放流区、保护区和海洋牧场，通过这些方式来发展海洋生物资源养护事业。

第四节　浙江蓝色牧场建设重点与发展路径

一、浙江蓝色牧场建设重点

蓝色牧场为海洋生物提供立体、多品种、多层次的半自然生态空间。浙江海洋水产养殖主要有滩涂养殖、浅海养殖、筏式养殖、网箱养殖、底播养殖和陆基工厂化养殖等很多种方式，但是蓝色牧场不同于单纯的设施养殖，而是通过“底播增殖”手段，像在陆地放牧牛羊一样，让鱼、虾、贝、藻资源在自然海域里生长。基于浙江实际，结合蓝色牧场基础，浙江蓝色牧场建设需要关注以下几个方面的重点问题：

（一）合理选址

蓝色牧场的选址一般应远离人类活动集中的区域，一些无人或者少人岛及周围海域是首选区域。我国几大群岛都有适合建设的区域，如辽宁的长山列岛、山东的长岛、广东的万山列岛等都是不错的区域。浙江的舟山群岛有相当多的无人岛，值得开发利用。

（二）建设保护区

参照划定重要渔业水域和海域功能区划，在海上规划并划定海上“重要蓝色牧场保护区”，必要时可以建立“蓝色牧场类型的国家海洋公园”加以重点保护利用，各级管理部门对这些划定的区域进行合理规划与投资改造、建设。保护区适度区分为核心区、缓冲区和试验区几个部分，核心区应重点用于资源的恢复与养护，缓冲区和试验区可以用于经营和收获等生产活动。

（三）构筑生态屏障

按照渔业产业与资源养护、生态保护协调发展的要求，加强海洋生物多样性保护，加强以海洋渔业资源保护区、海洋牧场、增殖放流、碳汇渔业等为主要内容的水生生物资源养护体系建设，扩大增殖放流规模，发展贝、藻、鱼类浅海生态养殖，加强渔业资源调查评估，强化水域环境监测，形成海洋渔业生态系统保护带。加大资源管理力度，提高渔业资源养护能力，以渔业资源和生态恢复为目标，统筹资源环境保护和渔业产业协调发展。

（四）完善牧场要素

按照基于生态系统的渔业管理的一些原则规划和管理，以满足海洋生物生长和生态管理的需要。

1. 海中人工鱼礁

通过在近海海底投放人工鱼礁，形成地形的变化，制造海底“山脉”，以利于形成上升流等人工海流，把海底的营养物质带到表层水或者形成循环，为浮游生物提供营养来源，促进其生长，提高海域初级生产力，制造优质“人工”海洋渔场。人工鱼礁可以用石块、混凝土、废旧汽车和轮胎、报废的船舶和渔船、报废的建筑构件等，通过投放这些物质，形成庇护所，为海洋生物提供栖息、索饵和产卵场所，同时促进海洋上升流生态系统的形成，营造出人工的海洋鱼类索饵场。

2. 近岸海草床和红树林

通过在浅海和潮间带栽培和播种大叶（草）藻等海草类种子植物，或者在海底播种海草种子，或者护养和恢复现有的海草床，形成海草床或者海草场生态系统。海草适合于从北方的辽宁省海域到南方的海南省海域的所有温度的海域，加之海草床是世界上所有生态系统中生产力很高的系统，适应绝大部分中国海域条件，因此应重点考虑建设。在南方海域，可以种植红树类等植物，形成红树林生态系统，红树林仅适合于福建厦门以南的亚热带海域。海草床和红树林生态系统为幼鱼幼虾等海洋生物提供庇护所和栖息地，也为海洋生物提供了产床。

3. 海底海藻场

在不适合海草生长的深一些的海底和人工鱼礁上，可以栽培海带、裙带菜、紫菜等海洋大型藻类，营造海底“森林”区。这些海洋藻类不但可以作为海洋鱼类索饵场和庇护场，也可以采取轮作轮采加以收获，作为人类的食物和工业原料供应市场。

4. 成鱼放养、育肥和底播

选择开阔一些的水域和海底，作为鱼虾等游泳生物放养区和海参、贝类等海底生物的底播区。应注意挑选一些适合这些海域的自然海洋生物物种，或者通过选育一些生长性状良好并可控制的品种，兼顾上、中、下层鱼类和底栖生物，进行人工增殖放流和底播。收获可以通过轮捕轮作的渔业生产方式进行，应估算单位时间的可采捕量或者不同时间的可采捕种类，满足可持续收获海洋生物的目标。在放养中应注意不同品种的合理搭配，注意保护生物多样性和生态系统，避免品种过于单一，使系统处于可持续利用的状态，避免毁灭性的收获。

5. 海洋生物繁殖和苗种培育

通过打造的海草床、红树林和人工鱼礁等区域，为海洋生物繁殖和苗种培育提供场所，立体的海洋植物区系、适度微循环海流和多隐蔽庇护场所是这个区域的要求，这个区域负责为蓝色牧场提供苗种储备和供应。逐步完善并扩大现建设中的水产遗传育种中心、水产原良种场、种苗规模化繁育基地和水产引种育种中心，科学培育优良种苗，强化水产良种繁育推广体系。同时推行规模经营、标准生产和品牌营销，提高养殖设施化、信息化、产业化水平，推进养殖证和种苗生产许可制度，提高优质水种覆盖率和种苗遗传改良比率。

6. 娱乐休闲

可以在蓝色牧场的非核心区，按照多元化、精品化、规范化的要求，突出渔文化内涵、产业特色和区域特点，建设一些海洋娱乐休闲区，通过提供游钓渔业，海洋生物观赏、潜水、游泳与水上运动、沙滩与海岛旅游等休闲服务开发性试验。实施休闲渔业精品基地培育和观赏鱼产业一体化建设，建设以文化传承和休闲观光为主的休闲渔业精品基地，进一步投入培育都市休闲型、黄金海岸型和山区生态型等三大休闲观赏渔业产业带，形成具有海域特色的休闲渔业观光区，打造全国知名的休闲观赏渔业品牌。

（五）研发推广新技术

从传统的狩猎性捕捞到耕海牧田式的增养殖，到现在比较完善的蓝色牧场，人类从事的渔业活动越来越脱离近岸，越来越不受海域和海深的影响，这些离岸活动的开展都离不开技术。蓝色牧场技术环节相对滞后，尤其是鱼类驯化技术至今未实现实际应用。蓝色牧场的发展还存在诸多薄弱环节而产生“木桶效应”：比如运用自动化技术设施孵化大量三倍体水生动物技术。三倍体动物在质量上长的更快、更大和更好。为避免基因污染、三倍体动物的不育特性有着巨大的利益和实际的用途：放流动物的基因不会扰乱野生动物的自然基因堆。比如：制造涌流和人工施肥。涌流是利用人工鱼礁改变海流的走向，将深海的富营养水体带至表层和上升水体。人工施肥是用海草栽培，直接使海水富营养化。浙江在声响驯诱型蓝色牧场研究方面还处于初始阶段，尚有较大的探索空间。

（六）实施立体养殖新模式

蓝色牧场建设过程中，除了投放人工鱼礁，浙江还在浅海养殖技术和模式上大胆创新，探索实施了“721”生态立体养殖模式，并成功总结出“浅海多营养层次生态养殖模式”，亩产经济效益增加 2. 5 倍以上。“721”生态立体养殖模式，就是 7 份藻类、2 份贝类和 1 份鱼类，变单一的养海带为上层养海带、中间养贝类，底层养鱼类的立体养殖模式，形成自循环生物链，实现生态效益和经济效益的双赢。

（七）推动“产学研”一体化

以提升科技创新能力为重点，引导高校院所把研究领域向海洋延伸。依托浙江大学、国家海洋局第二海洋研究所、浙江工业大学、浙江财经学院、宁波大学、浙江海洋大学等高校院所的科研优势，积极引导优秀科研团队将研究重点向海洋领域延伸，逐渐完善海洋专业教育体系。鼓励在浙科研机构加强海洋基本理论研究和基础学科建设，推进海洋科学与其他科学之间交叉研究。建立海洋长期生态观测站，开展气候变化、生物多样性和人类活动对海洋影响等方面的研究。围绕海洋生物、海洋灾害、环境、生态、经济和权益问题，开展地震海啸预警技术、赤潮发生机理、海洋战略、区域海洋管理、海洋权益维护、海洋经济统计与核算等自然科学和社会科学基础理论研究和创新。引导与海洋学科融合发展，提升浙江海洋科研能力。通过政府和市场推动科研成果进入企业，并形成经济效益和社会效益。

（八）提升经营主体素质

按照培育新型市场主体、加快渔业转型升级的要求，通过开展专家指导班加强对渔业龙头企业开展产品营销、名牌建设、产品质量安全、公司治理结构等专业辅导和培训，制定恰当的优惠制度支持企业技术改造、质量认证和研发中心建设，做大做强渔业龙头企业；推广“龙头企业+合作社+农户”发展模式，针对“低、小、散”的家庭承包经营组织联合渔业专业合作经济组织发挥引领作用，引导向统分结合的双层经营体制转变，发展适度规模经营，并全面普及法律法规、经营管理、财务制度、业务知识等培训，规范内部管理制度教育，支持合作社生产基地建设，培育一批产业优势明显、服务功能健全、带动能力较强、运作机制规范、与社员利益联结紧密的示范性专业合作组织；推进科研成果的普及，强化主导品种和技术推广，巩固“专家—技术指导员—科技示范户—辐射带动户”的渔业科技成果转化快速通道，完善科技服务投入机制和科技服务长效机制。对养殖大户、渔船老大、水产品营销大户等职业渔民，开展生产技术、操作技能、质量监管、经营能力等方面的培训，培养一批有文化、懂技术、善经营、会管理的新型职业渔民，推进渔民持证上岗制度的实施。

（九）完善牧场管理与公共服务建设

按照优化管理、强化支撑、完善服务的要求，推进渔业管理和公共服务水平的提升。

坚持“依法治渔、依法兴渔”，进一步完善现行蓝色牧场法规和规章，加快形成与之发展相适应的法规体系，完善用海许可制度，推进依法行政，严格执法程序，提高执法水平，严厉打击各种渔业违法行为。

实施蓝色牧场执法管理能力建设，建成浙江渔业综合管理平台。提升渔船检验机构整体能力，加大渔船检验基础设施和检测装备的投入，建立浙江渔船检验信息管理平台，建设中国渔船境外检验站和国家级渔船检验检测中心。

实施渔船安全救助信息系统提升工程，实施渔船安全生产“百站千组万联网”工程安装安全报警装备并实施联网监管，全面增强渔船安全生产管理、服务、保障应急处置能力。

实施水产品安全监管体系建设。加快渔业环境检测、产品质量检测和水生动物防疫检疫等“三检合一”体系建设，重点建设疫病检疫、鱼病防治、水质检测、质量检测等实验室，完善设施和仪器设备配置，开展好渔业水域环境、产品质量、水生动物防疫检疫日常检测和管理。

实施渔业风险保障体系建设。健全政策性渔业互助保险制度，完善财政资金补贴办法，加强对渔业互助保险的监管，逐步扩大渔业互助保险。完善渔船交易中心制度建设，构建一个“统一、规范、公平、高效”的渔船交易市场。

实施渔业科技创新与技术推广体系建设。整合科技力量，做大做强渔业科研机构和科技创新服务平台，建设若干个遗传育种中心、生物制剂研发中心、种质种苗质检中心、水产医药临床试验基地等，提升源头创新能力。加强水产技术推广设施及配套示范基地建设，健全推广队伍，提升人员素质，建设浙江水产技术推广公共服务平台，加快科技成果转化。

二、浙江蓝色牧场发展路径

（一）加强沿海海域资源调查，摸清蓝色牧场建设家底

在广泛调研的基础上，了解浙江沿海各县市的海域资源，尤其是要把握适宜建设蓝色牧场的可供开发利用的后备资源，包括自然海洋资源、海域资源禀赋、生物多样性、近岸和离岸资源、集约化养殖面积、海域水深及水体营养、沿海产业基础、资源环境承载、生态弹性活力、人类活动潜力等，精准识别用海潜力。

（二）夯实产业支撑，加快蓝色牧场的产业化发展

产业是蓝色牧场发展的核心支撑要素。除了要优化一产的养殖和捕捞、二产的加工与三产的休闲渔业和观光渔业之间的结构配置，更重要的，要加快推进蓝色牧场的产业化运行。在产前环节，要积极实施苗种带动战略，加强名特优新品种的引进培育和传统养殖品种的改良升级，以苗种优质化带动养殖业高效化。在产中环节，要全力推广设施养殖，强化“工业化、园区化”发展理念，采取政策引导、财政扶持等方式，鼓励工商资本投入工厂化养殖业，不断提高养殖生产的设施化和智能化水平。在产后环节，要着重发展精深加工，鼓励龙头企业和各种合作经济组织投身水产品加工业，引导传统的冷藏粗加工向精细加工发展，提高产品附加值。

（三）推进蓝色牧场开发，优化牧场空间格局

制定蓝色牧场建设指标和评估技术体系、蓝色牧场功能区划规划、开展牧场生态红线划定，合理控制蓝色牧场生产、生态、生活空间比例及格局。深入开展已建海洋自然保护区和特别保护区建设管理工作，加快各类基础设施和管护设施建设，全面提升管护能力。在现有基础上开展海洋自然（特别）保护区和海洋公园建设，新建海洋特别保护区，完善海洋生态安全屏障，推进候鸟栖息地保护。推进产卵场保护区划定，强化浙江渔场主要渔业资源品种“三场一通道”保护；创新建设与管理新技术、新模式，大力推进蓝色牧场建设；加大渔业资源增殖放流力度，促进海洋重要渔业资源恢复；加强区域海洋资源的优化利用，完善蓝色牧场的空间布局结构。

（四）加强生态保护，促进蓝色牧场生态修复

科学严谨地做好调查研究，充分考虑到海洋资源的生物链。在放流品种的选择上，除了选择

本地特有品种、增殖效益明显和对恢复海洋渔业资源影响较大的品种之外，还注重培养一定数量的浮游生物，使渔业资源既“有食吃”，又“吃得饱、长得快”，最大限度提高增殖放流的社会效益和经济效益。同时加强蓝色牧场保护，防止外来物种入侵，科学养殖，控制盲目引种，海洋保护区建设与发展总体规划，加强海洋生物多样性的监测，控制海洋捕捞，推广健康海水养殖，严格控制滩涂围垦和围填海，开展入海河流环境综合整治，加强蓝色牧场生态修复与恢复，提升海洋生态环境监测能力，积极开展海洋生态修复和建设工程，科学增养殖，建设蓝色牧场，建立重大海洋灾害应急管理体系，加强牧场污染综合防控，推进海域污染物总量控制，开展入海河流环境综合整治。以提升生态系统服务功能为目标，加强海洋生态建设，推进海洋生态整治修复，形成近岸（海岛、岸线）整治修复、近海海域生态建设各有侧重的生态环境保护修复格局，加快推进海洋生态建设。

（五）坚持人工鱼礁建设和营造海底森林相结合，提升海区基础生产力

浙江海岸线曲折，海湾众多，岛屿星罗棋布，适宜建造人工鱼礁的海域丰富，需要经过科学论证，选择合适海域选划人工鱼礁区，通过海底移植羊栖菜、鼠尾藻、大叶藻，筏式养殖海带、裙带等方式吸收海水中的氮磷，增加水体氧含量，形成“海底森林”；同时通过底播增殖皱纹盘鲍、杂色蛤、文蛤等贝类，消化和吸收海洋动物的代谢废物，净化海区底质环境，减少病害，借此改善海洋环境，营造动、植物良好的生态环境，为鱼类等游动生物提供繁殖、生长发育、索饵等的生息场所，达到保护、增殖和提高渔获量的目的，实现渔业资源的增殖、修复和可持续利用，开展牧场资源的资产化管理，强化海洋牧场资源的动态监管，真正实现海洋渔业从“资源掠夺型”向“耕海牧渔型”的转变，推进蓝色牧场循环发展。

（六）立足生态健康，探索蓝色牧场综合管理模式

海洋资源的保护与海洋经济的发展要求是对立统一的矛盾体，坚持海洋资源开发利用与海洋生态环境保护相统一，加快治理海洋污染，加强海洋生态环境建设，实现海洋资源利用集约化、海洋经济开发生态化、海洋环境良性循环，才能发展环境友好型蓝色经济的可持续发展。依据海洋生态的自然属性与生态特征，制定牧场生态功能区划，将牧场生态系统作为基本管理单元，明确管理区域界限。合理界定以各级海洋部门为主导的各相关部门的管理职责范围，保证管理行为的协调性和公正性；从保护海洋生态系统的完整性和持续提供服务与产品的能力出发，制定管理目标，完善综合管理措施，探索蓝色牧场综合管理的创新模式。

（七）接轨物联网，推进“智慧牧场”建设

在蓝色牧场建设中引入物联网、传感、云计算等新技术，在运行中高度智能化、数字化、网络化和可视化，从而成为具有更高生产效率、环境亲和度和抗风险能力的新型智慧牧场。未来的智慧牧场养殖属于技术密集型产业，建设智慧蓝色牧场，既需要传统蓝色牧场建设领域的养殖技术、海洋环境技术等，更需要物联网、云计算等新技术，在运行中高度智能化、数字化、网络化

和可视化，从而具有更高生产效率、环境亲和度和抗风险能力。探索由养殖层、感知层、网络层、数据层和平台层等几个层面共同构建而成的智慧牧场。除了目前的牧场普遍具有的养殖功能层以外，应该有一个采用信息采集和识别、无线定位系统、RFID、条形码识别等各类传感设备，对蓝色牧场中的生物、船舶、渔具、人工鱼礁、水文环境、气象甚至各类能源、饲料等的供给和消耗、蓝色牧场经营企业运行信息等各类要素进行智能感知、自动数据采集的基础设施，能将感知层采集到的信息通过各种网络汇总、传输，整合、处理和应用的网络层，能将蓝色牧场运行中的海量数据经过数据处理模块或系统汇聚转换并加载到云存储数据仓库，形成数据中心。另外，还需要有一个平台层，通过将一系列共性支撑技术独立出来，提供标准化和共享程度高的通用性服务能力，从而能够确保智慧蓝色牧场自身不同层次、不同智慧蓝色牧场之间的互通，并在此基础上产生更多提高蓝色牧场生产效率的智慧应用。

第五节　蓝色牧场发展制度保障与措施保障

一、蓝色牧场发展的制度保障

（一）蓝色基本农田制度

以充分挖掘和保护海洋的食物生产功能、保持和扩大海洋的食物生产能力为主要目标，比照现行基本农田政策，设计并实施“蓝色基本农田”制度，把最严格的耕地保护制度延伸到养殖海域，使基本农田制度覆盖陆地国土和海洋国土，陆海统筹优化和完善耕地保护制度，提高国家粮食安全保障水平。顺应海水养殖从近岸向离岸拓展的发展趋势，在现有养殖区以外（水深大于10米左右、离岸超过1千米的开放式海域）划定离岸“蓝色基本农田”范围。未来随着深水养殖技术和经营模式的成熟，离岸“蓝色基本农田”范围可以逐步扩大。依托“蓝色基本农田”制度，通过税收、补贴等手段引导海水养殖集约化发展。在近岸海域，通过完善基础设施、改善环境、优化养殖模式等手段，提高海水养殖单位面积产量，实现对近岸海域空间的高效集约利用；在离岸海域，通过加大投入和技术创新，发展以信息化、自动化、规模化为特点的设施养殖，以及以人工鱼礁建设和深水底播增殖为特征的海洋牧场。通过陆海统筹优化“基本农田”制度，在保持全国耕地（基本农田）总量不变的基础上，实现陆海基本农田的互补和衔接。

（二）蓝色牧场资源产权制度

蓝色牧场的产权界定是实现海洋资源高效运作的根本途径。首先要确保国家所有权利益的实现，形成人格化的所有权代表，在此基础上实现所有权和经营权的分离，清晰界定各权利主体的权责利对等，完善牧场权属核查与海籍调查制度以及海域权属登记管理体系。建立公共海域资源产权管理制度，推动海洋公共生态空间登记备案与确权；制订专属经济区和大陆架海域构筑物建设和保护管理制度。通过明晰产权，发挥产权的激励约束功能，减少对海洋资源开发和利用过程中的不确定性和外部性，实现蓝色牧场资源的优化配置，提高其利用效率。

（三）蓝色牧场生态红线制度

所谓“耕地红线”，是指经常进行耕种的土地面积最低值，是中国耕地保护制度中划定的不可突破的下限。在蓝色牧场发展的“蓝色基本农田”制度设计中，也应划定类似的“红线”，从制度上保障海域的食物生产功能。现阶段浙江海水养殖大部分属于近岸养殖。可结合海洋功能区划，在现有养殖区内选择环境和基础设施条件良好、与第二、第三产业用海冲突小的集中连片海域，初步划定近岸“蓝色基本农田”，将海岸建设退缩线纳入海洋生态红线管理范畴，在温州市海洋生态红线制度试点的基础上，结合沿海经济发展的特点以及产业发展的需求，细化管控措施，规范海洋生态红线的划定、调整及监督管理，将重要、敏感、脆弱的海洋生态系统纳入海洋生态红线管控范围，实施强制保护和严格管控。制定海洋生态红线监督管理办法或配合国家海洋局制定相关管理规定，实现海洋生态红线的常态化监管。

（四）蓝色牧场生态补偿制度

建立海洋资源环境价值评估体系，实施退养还滩、还湿等海洋生态补偿模式，加大流域对海域、开发区对未开发区等的生态补偿力度。对破坏生态环境责任主体征收海洋生态环境补偿金，直接用于补偿相关海域环境污染治理与生态保护恢复。建立海洋开发活动和海洋污染引起的海洋生态损害补偿制度，制定并推进出台《浙江省海洋生态损害补偿办法》，形成海洋生态损害评估和海洋生态损害跟踪监测机制，探索对重点生态保护区、红线区等重点生态功能区的转移支付制度，沿海各市分别建立1个县（市、区）级海洋生态损害补偿试点。完善海域海岸带整治修复的资金保障机制，设立海域海岸带整治修复专项资金。

（五）蓝色牧场资源环境超载区限批制度

以县域为单位开展区域海洋资源要素、环境要素、社会经济要素等综合调查，完成海洋资源环境承载力研究及评估，实行对蓝色牧场资源环境超载区内各类建设项目的分类限批制度，提高涉海项目环境准入门槛。实施牧场生态环境损害和资源不当利用等的信息通报制度，对牧场海洋资源环境控制性指标体系的超载风险进行预警。建立海洋资源环境预警数据库和信息技术平台，在重点海域推进构建海洋资源环境实时监测监控系统，加大数据共享力度，逐步建立多部门、跨区域协调联动的海洋资源环境监测预警体系。

（六）围填海总量控制制度

参照国家发展改革委和国家海洋局编制的全国围填海计划，由省发展改革部门和海洋行政主管部门负责浙江区域围填海计划指标建议的编报和围填海计划管理，实行统一编制、分级管理，围填海计划指标实行指令性管理，不得擅自突破。完善围填海计划指标管理制度、实施自然岸线保有率控制管理；制定围填海造地工程平面设计和各类产业项目用海面积标准；制订闲置用海处置管理制度，盘活海域资源存量；切实加强区域用海规划整体论证和审批管理。

（七）蓝色牧场资源有偿使用制度

加快海洋自然资源及其产品价格改革，全面反映市场供求、资源稀缺程度、生态环境损害成本和修复效益。坚持使用资源付费和谁污染环境、谁破坏生态谁付费原则，逐步将资源税扩展到占用各种海洋自然生态空间。坚持谁受益、谁补偿原则，完善对重点海洋生态功能区的生态补偿机制，推动地区间建立横向海洋生态补偿制度。建立海洋牧场使用金征收标准的动态调整机制；细化和提高围填海海域使用金征收类型、方式和标准。建立健全蓝色牧场使用权招拍挂出让制度，规范海域使用权二级市场，出台海域使用权抵押贷款政策，加快推进海域评估制度，完善海域资源市场化配置机制。

二、蓝色牧场发展的措施保障

“蓝色牧场”作为一种生态养殖模式，在带动海洋渔业经济发展的同时，改善了海洋环境和生态系统，已经越来越受到重视。浙江省拥有众多适宜建造“蓝色牧场”的优良海湾，自然优势显著。在“十三五”时期，推进“蓝色牧场”建设需要从完善政策体系、创新体制机制、优化技术支撑、拓宽融资渠道等方面进行精心谋划和合理布局。

（一）加强和协调组织领导

“蓝色牧场”建设是一项技术复杂、耗资巨大、建设周期长的系统工程，是通过辅以多种技术和手段构建的稳定的“牧场生态系统”，因此，从布局、礁体设计、施工、投放到开发利用等必须有组织、有领导、有计划地进行，其中最为关键的作用是领导与管理。浙江省市政府应由海洋渔业局牵头，发改、财政、规划、农业、交通、海事、环保、科技等部门共同参与，成立专门的“蓝色牧场”建设领导小组，进行统一协调和领导。建立专家咨询制度，聘请专家对重点项目进行评审论证，促进决策科学化和民主化。在项目实施期间，需要成立专门的领导部门，通过加强对项目的组织和领导，保证人工鱼礁项目的顺利建设完工。同时加强宣传工作，扩大社会影响，利用媒体的传播作用，广泛宣传建设“蓝色牧场”的重要性和必要性，增强各级相关领导对渔业资源保护工作的重视程度，加大广大基层干部和渔民对“蓝色牧场”建设的认识以及对渔业资源的保护意识。

（二）科学合理规划与布局

为避免“蓝色牧场”的无序推进，可以参考“蓝色牧场”建设经验丰富的地方政策体系和实施办法，结合沿海地区的实际情况，出台“蓝色牧场”建设实施意见，通过系统论证，科学制定“蓝色牧场”建设规划。在规划前需对拟选建设区进行系统调查，包括资源状况、水质环境、水深条件、底质及承载力、区域海洋开发利用等，在此基础上进行研究分析，确定海洋牧场的建设范围、规模、类型和时间，统筹建设方向、路径和目标。建设过程中，要按照先易后难的顺序，先从建设人工鱼礁、建立本地原种繁育场、开展人工增殖放流、设立增殖保护区、制订禁渔措施、构建渔业资源和环境污染监测网等做起，再到改造牧场的海洋生物结构、配备音响设备驯化鱼类等行为，分步实施，逐步规范。

（三）强化政策支持与引导

通过政策支持引导“蓝色牧场”开发布局、选址的科学化和结构、模式的优化，推动“蓝色牧场”布局向外海、深海发展，推动社会资本投资生态型“蓝色牧场”，推动企业技术引进和技术创新，提升“蓝色牧场”建设的科技含量和规模化、生态化水平。一是要在充分论证的基础上，制定“蓝色牧场”建设规划体系，统筹“蓝色牧场”建设与航运、旅游、养殖等产业发展空间，合理安排“蓝色牧场”建设选址和布局；二是加强对“蓝色牧场”开发的用海支持，优先安排“蓝色牧场”建设用海，并合理预留适宜“蓝色牧场”建设的海湾及海岛海域；三是加大对“蓝色牧场”建设的资金支持，适度减免“蓝色牧场”的海域使用费，对社会资本投资“蓝色牧场”给予财政补助或低息贷款，享受国家农业开发政策；四是鼓励国家及地方的政策性基金和蓝色产业基金向“蓝色牧场”建设项目倾斜，鼓励地方建立“蓝色牧场”专项基金；五是全面落实政府相关的项目财政扶持政策，制定“蓝色牧场”建设规划，用好政府关于优质海水苗种选育、人工增殖放流、人工鱼礁等项目的优惠政策，促进“蓝色牧场”的建设发展。

（四）加大投入与多元融资

“蓝色牧场”建设投入大，融资难，必须采用多条腿走路的办法多方筹集资金。一是设立“蓝色牧场”建设专项基金，政府在加大对“蓝色牧场”的建设和科研投入的同时，要建立和完善生态破坏补偿机制，依据相关法律，明确“谁破坏、谁补偿”的原则，规定责任者对造成的生态损害进行补偿，专项于“蓝色牧场”建设；二是“蓝色牧场”前期示范、建设需要有国家或地方财政支持，作为一项公益性和效益性兼有的海洋人工渔场再建工程，“蓝色牧场”建设在开放海域，需要有一定规模才能有效益，前期投入较大，且“蓝色牧场”建设效益的显现有时间上的滞后性，在投资效益不确定的情况下，社会资金投入有一定的难度，需要积极争取政府财力支持；三是制订优惠政策，运用市场机制，按照“谁投入，谁受益”的原则，吸纳民间资本进入海洋牧场建设领域；四是加大金融扶持力度，创新融资渠道，积极尝试农业保险业务、渔业贷款、推动相关公司在中小板上市等手段，降低市场进入者的资金成本，充分调动社会资金投入海洋牧场建设的积极性。

（五）重视科技与人才发展

“蓝色牧场”建设与布局涉及多学科的交叉应用，技术要求高，解决“蓝色牧场”建设与布局中的技术难题是实施“蓝色牧场”工程的关键。因此需要实施人才强化战略，推进“蓝色牧场”专业人才资源重组，建立多层次的人才培养机制；健全“政府引导、市场运作、校企联合”的职业教育体系，重点培养海水种苗、生物驯化、人工鱼礁建造技术及增殖管理等领域的实用型、复合型技术人才；制定和实施“蓝色牧场建设人才引进计划”，积极采取团队引进、核心人才带动、高新技术开发引进等多种方式，引进优秀人才，建立人才引进责任机制和人才信息发布制度；鼓励用人单位以岗位聘用、项目聘用、任务聘用、项目合作等方式引进高层次人才。

科学技术是建设“蓝色牧场”的支撑和保障。需要加强与国内外科研机构的联系和合作，建立“蓝色牧场”建设协作机制，构建技术保障体系。一是要建立一支强有力的技术支撑队伍，邀请国内外专家和已实施“蓝色牧场”建设省份的专家为浙江省出谋划策；二是要整合省内海洋科学与渔业技术力量，对有关重大科研项目包括海洋生物技术、深海底播技术、海洋立体空间利用技术、人工鱼礁建设技术、人工放流及增殖管理、生物驯化技术等技术的现代“蓝色牧场”关键技术进行研究和攻关；三是依托浙江大学、浙江海洋大学、宁波大学等高等院校和海洋科研院所，建立“蓝色牧场”产学研平台，为“蓝色牧场”建设提供技术支撑。

结语与展望

21 世纪是海洋的世纪，浙江作为海洋大省，拥有丰富的海洋资源，且区位优势突出，开发和利用海洋，发展海洋经济和海洋事业，对促进经济结构战略性调整，加快转变经济发展方式，具有十分重要的战略意义。蓝色牧场，作为许多沿海发达国家或地区所寻找的兼顾生态和经济的一种较为理想的养殖方式，是能够缓解粮食安全压力的有效途径。因此，基于我国粮食供求处于极度紧张的现实以及近海海域环境问题严重的基础上，合理开发海洋，摸清蓝色牧场建设的家底，充分利用科技在蓝色牧场建设中不可估量的作用，突破蓝色牧场发展瓶颈，完善蓝色牧场建设的各要素，充分发挥浙江发展蓝色牧场的优势和潜力，借助蓝色牧场推动浙江海域生态环境以及海洋渔业资源的可持续发展。

随着我国蓝色牧场建设的不断开展，浙江蓝色牧场相关产业形态已显露雏形，蓝色牧场发展对浙江海洋渔业经济的作用不断彰显，但仍面临蓝色牧场布局优化、融资渠道拓展、建设模式创新升级等重任。要推动浙江蓝色牧场建设，还需在完善行政管理体系、社会服务体系、产业技术体系和信息服务体系方面加大力度，从产业政策环境、产业组织形式、运行机制、空间布局优化等方面促进浙江蓝色牧场快速发展。

参考文献

[1] Abreu, D.A.Sen, "Subgame perfect implementation: A necessary and almost sufficient condition", Journal of Economic Theory, 50, 1990, 285-299.

[2] ALneida C A, Quintar S; Gonzalez P, et al. Influence of urbanization and tourist activitie an the water quality of the Potrero de los Funes River(San Luis-Argentina)[J]. Environmental Monitoring andAssessment, 2007(133): 459-465.

[3] Anas E, Karem C, Isabelle L, et al. An adaptive model to monitor chlorophyll-a in inland waters in eouthem Quebec using downscaled MODIS imagery[J]. Remote Sens, 2014(6): 6446-6471

[4] Bohnsack, J.A., Sutherland, D.L. Artificial reef research: a review with recommendations for future priorities[J]. Bull. Mar. Sci, 1985, 37: 11-39.

[5] Briassoulis H, Jan V D S. Tourism and the environment: regional, economic, cultural and policy issues. The Netherlands Kluwer Academic Publishers, Dordecht, 2000: 21-59.

[6] Brooke Campbell, Daniel Pauly. Mariculture: A global analysis of production since 1950[J]. Marine Policy, 2013, 39: 94-100.

[7] Carpenter D J, Carpenter S M. Modeling inland water quality using Landsat data[J]. Remote Sensing of Environment, 1983, 13: 345-352.

[8] Cornils A, Schnack-Schiel S B, Al-Najjar T; et al. The seasonal cycle of the epipelagic mesozooplankton in the northern Gulf of Aqaba (Red Sea)[J]. Jpurnal of Marine Systems, 2007, 68(I-2): 278-292.

[9] Davenport J, Davenport J L. The impact of tourism and personal leisure transport on coastal environments: A review[J]. Estuarine Coastal&Shelf Science, 2006, 67(1-2): 280-292.

[10] Dvoretsky V G, Dvoretsky A G. Summer mesozooplankton structure in the Pechora Sea (south-eastern Barents Sea). Estuarine Coastal&Shelf Science, 2009, 84(1): 11-20.

[11] Fucile M J. Ocean salmon ranching in the North Pacifie[J]. Pacific Basin flaw Journal, 1982, 1(1): 117-152.

[12] Fustes D, Cantorna D, Dafonte C, et al. A cloud-integrated web platform for marine monitoring using GIS and remote sensing. Application to oil spill detection through SAR images[J]: Future Generation Computer Systems, 2014, 34(4): 155-160.

[13] Hwang B K, Lee Y W, Jo H S, et al. Visual census and hydro-acoustic survey of demersal fish aggregations in Ulju small scale marine ranching area (MRA), Korea. Journal of the Korean society of Fisheries Technolog, 2015, 51(1): 16-25.

[14] Ioannis Karakassis, Nafsika Papageorgiou, Ioanna Kalantzi, Katerina Sevastou, Constantin Koutsikopoulos. Adaptation of fish farming production to the environmental characteristics of the receiving marine ecosystems: A proxy to carrying capacity [J]. Aquaculture, 2013(9): 184~190.

[15] J. A. Ley, M. S. Allen. Modeling marine protected area value in a catch-and-release dominated estuarine fishery[J]. Fisheries Research, 2013(144): 60~73.

[16] Jacquet, J., Paul, D., Ainley, D., Holt, S., Dayton, P., and Affiliations, J. J. Seafood stewardship in crisis. Nature, 2010,

467(2): 28 ~ 29

[17] JIN X S. Long-term changes in fish community structure in the Bohai Sea, China[J]. Estuarine, Coastal and Shelf Science,2004, 59(1): 163-170.

[18] Jonathan Stilwell, Alassane Samba, Pierre Failler, Francis Laloe. Sustainable development consequences of European Union participation in Senegal's Marine Fishery[J]. Marine Policy,2010(34): 616~623.

[19] Juan He. A review of Chinese fish trade involving the development and limitation of food safety strategy[J]. Ocean & Coastal Management,2015,116:150-161.

[20] Juliana, Sya'Rani L, Zainuri M. Suitability and carry 吨 capacity of marine tourism in Bandengan water, Jepara, Central Java (Jurnal Perikanan dan Kelautan Tropis)[J]. Reseach Gate, 2013,4.

[21] Kim SYoon S C, Youn S H, et al. Morphometric changes in the cultured starry flounder, Platichthys stellatus, in open marine ranching area Journal of Environmental Biology, 2013, 34(2): 197.

[22] Kocasoy G, Mutlu H I, A.lagoz B A Z. Prevention of marine environment pollution at the tourism regions by the application of a simple method for the domestic wastewater.[J]. Desalination, 2008, 226(1):21-37.

[23] Lutz H J. Soil conditions of picnic grounds in public forest parks.Journal of Forestry, 1945, 43(43): 121-127.

[24] Mcneil W J. Prespectives on ocean ranching of Pacific salmon[J]. Journal of the World Aquaculture Society,1975, 6(1): 299-308.

[25] Rines R H, Knowles A H. Process of sea-ranching salmon and the like: US, US 4509458 A[P].1985.

[26] Seaman,W.,&Jensen,A.C.Purposes and practices of artificial reef evaluation.In W.Seaman(Ed.),Artificial reef evaluation with application to natural marine habitats[J].Boca Raton, 2006-2-19.

[27] Shumway S E, Cucci T L, Newell R C, et al. Particle selection, ingestion, and absorption in filter-feeding bivalves [J]. Journal of Experimental Marine Biology&Ecology, 1985,91(1-2):77-92.

[28] Verdin J P Monitoring Water Quality Conditions in a Large Western Reservoir with Landsat Imagery .Photogrammetric Engineering and Remote Sensing, 1985, 51(3): 343-353.

[29] Wall G, Wright C. The Environmental Impact of Outdoor Reereation[J]. Ontario: University of Waterloo, 1977(05).

[30] Wang F X, Yao F, Chen Y L, et al. Monitoring study on the influence of Hainan International Tourism Island construction to the mangrove forest based on RS and GIS.Advanced Materials Research, 2011, 187: 33-38.

[31] Wang Z, Li Z, Cheng X. Remotesens monitoring on chlorophyll-a in Danjiangkou Reservolor based on the HJ-Satellite image data[A]. Fifth Intemafional Conference on Measuring Technology and Mechatronics Automation[C]. IEEE, 2013: 848-853.

[32] Wernand M R, Woerd H J V D, Gieskes W W C. Trends in ocean colour and chlorophyll concentration from 1889 to 2000, worldwide .Plos One, 2013, 8(6):1-20.

[33] Zheng T, You X Y Key food web technique and evaluation of near shore marine ecological restoration of Bohai Bay, Ocean&Coastal Management, 2014, 95(03): 1-10.

[34] 〔美〕罗杰·B·迈尔森,于寅,费剑平译,博弈论矛盾冲突分析[M],北京:中国经济出版社.2001.1.

[35] 白建峰.企业信息化成熟度评价模型及案例研究[D].北京,清华大学,2006.06.

[36] 包特力根白乙,冯迪. 中国渔业生产:计量经济模型的构建与应用[J]. 中国渔业经济,2008,3:26-30.

[37] 薄文广,安虎森. 中国被分割的区域经济运行空间——基于区际增长溢出效应差异性的研究[J]. 财经研究,2010

(3): 77-89.

[38] 北京市水生野生动物救治中心-韩国建设海洋牧场效果显著[N],http://www.bjshuiye.cn/html.

[39] 蔡一声,戴 笑.关于浙江大陈海域开发与管理研究[J].海洋开发与管理,2015,(3).

[40] 曹贤忠、曾刚:基于熵权TOPSIS法的经济技术开发区产业转型升级模式选择研究——以芜湖市为例[J].经济地理,2014.04.

[41] 曾呈奎、徐恭昭:海洋牧业的理论与实践[J].海洋科学,1981.01.

[42] 陈德慧.基于海洋牧场的黑鲷音响驯化技术研究[D].上海:上海海洋大学,2011.

[43] 陈力群,张朝晖,王宗灵.海洋渔业资源可持续利用的一种模式——海洋牧场[J].海岸工程,2006(12).

[44] 陈立侨.我国海水养殖效益低下应归咎于水产饲料产业发展落后[J].水产养,2009(5):48.

[45] 陈玲玲.青岛开发区人工鱼礁建设项目可行性研究[D].青岛:中国海洋大学,2008.

[46] 陈丕茂,袁华荣,贾晓平等.大亚湾杨梅坑人工鱼礁区渔业资源变动初步研究[J].南方水产科学,2013(5):100-108.

[47] 陈琦,韩立民.基于ISM模型的中国大洋性渔业发展影响因素分析[J].资源科学,2016,38(06):1088-1098.

[48] 陈琦,韩立民.居民家庭水产品消费需求影响因素分析与预测[J].统计与决策,2016(17):97-100.

[49] 陈琦,韩立民.我国海洋捕捞业生产的波动特征及成因分析[J].经济地理,2016,36(01):105-112.

[50] 陈蓉.我国生猪生产波动周期分析[J].农业技术经济,2009,(3):77-86.

[51] 陈秀忠.海洋牧场:科技兴海、生态用海的现代渔业新路径[N].宁波日报,2010..

[52] 陈岩.加快推进海洋牧场建设[N].闽南日报,2015-3-25.

[53] 陈艳萍、吕立锋、李广庆:基于主成分分析的江苏海洋产业综合实力评价[J].华东经济管理,2014.02.

[54] 陈英.基于博弈论的旅游产业礼仪相关者分析[D].兰州,兰州大学,2008-04.

[55] 陈勇,杨军,田涛等.獐子岛海洋牧场人工鱼礁区鱼类资源养护效果的初步研究[J].大连海洋大学学报,2014,(2):43-50.

[56] 陈雨生,房瑞景,乔娟.中国海水养殖业发展研究[J].农业经济问题,2012,6:72-77+112.

[57] 狄乾斌、刘欣欣、曹可:中国海洋经济发展的时空差异及其动态变化研究[J].地理科学,2013.13.

[58] 丁岚,王奇峰,刘冰.论高校在物联网产业发展中的作用[J].时代信息,2013.06.

[59] 丁然,张曦.我国海水养殖产量与相关影响因子的回收关联度分析[J].渔业信息与战略,2014,29(3):183-191.

[60] 董耀光.PPP:规则的探索之路[N].建筑时报,2015-02-5.

[61] 都晓岩,吴晓青,高猛,王德.我国海洋牧场开放的相关问题探讨[N].河北渔业,2015.

[62] 都晓岩.泛黄地区海洋产业布局研究.中国海洋大学,2008(04)

[63] 樊洪.企业资本结构,产权性质与多元化——来自中国上市公司的经验证据[D].杭州:浙江大学,2013.10.

[64] 范卫锋,杨晓英,彭岩.SWOT分析在企业可持续发展能源供应中的应用[J].能源与环境,2007.08.

[65] 范亚舟,刘斌,余兴厚.基于因子分析法的重庆优势产业选择研究[J].重庆电子工程职业学院学报,2010(1):46-48.

[66] 方福平,王磊,廖西元.中国水稻生产波动及其成因分析[J].农业技术经济,2005,(6):72-78.

[67] 冯雪,陈丕茂,李辉权等.惠东大星山人工鱼礁区渔业资源评价[J].安徽农业科学,2013,(3):1103-1106

[68] 高东奎,赵静,张秀梅.莱州湾人工鱼礁区及附近海域鱼卵和仔稚鱼的种类组成与数量分布[J].中国水产科学,2014,21(02):369-381.

[69] 高帆. 我国粮食生产的波动性及增长趋势:基于 H-P 滤波法的实证研究[J]. 经济学家,2009,(5):57-68.

[70] 高华亭,宋伟华. 在南麂列岛海域建设海洋牧场的可行性分析 [J]. 水产科技情报,2012,(4).

[71] 高乐华,史磊,高强. 我国海洋生态系统发展状态评价及时空差异分析[J]. 国土与自然资源研究,2013(2): 51-55.

[72] 耿宝龙,邱盛尧.靖海湾三疣梭子蟹增殖放流资源量贡献率的调查研究[J]. 烟台大学学报:自然科学与工程版,2014,(1):71-74..

[73] 郭金玉,张忠彬,孙庆云.层次分析法在安全儿科学研究中的应用[J].中国安全生产科学技术,2008,(04).

[74] 郭文路,黄硕琳.控制我国海洋捕捞强度所面临的问题与对策探讨[J]. 上海水产大学学报[J]. 2001,10(2):132-139.

[75] 韩保平、李励年:韩国渔业发展的政策和措施[J]. 水产科技情报,2008.04.

[76] 韩立民,白园园,于会娟.我国海藻产业发展思路与模式选择研究[J].中国海洋大学学报(社会科学版),2016(06):1-6.

[77] 韩立民,都晓岩. 海洋产业布局若干理论问题研究[J]. 中国海洋大学学报(社会科学版),2007(3): 1-4.

[78] 韩立民,郭永超,董双林.开发黄海冷水团 建立国家离岸养殖试验区的研究[J].太平洋学报,2016,24(05):79-85.

[79] 韩立民,李大海,王波."蓝色基本农田":粮食安全保障与制度构想[J].中国农村经济,2015(10):34-41.

[80] 韩立民,李大海."蓝色粮仓":国家粮食安全的战略保障[J]. 农业经济问题,2015,1:24-29+110.

[81] 韩立民,王金环."蓝色粮仓"空间拓展策略选择及其保障措施[J].中国渔业经济,2013,(04):53.

[82] 韩立民、相明:国外"蓝色粮仓"建设的经验借鉴[J]. 中国海洋大学学报(社会科学版),2012.02..

[83] 韩晓静.层次分析法和在 SWOT 分析中的应用[J].情报探索,2006.05.

[84] 贺义雄.论辽宁省海洋牧场建设[J].现代农业科技,2011(24): 363-365.

[85] 侯江宏、王莹、王英华:海洋牧场:让蔚蓝色梦想扬帆起航[J]. 潍坊日报,2014.07.

[86] 侯小健,何晓娜.我省将全力打造海洋牧场[N].海南日报,2012-12-28.

[87] 胡其峰,童淑娟."海洋牧场"要怎么建[N].光明日报,2012.

[88] 胡庆松,陈德慧,柏春祥等.海洋牧场鱼类驯化中的声音监测系统设计[J].计算机测量与控制,2011,(09):2072-2074.

[89] 胡求光,王秀娟,曹玲玲. 中国蓝色牧场发展潜力的省际时空分析.中国农村经济,2015(05)

[90] 胡友,祁春节. 基于 HP 滤波模型的农产品价格波动分析——以水果为例[J]. 华中农业大学学报(社会科学版),2014,(4):57-62.

[91] 黄国清,薛健健.渔歌唱晚入梦来[N].湄洲日报,2013-08-16.

[92] 纪雅宁.象山港海洋牧场建设适宜性评价[D].厦门大学,2013.

[93] 贾建刚,胡建平.促进人工鱼礁建设带动海洋渔业发展[N].中国渔业报,2013-10-28.

[94] 江世亮.海洋开发,大有可为——访上海海洋联合科技公司总经理雷宗友高级工程师[J].世界科学,1993,(01):26.

[95] 蒋殿春.博弈论如何改写了微观经济学[J].经济学家,1997.11.

[96] 焦桂英,孙丽,刘洪滨.韩国海洋渔业管理的启示[N].海洋开发与管理,2008-12-15.

[97] 焦海峰,施慧雄,尤仲杰,楼志军,刘红丹,金信飞. 浙江渔山列岛岩礁潮间带大型底栖动物次级生产力[J]. 应用生态学报,2011,(8).

[98] 金菊良等.修正 AHP 中判断矩阵一致性的加速遗传算法[J].系统工程理论与实践,2004.01.

[99] 金泰哲,李庆石.辽宁探索海洋牧场建设新模式[N].中国渔业报,2010-05-10.

[100] 孔宪丽,高铁梅. 中国工业行业投资增长波动的特征及影响因素——基于10个主要工业行业的实证分析[J]. 中国工业经济,2007,(11):23-30.

[101] 李豹德.日本和美国的人工鱼礁建设[N].世界农业,1985-11-27.

[102] 李波.关于中国海洋牧场建设的问题研究[D].青岛:中国海洋大学,2012.

[103] 李勃生等.关于加快发展我国海水养殖业的探讨[J].海洋科学,2001.12.

[104] 李春雷.海洋牧场信息管理系统数字化的设计与实现[J].计算机光盘软件与应用,2013,(20):46-47.

[105] 李纯厚、贾晓平、齐占会、刘永、陈丕茂、徐姗楠、黄洪辉、秦传新:大亚湾海洋牧场低碳渔业生产效果评价[J]. 农业环境科学学报,2011.11.

[106] 李大海. 经济学视角下的中国海水养殖发展研究[D].中国海洋大学,2007.

[107] 李继姬.浙江近海曼氏无针乌贼资源演变、EGFP放流标志技术与增殖放流效果评估[D].舟山:浙江海洋学院,2012.

[108] 李嘉晓:蓝色粮仓:建设基础、面临问题与发展潜力[J]. 中国海洋大学学报(社会科学版),2012.02.

[109] 李建华. 成就、困境、与发展前景——我国海洋捕捞业四十年回顾与展望[J]. 中国水产,1989,8:8-9.

[110] 李靖宇、吴超、孙蕾:关于长海县域创建"海洋牧场"的战略推进取向——为全国建制海岛经济开发建设提供示范基地[J]. 中国软科学,2011.06.

[111] 李权昆.海域使用检查的博弈分析[J].渔业经济研究,2005.02.

[112] 李融.数据挖掘在医院管理方面的应用[N].宿州教育学院学报,2014.10.

[113] 李三磊,徐冬冬,楼宝等.舟山近海条石鲷野生群体与人工放流群体遗传多样性的AFLP分析[J]. 海洋科学,2012,36(8):21-27.

[114] 梁君,陈德慧,王伟定等.正弦波交替音对黑鲷音响驯化的实验研究[J].海洋学研究,2014,32(02):59-66.

[115] 梁君.海洋渔业资源增殖放流效果的主要影响因素及对策研究[J].中国渔业经济,2013, 31(5):122-134.

[116] 梁曼、黄富荣、何学佳、陈星旦:荧光光谱成像技术结合聚类分析及主成分分析的藻类鉴别研究[J]. 光谱学与光谱分析,2014.88.

[117] 辽宁省海洋与渔业厅.辽宁省2014年海洋生物资源增殖放流拉开帷幕[J].中国水产,2014,(6):18.

[118] 林超.功能型人工鱼礁及水动力特性研究[D].浙江:浙江海洋学院,2013.05.

[119] 林军,章守宇,龚甫贤. 象山港海洋牧场规划区选址评估的数值模拟研究:水动力条件和颗粒物滞留时间[J]. 上海海洋大学学报,2012,03:452-459.

[120] 林丽.数据挖掘技术在高校教务管理系统中的应用[J].轻工科技,2012.04.

[121] 凌烨丽.高校思想政治教育生态论[D].南京:南京师范大学,2012,03.

[122] 刘春香,陈万怀.宁波海洋渔业发展现状与优化策略研究[J].宁波广播电视大学学报,2012.12.

[123] 刘国山,蔡星媛,佟飞等.威海双岛湾人工鱼礁区刺参大面积死亡原因初探[J].渔业信息与战略,2014,(02):55-57.

[124] 刘惠飞.日本人工鱼礁建设的现状[N].现代渔业信息,2001-12-15.

[125] 刘剑,王怀成,张落成,高金龙,王辰,徐梦月. 江苏海洋产业发展立地条件评价与布局优化[J]. 海洋环境科学,2013(5):693-697.

[126] 刘军,吕俊峰.大数据时代及数据挖掘的应用[N].国家电网报,2012-05-15.

[127] 刘祖云.政府与企业:利益博弈与道德博弈[J].江苏社会科学,2006.09.

[128] 龙丽.博弈论在企业竞争中的应用研究[D].厦门:厦门大学,2001-06.

[129] 罗成友.我国会展业利益相关者协调机制研究[D].成都,西南财经大学,2010-12.

[130] 吕红健.许氏平鲉和褐牙鲆标志技术与标志放流追踪评价[D].青岛:中国海洋大学,2013.

[131] 马英军,杨纪明.日本的海洋牧场研究[J].海洋科学,1994.06.

[132] 麦康森:深海养殖与海洋经济可持续发展[J]. 新经济,2014.04.

[133] 毛振鹏.中国鲍养殖产业结构与特征研究[D].青岛:中国海洋大学,2014.06.

[134] 牟涛.烟台人工鱼礁占全省 55%[N].烟台日报,2010-11-03.

[135] 宁波 10 年间要建 6 大海洋牧场 象山港率先起步.http://www.tianjinwe.com.

[136] 宁波市发展改革委,宁波市海洋与渔业局.宁波市海洋牧场建设思路及对策研究[J].经济丛刊,2011,(01):54-57.

[137] 宁波市海洋与渔业局.宁波市海洋功能区划(2012)[R],2012.

[138] 农业部渔业局. 中国渔业统计 40 年(1949-1988)[M].北京:中国农业出版社,1991.

[139] 农业部渔业局. 中国渔业统计年鉴[M]. 北京:中国农业出版社,1994.

[140] 农业部渔业局. 中国渔业统计年鉴[M]. 北京:中国农业出版社,2014.

[141] 潘文卿. 中国的区域关联与经济增长的空间溢出效应[J]. 经济研究,2012(1): 54-65.

[142] 彭海东,管明.基于 SWOT 和 AHP 的监理公司开展代建业务研究[J].建筑管理现代化,2009.02.

[143] 彭兆祺, 孙超. 基于 HP 滤波分析方法的我国经济增长研究[J]. 山西财经大学学报,2011,33(1):15-17.

[144] 綦振暖.青岛市崂山湾公益性人工鱼礁建设的探索与实践[J].渔业信息与战略,2014,29(1):43-48.

[145] 钱鸿,贾复. 海洋捕捞生产年产量的数学模型及预测[J]. 水产科学,1994,13(5):19-22

[146] 钱力,管新帅. 农业优势产业选择与少数民族地区发展——以甘肃省民族地区为例[J]. 农业技术经济,2012(3):103-108.

[147] 乔凤勤,邱盛尧,张金浩等.山东半岛南部中国明对虾放流前后渔业资源群落结构[J].水产科学,2012(11):651-656.

[148] 秦宏、刘国瑞:建设“蓝色粮仓”的策略选择与保障措施[J]. 中国海洋大学学报(社会科学版),2012.02.

[149] 邱士明:深耕“蓝色牧场”推进海洋开发[J]. 中国经济时报,2013.11.

[150] 任建,刘兴.PPP 热的冷思考(二)[N].东方早报,2015-01-27.

[151] 佘远安、韩国:日本海洋牧场发展情况及我国开展此项工作的必要性分析[J]. 中国水产,2008.03.

[152] 申力.海洋发展与沿海城市空间组织演化及区县管理研究[D].上海:华东师范大学,2013.05.

[153] 沈金生,郁威. 中国传统海洋优势产业创新驱动能力研究——以海洋渔业为例[J]. 中国海洋大学学报(社会科学版),2014(2): 2-28.

[154] 沈伟腾,胡求光. 蓝色牧场空间布局影响因素及其合理度评价——以浙江省为例[J]. 农业经济问题,2017,38(08):86-93+112.

[155] 束惠萍. 产业结构转型中要着力发展新兴优势产业——以常州高新区为例[J]. 常州大学学报(社会科学版),2013(6): 37-40.

[156] 宋冬林,汤吉军.沉淀成本与资源型城市转型分析[J].中国工业经济,2004.06.

[157] 宋继承,潘建伟.企业战略决策中 SWOT 模型的不足与改进[J].中南财经政法大学学报,2010.01.

[158] 孙才志,韩建,高扬. 基于 AHP-NRCA 模型的环渤海地区海洋功能评价[J]. 经济地理,2012(10): 95-101.

[159] 孙健.海洋荒漠化与海洋牧场[J].中学地理教学参考,2013,(03):66.

[160] 孙书贤.建设海洋牧场发展新型生态渔业[J].海洋开发与管理,2005,22(6):81-83

[161] 孙欣.大连南部海域建设现代海洋牧场的可行性[J].辽宁科技大学学报,2013,36(04):397-404.

[162] 孙欣:大连南部海域建设现代海洋牧场的可行性[J]. 辽宁科技大学学报,2013.04.

[163] 孙兆明. 我国海水养殖业生产要素弹性实证研究——基于超越对数生产函数[J]. 中国渔业经济,2012,30(3):133-139.

[164] 汤铎铎. 三种频率选择滤波及其在中国的应用[J]. 数学经济技术经济研究,2007,(9)144-156.

[165] 汤吉军,郭砚莉."三农"问题的制度经济学分析[J].财贸研究,2004.02.

[166] 汤吉军,郭砚莉.沉淀成本、交易成本与政府管制方式——兼论我国自然垄断行业改革的新方向[J].中国工业经济,2012,(12):31.

[167] 唐峰华,李磊,廖勇,王云龙. 象山港海洋牧场示范区渔业资源的时空分布. 浙江大学学报(理学版),2012(06)

[168] 唐启升、丁晓明、刘世禄:我国水产养殖业绿色、可持续发展战略与任务[J]. 中国渔业经济,2013(32),01。

[169] 唐衍力.人工鱼礁水动力的实验研究与流场的数值模拟[D].青岛:中国海洋大学,2013.

[170] 陶明达.农民工生态流动与市民化、城市化研究[D].山东:山东农业大学,2006.

[171] 田方,黄六一,刘群等.许氏平鲉幼鱼优势音响驯化时段的初步研究[J].中国海洋大学学报(自然科学版), 2012, 42(10): 47-50.

[172] 田涛、陈勇、陈辰、刘永虎、陈雷、王刚、张晓芳:獐子岛海洋牧场海域人工鱼礁区投礁前的生态环境调查与评估[J]. 大连海洋大学学报,2014.01.

[173] 田卫东,王树恩. 区域优势产业集群发展中的政府作用研究[J]. 山东社会科学,2010(11): 103-106.

[174] 王爱香,王金环.发展海洋牧场, 构建"蓝色粮仓"[J].中国渔业经济,2013,31(03):69-74.

[175] 王斌斌、李滨勇:我国海洋经济发展的绩效测度研究[J]. 财经问题研究,2013.11.

[176] 王大海.海水养殖业发展规模经济及规模效率研究[D].青岛:中国海洋大学,2014.04.

[177] 王恩辰,韩立民.浅析智慧海洋牧场的概念、特征及体系架构[J].中国渔业经济,2015,33(02):11-15.

[178] 王恩辰.沉淀成本视角下水产养殖产业投资分析[J]. 中国渔业经济,2012.02.

[179] 王菲菲,章守宇,林 军. 象山港海洋牧场规划区叶绿素 a 分布特征研究 [J]. 上海海洋大学学报,2013,(2).

[180] 王秋蓉,苏彬.山东首次出台人工鱼礁建设规划[N].中国海洋报,2014-01-23.

[181] 王诗成."海洋牧场"建设面临重大机遇(上)[N].经济日报,2011-02-22.

[182] 王诗成.海洋牧场建设:海洋生物资源利用的一场重大产业革命[J].理论学习,2010, (10):22-25.

[183] 王文俊,周智海,詹易生,曹东.海域使用与海洋环境监测结合的必要性[J].海洋技术,2005.12.

[184] 王夕源.山东半岛蓝色经济区海洋生态渔业发展策略研究[D].青岛:中国海洋大学,2013.

[185] 王兴琪、韩立民:"蓝色粮仓"在我国食物生产体系中的作用及建设对策分析[J]. 中国海洋大学学报(社会科学版),2014 年第 3 期。

[186] 王亚民、郭冬青:我国海洋牧场的设计与建设[J]. 中国水产,2011.04.

[187] 韦振中.各种标度系统的随机一致性指标[J].广西师范学院学报,2002.06.

[188] 魏虎进,朱小明,纪雅宁,姜亚洲,林楠,王云龙. 基于稳定同位素技术的象山港海洋牧场区食物网基础与营养级的研究. 应用海洋学学报,2013(02)

[189] 魏蛟龙.基于博弈论的网络资源分配方法研究[D].武汉,华中科技大学,2004-03.

[190] 吴常文,朱爱意,陈志海,陈 雷. 台州市大陈岛海洋牧场建设的探讨 [J]. 中国渔业经济,2002,(5).

[191] 吴建,拾兵,杨立鹏等.多孔方形鱼礁对水动力环境影响的试验研究[J].海洋湖沼通报,2011,(2):147-152.

[192] 吴珊珊.青岛崂山海湾域人工鱼礁建设浅析[J].中国渔业经济,2013.10.

[193] 吴余龙,艾浩军.智慧城市-物联网背景下的现代城市建设之道[M].北京:电子工业出版社,2011.

[194] 吴忠鑫,张秀梅,张磊等.基于 Ecopath 模型的荣成俚岛人工鱼礁区生态系统结构和功能评价[J]. 应用生态学报,2012,23(10):2878-2886.

[195] 吴忠鑫,张秀梅,张磊等.基于线性食物网模型估算荣成俚岛人工鱼礁区刺参和皱纹盘鲍的生态容纳量[J].中国水产科学,2013,(02):327-323.

[196] 象山县海洋与渔业局. 象山县海洋与渔业“十二五”发展规划[R].2011

[197] 象山县海洋与渔业局. 浙江省重要海岛开发利用与保护规划象山县实施方案[R].2013

[198] 谢军.建设大档案,应用大技术,实现大服务——大数据时代下的大档案观[N].办公自动化,2015-01-15.

[199] 徐辉、刘继红、张大伟:中国区域环保投资的时空差异化研究[J]. 统计与决策,2013.11.

[200] 徐敬俊.海洋产业布局的基本理论研究暨实证分析[D].青岛,中国海洋大学,2010-03.

[201] 徐绍斌. 海洋牧场及其开发展望. 河北渔业,1987(03)

[202] 许罕多. 资源衰退下的我国海洋捕捞业产量增长[J]. 山东大学学报(哲学社会科学版),2013,5:86-93.

[203] 许娟,孙林岩,何哲. 基于 DEA 的我国省际高技术产业发展模式及相对优势产业选择[J]. 科技进步与对策,2009(2):30-33.

[204] 许强,刘舜斌,许敏,章守宇. 海洋牧场建设选址的初步研究——以舟山为例[J]. 渔业现代化,2011,02:27-31.

[205] 许强,章守宇. 基于层次分析法的舟山市海洋牧场选址评价[J]. 上海海洋大学学报,2013,01:128-133.

[206] 许强.海洋牧场选址问题的研究[D].上海:上海海洋大学,2012.

[207] 阳凡林.多波束和侧扫声纳数据融合及其在海底地质分类中的应用[D].武汉:武汉大学,2003.11.

[208] 杨建辉,张然欣. 基于 HP 滤波和 GARCH 模型的股票价格趋势预测[J]. 统计与决策,2013,(5):84-87.

[209] 杨金龙,吴晓郁,石国峰,陈勇.海洋牧场技术的研究现状和发展趋势[J].中国渔业经济,2004,(10):48.

[210] 杨珂玲、蒋杭、张志刚:基于 TOPSIS 法的我国现代服务业发展潜力评价研究[J]. 软科学,2014.03.

[211] 杨吝,刘同渝,黄汝堪.人工鱼礁的起源和历史[N]. 现代渔业信息,2005-12-25.

[212] 杨晓霞、田盛圭、向旭、宗会明:基于主成分分析法的重庆市旅游业发展潜力评价[J]. 西南大学学报(自然科学版),2013.04.

[213] 姚小英,陈头喜.基于 AHP 方法的企业竞争战略地位的 SWOT 研究——以小肥羊公司为例[J].科技广场,2010,(02):113.

[214] 游桂云,杜鹤,管燕.山东半岛蓝色粮仓建设研究-基于日本海洋牧场的发展经验[N].中国渔业经济,2012.

[215] 于会娟,王金环. 从战略高度重视和推进我国海洋牧场建设 [J]. 农村经济,2015,(3).

[216] 于谨凯,孔海峥. 基于海域承载力的海洋渔业空间布局合理度评价——以山东半岛蓝区为例[J]. 经济地理,2014(9):112-117.

[217] 于谨凯,于海楠,刘曙光. 我国海洋经济区产业布局模型及评价体系分析[J]. 产业经济研究,2008(2):60-67.

[218] 于明君.我市建设四条人工鱼礁带[N].烟台日报,2011-01-17.

[219] 于维生,朴正爱.博弈论及其在经济管理中的应用[M],清华大学出版社,2005.

[220] 余远安.韩国、日本海洋牧场发展情况及我国开展此项工作的必要性分析[J].中国水产,2008.03.

[221] 袁华荣.南海北部三种典型放流鱼类幼鱼驯化技术初步研究[D].上海:上海海洋大学,2012.

[222] 苑春华,李庆怀.对海洋监察管理工作中几个问题的思考[N].中国海洋报, 1225 期.
[223] 岳冬冬,王鲁民等,我国海洋捕捞装备与技术发展趋势研究[J]. 中国农业科技导报,2013,15(6) : 20 -26.
[224] 张国胜,陈勇,张沛东.中国海域建设海洋牧场的意义及可行性[J].大连水产学院学报,2003,(2):141-144.
[225] 张磊,胡庆松,章守宇.海洋牧场鱼类驯化装置设计与试验[J].上海海洋大学学报,2013(03):398-403.
[226] 张莉.发达国家 PPP 运作经验及其启示[J].群众,2015.01.
[227] 张连城,韩蓓. 中国潜在经济增长率分析——HP 滤波平滑参数的选择及应用[J]. 经济与管理研究,2009(3):22-28.
[228] 张玫,霍增辉.浙江省海水养殖业发展特征及路径[J].江苏农业科学,2015,(05)453.
[229] 张盟,于会娟. 山东省海洋优势产业选择研究[J]. 中国集体经济,2014(13): 34-36.
[230] 张明慧,李永峰. 我国煤炭能源生产的波动分析[J]. 经济纵横,2012,(12):51-54.
[231] 张小良、张新:精耕“蓝色牧场”[J]. 东营日报,2014.06.
[232] 张亚洲,贺舟挺. 春、夏季韭山列岛海洋生态自然保护区海域资源分享 [J]. 浙江海洋学院学报(自然科学版),2013,(4).
[233] 张艳,陈聚法,过锋等.莱州人工鱼礁海域水质状况的变化特征[J].渔业科学进展,2013,34(5):2-7.
[234] 张艳芳,常相全. 蓝色经济区优势产业综合评价指标体系的构建[J]. 济南大学学报(社会科学版),2013(3):67-70.
[235] 张颖,丁贺,张锐. 基于偏离-份额分析法的安徽省林业优势产业的选择研究[J]. 中南林业科技大学学报,2014(7): 115-120.
[236] 赵大鹏.中国智慧城市建设问题研究[D].长春:吉林大学,2013.06.
[237] 赵国欣. 促进北部湾经济区优势产业发展的措施[J]. 山西财经大学学报,2010(2): 143.
[238] 赵海涛,张亦飞,郝春玲,等.人工鱼礁的投放区选址和礁体设计[J].海洋学研究,2006,24(4):69-76.
[239] 赵嘉、李嘉晓:“蓝色粮仓”的内涵阐析及其建设设想——以青岛市为例[J]. 海洋科学,2012.08.
[240] 赵婧,赵晶.PPP 将成化解政府债务利器[N].经济参考报,2014-12-05.
[241] 赵婧,赵晶.两部委发布 PPP 模式指导意见[N].建筑时报,2014-12-08.
[242] 赵丽虹.中国农业经济问题的制度经济学分析[J].经济研究导刊,2012.11.
[243] 浙江省人民政府. 浙江海洋经济发展示范区规划[Z]. 2011.
[244] 周井娟,林坚. 我国海洋捕捞产量波动影响因素的实证分析[J]. 技术经济,2008,27(6):64-68.
[245] 周燕侠、余开:建设海洋牧场,推动海洋渔业持续发展[J]. 科学养鱼,2012.12.

后 记

21世纪是个海洋的世纪，我们所生活的时代，蕴酿在海洋的气息里。总想为这个海洋世纪留下点什么。明知有些不可为，但我仍然怀揣跃跃欲试的希望。尝试奉献拙作，书中不足之处，敬请批评指正。

书稿立足于浙江海洋经济发展上升为国家战略的大背景下构建研究框架，将选题拟定为国家海洋战略与浙江蓝色牧场发展，作为海洋生态文明建设丛书之一，被纳入“十三五国家重点出版物出版规划项目”。

本书撰写过程中，参考了诸多国内外资料，尽可能在参考文献中列出，但仍难免会有遗漏和差错之处，借此后记，向他们表示衷心感谢。他们的书写，丰富了本书的资料，也为书中的观点提供了强有力的支持。

沈伟滕和余璇分别帮忙整理了书稿的第二章和第三章，李竹青、刘淑宛、郑雪晴、王秀娟、王俊元、行惠芳等研究生对书稿提供了数据处理、模型运用以及校稿等方面的帮助和支持，深表感谢！

另外，本书得到了浙江省哲学社会科学重点研究基地之一的宁波大学浙江省海洋文化与经济研究中心项目经费的资助(浙江“蓝色牧场”发展路径与创新模式研究，编号:14HYJDYY05)，在此一并表示感谢。

学以力而能致，才非敏则不成。论学术，论学养，作者功力尚浅，内容不周之处，敬请赐教为盼。

作者于2017年12月20日晚